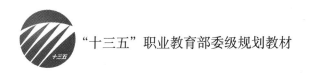

"十三五"职业教育部委级规划教材

3D服装设计与应用

王舒　编著

中国纺织出版社

国家一级出版社
全国百佳图书出版单位

内 容 提 要

3D服装设计是服装类专业的核心专业课程，本书以CLO系统为基础编写，CLO系统产品在服装3D行业中处于先进水平，功能强大齐全、使用方便、准确性高，有一定的普及性，符合现代服装工业的发展。本书通过3D服装设计软件，将服装设计、结构、色彩、面料通过数字化虚拟缝制进行展示。全书共分为五章，即3D服装设计软件界面与基础功能、3D服装试衣综合应用、3D服装设计综合应用、3D服装拓展综合应用、3D服装陈列应用，旨在通过2D板片编辑及缝制、3D服装着装及模拟、面辅料编辑及参数设置、舞台走秀模拟等基本知识的教和学，使学生掌握3D服装设计的基本理论与技能，并能独立进行3D服装创作设计。

本书图文并茂、由浅入深，通俗易懂、实用性强，可作为服装类专业或其他相关专业培养高等应用型、技能型人才的教学用书，也可作为社会从业人士的业务参考书及企业的培训用书。

图书在版编目（CIP）数据

3D 服装设计与应用 / 王舒编著. —北京：中国纺织出版社，2019.7（2021.7重印）

"十三五"职业教育部委级规划教材

ISBN 978-7-5180-6169-3

Ⅰ．①3… Ⅱ．①王… Ⅲ．①立体印刷 - 印刷术 - 应用 - 服装设计 - 职业教育 - 教材 Ⅳ．① TS941.2-39

中国版本图书馆 CIP 数据核字（2019）第 081062 号

策划编辑：张晓芳 责任编辑：郭 沫
责任校对：楼旭红 责任印制：何 建

中国纺织出版社出版发行
地址：北京市朝阳区百子湾东里A407号楼 邮政编码：100124
销售电话：010—67004422 传真：010—87155801
http：//www.c-textilep.com
中国纺织出版社天猫旗舰店
官方微博 http：//weibo.com/2119887771
北京通天印刷有限责任公司印刷 各地新华书店经销
2019年7月第1版 2021年7月第2次印刷
开本：787×1092 1/16 印张：23.25
字数：220千字 定价：68.00元

前言

服装行业是我国传统支柱产业，是科技和时尚融合、生活消费与产业用并举的产业。随着信息管理集成应用，服装产业已经实现采购、设计、制造、物流、销售、管理等各系统的无缝连接和智能管控，充分利用大数据、3D虚拟试穿、CAD（计算机辅助设计系统）等技术，推进服装设计数字化，引导服装企业由大规模标准化生产向柔性化、个性化定制转变。

传统服装设计已经由平面绘图向智能化、信息化、科学化转型，通过利用信息化手段进行资源整合，提升先进生产技术，3D服装设计利用数字化技术将服装制板进行虚拟样衣缝制，利用自然直观的面料质地仿真，最大程度展示服装设计人体着装的板型、面料、色彩形态和模特参数的静态及动态着装效果下的真实样衣，即时、直观、科学地展示设计师的设计在制作成衣后所表现的效果，并进行调试，通过数字技术拉近服装设计展示模拟，将服装设计创意工作提高到新的水平的应用。

本教材运用CLO 3D服装设计软件进行教学，通过学习3D服装设计软件完成服装设计工作案例应用，参考了CLO 3D Fashion Design Software工作手册。在教材编写过程中，得到深圳市格林兄弟科技有限公司的大力支持，在此向深圳市格林兄弟科技有限公司马明健、杨坤及软件技术开发人员表示衷心的感谢。

由于编写水平有限，教材中若有疏漏和不妥之处，恳请同行专家和广大读者批评指正。

王舒
2019年春天于广州

目录

第一章　3D服装设计软件界面与基础功能 ································· 001

项目一　3D服装设计软件安装与界面介绍 ····························· 002

任务一　软件安装 ······································· 002

任务二　软件界面介绍 ··································· 007

项目二　3D服装设计基础功能 ······································· 018

任务一　窗体构成 ······································· 018

任务二　2D工具功能 ····································· 023

任务三　3D工具功能 ····································· 034

任务四　面料功能 ······································· 043

任务五　走秀功能 ······································· 047

第二章　3D服装试衣综合应用 ··································· 053

项目一　3D女装试衣应用 ··· 054

任务一　西服裙试衣 ····································· 054

任务二　连衣裙试衣 ····································· 063

任务三　旗袍试衣 ······································· 073

任务四　女上装试衣 ····································· 082

任务五　套装组合试衣 ··································· 090

项目二　3D男装试衣应用 ··· 098

任务一　衬衫试衣 ······································· 098

任务二　男西裤试衣 ····································· 111

任务三　中山装试衣 ····································· 124

任务四　六开身西服试衣 ································· 136

任务五　套装组合试衣 ··································· 149

项目三　3D配饰试衣应用 ··· 156

任务一　帽子试衣 ······································· 157

任务二　手套试衣 ······································· 163

第三章　3D服装设计综合应用 ··································· 171

项目一　3D立体裁剪设计应用 ······································· 172

任务一　女上装原型立体裁剪设计 ························· 172

任务二　男上装变款立体裁剪设计 ························· 181

项目二　3D创意设计应用 ··· 188

任务一　女外套模块化设计 ······························· 189

　　任务二　男衬衫模块化设计 ································· 202

第四章　3D服装拓展综合应用 ································· 219
　项目一　民族服装 ································· 220
　　任务一　苗族服装 ································· 220
　　任务二　彝族服装 ································· 233
　　任务三　蒙古族服装 ································· 247
　　任务四　朝鲜族服装 ································· 255
　项目二　历史服装 ································· 264
　　任务一　汉代服装 ································· 264
　　任务二　唐代服装 ································· 291
　　任务三　明代服装 ································· 307
　　任务四　清代服装 ································· 319

第五章　3D服装陈列应用 ································· 341
　项目一　3D服装陈列应用 ································· 342
　　任务一　服装陈列仿真教学系统 ································· 342
　　任务二　3D服装陈列仿真系统 ································· 350
　　任务三　3D服装陈列应用 ································· 352
　项目二　3D服装陈列作品鉴赏 ································· 356
　　任务一　VP&PP陈列 ································· 356
　　任务二　VR卖场陈列 ································· 358

附录　学生作品赏析 ································· 363

第一章　3D 服装设计软件界面与基础功能

项目一　3D服装设计软件安装与界面介绍

　　任务一　软件安装

　　任务二　软件界面介绍

项目二　3D服装设计基础功能

　　任务一　窗体构成

　　任务二　2D 工具功能

　　任务三　3D 工具功能

　　任务四　面料功能

　　任务五　走秀功能

项目一 3D服装设计软件安装与界面介绍

课程名称：

3D服装设计软件安装与界面介绍。

课程内容：

1. 软件安装。

2. 软件界面介绍。

授课学时：

2课时。

教学目标：

1. 熟悉3D服装设计软件的安装及调试。

2. 掌握自主安装并进行基础问题排查的能力。

教学方法：

示范讲解法、直观演示法。

教学要求：

正确安装与运行3D服装设计软件。

任务一 软件安装

任务目标：

（1）了解3D服装设计软件安装的流程。

（2）熟悉3D服装设计软件的运行方法。

（3）掌握对错误情况进行排查及修复解决的能力。

任务内容：

示范讲解软件的安装和设置，使学生通过本次课程学习，能够独立完成软件的安装，掌握软件的安装流程及系统参数设置，培养学生对软件安装错误的修复能力。

任务要求：

能够正确运用计算机安装3D服装设计软件，可以根据硬件配置选用合适的系统参数设置，在系统报错的情况下能够进行错误的排查以及修复。

任务重点：

软件的安装。

任务难点：

加密锁问题的排查。

课前准备：

软件安装包、驱动程序，微软常用运行库及插件。

一、准备工作

（1）准备软件安装包、加密锁驱动、微软常用运行库及插件（图1-1）。

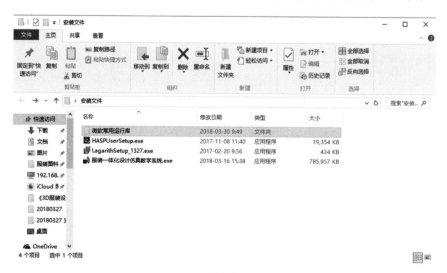

图1-1

（2）微软常用运行库是系统常用的组件，由于计算机系统版本的不同，微软常用运行库安装也不同，确定系统是32位还是64位来进行安装，X64版本适用于64位系统，X86版本适用于32位系统，可根据微软官方更新进行自行下载（图1-2）。

图1-2

二、文件安装

1. 微软常用运行库安装

（1）点击"下一步"进行安装程序（图1-3）。

（2）确定"完整安装"，选择"下一步"（图1-4）。

图1-3

图1-4

（3）等待安装完成（图1-5）。

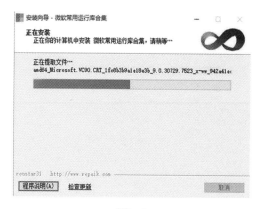

图1-5

（4）点击"完成"以完成安装（图1-6）。

图1-6

2. 3D服装设计软件安装

（1）双击左键打开软件安装包（图1-7）。

图1-7

（2）点击"Next"选择下一选项（图1-8）。

图1-8

（3）点击"I Agree"接受条款（图1-9）。

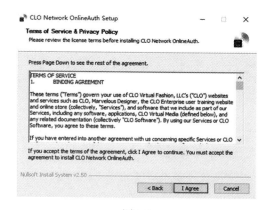

图1-9

（4）选定安装目录，点击"Next"（图1-10）。

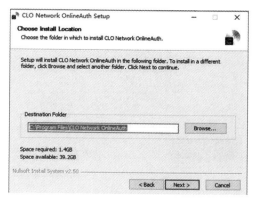

图1-10

（5）可选择创建开始菜单快捷方式，选择"Install"（图1-11）。

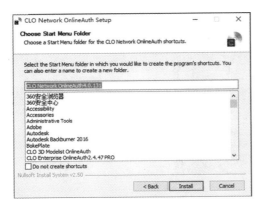

图1-11

（6）等待安装完成即可（图1-12）。

图1-12

3．**加密锁驱动安装**

（1）双击左键打开软件安装包（图1-13）。

图1-13

（2）点击"Next"进行下一步（图1-14）。

图1-14

（3）选择"I accept the license agreement"（图1-15）。

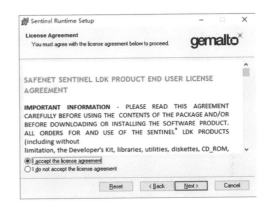

图1-15

（4）点击"Next"进行下一步（图1-16）。

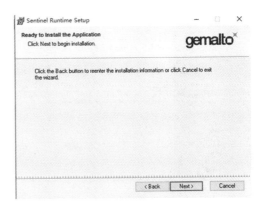

图1-16

（5）等待安装完成（图1-17）。

图1-17

（6）安装完成，点击"Finish"（图1-18）。

图1-18

4. 插件安装

（1）运行"the Lagarith Lossless Codec Setup Wizard"，点击"next"（图1-19）。

图1-19

（2）点击"Finish"完成并重启（图1-20）。

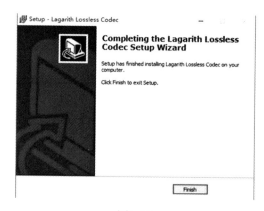

图1-20

三、HASP错误代码处理方法

软件使用加密锁进行授权，在安装的时候会将授权信息写入计算机中。如果没有按照操作步骤安装，或有时会因为杀毒软件、安全卫士拦截造成软件无法打开。情况不同，会有不同的HASP错误代码信息提示，常见加密锁错误代码自查：

1. Errorcode7（H0007）

"HASPkeynotfound（H0007）"

未找到HASP锁（H0007）

该错误可能是有其他HASP加密狗程序占用，或被保护，拒绝访问。请关掉所有的HASP相关程序，并重新安装HASP驱动，或退出杀毒软件和安全卫士，重新运行安装。

2. Errorcode27（H0027）

"Terminalservicesdetected,cannotrunwithoutadongle（H0027）"

未检测到加密狗服务，无法运行（H0027）

出现该错误原因可能是杀毒软件拦截引起的。在计算机服务窗口下（开始-运行输入service.msc），找到SentinelLDKLicenseManager服务，右击选择属性，设置为"自动"并"启动"，或者"重启"该服务。

3. Errorcode33（H0033）

"UnabletoaccessHASPSRMRunTimeEnvironment（H0033）"

无法访问HASP运行库（H0033）

该错误可能是运行杀毒软件引起的。可能是杀毒软件阻止了HASP程序的安装。HASP运营商已经联系了该安全软件解除对HASP程序的错误查杀。解决方法：如果该问题仍然存在，打开命令提示符（管理员），输入"<intella-dir>\bin\haspdinst.exe-i-kp"并回车（先退出杀毒软件和安全卫士）。

4. Errorcode51（H0051）

"Virtualmachinedetected,cannotrunwithoutadongle（H0051）"

检测到虚拟机环境，无法运行，找不到加密狗

该程序只能在独立的计算机系统上运行，不支持虚拟机（VM）环境。

以上是在安装HASP驱动时会遇到的一些错误代码提示，可以根据实际情况进行处理。同样，在安装软件时因为没有按照操作说明安装，有些用户也会遇到这类问题，可使用上述处理方法解决。

任务二　软件界面介绍

任务目标：

1. 熟悉3D服装设计软件的模式及界面。
2. 掌握3D服装设计软件模式的切换。

任务内容：

通过对3D服装设计软件界面功能的讲解和界面切换操作，使学生能够正确认识3D服装设计软件，切换不同功能界面，认识每个界面的功能分类。

任务要求：

通过本次课程学习，使学生能够正确认识3D服装设计软件，了解软件的主要功能模式。

任务重点：

各模式功能的理解。

任务难点：

界面的切换。

一、软件模式

软件共提供七种模式，在界面右上角进行选择和切换（图1-21）。

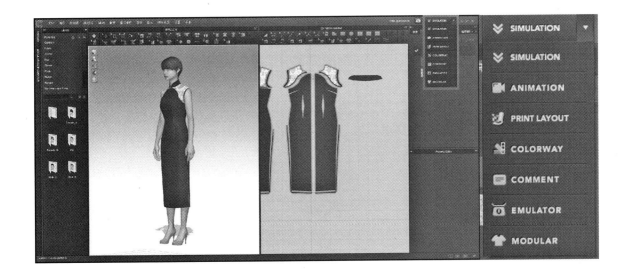

图1-21

（1）SIMULATION模拟模式（图1-22）。

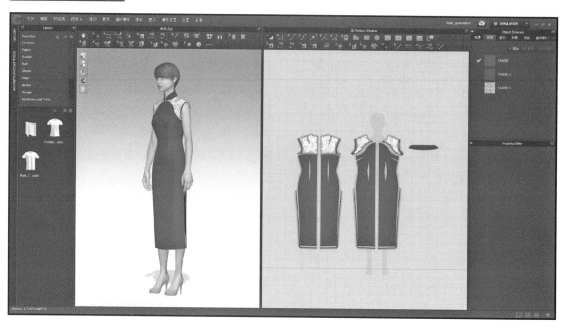

图1-22

（2）ANIMATION动画模式（图1-23）。

图1-23

（3）PRINT LAYOUT排料模式（图1-24）。

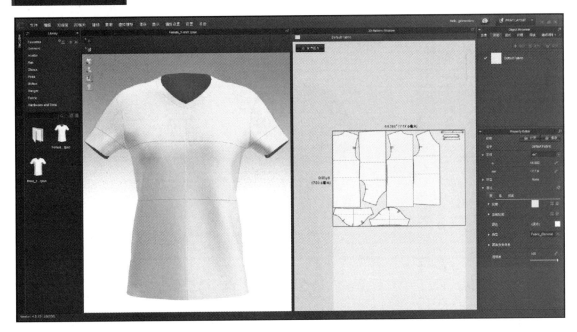

图1-24

（4）COLORWAY配色模式（图1-25）。

图1-25

（5）COMMENT注释模式（图1-26）。

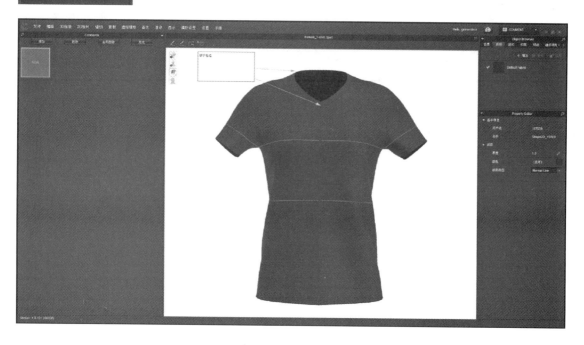

图1-26

（6）EMULATOR面料模拟（图1-27）。

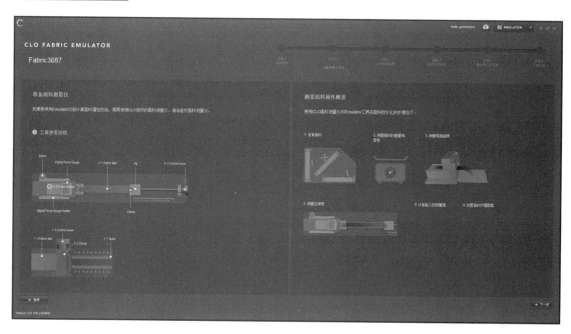

图1-27

（7）MODULAR模块化（图1-28）。

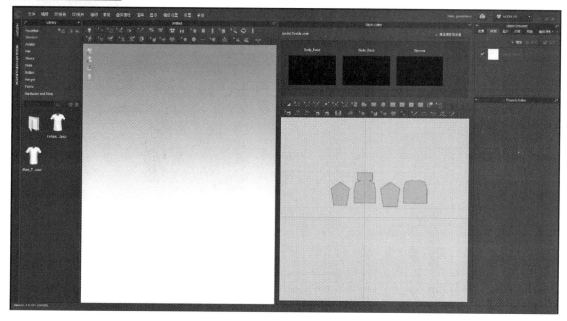

图1-28

二、模拟模式

模拟模式由左至右、由上至下，由图库窗口、3D服装窗口、2D板片窗口、物体窗口和属性编辑器构成。

1. 图库窗口

包含样衣T恤、虚拟模特、头发、鞋子、姿势等多种系统内置资源（图1-29）。

2. 3D服装窗口

用于服装样片的3D虚拟试衣操作，同时也可以进行服装立体裁剪制作（图1-30）。

3. 2D板片窗口

用于服装板片的绘制及调整，可以设置服装板片的缝纫线、明线（图1-31）。

4. 物体窗口

用于选择设置织物、纽扣、扣眼、明线、缝纫褶皱等（图1-32）。

5. 属性编辑器

根据所选择的对象不同，有不同的属性可进行调整。例如，选中板片可以进行板片的

图1-29

属性设定，厚度、加硬、皱褶等；选中缝纫线，有进行增加、长度调整、抽褶等操作（图1-33）。

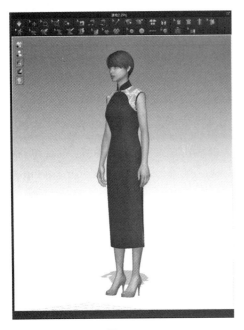

图1-30

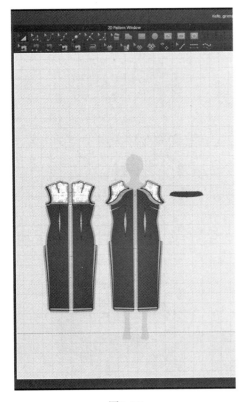

图1-31

图1-32

图1-33

三、动画模式

动画模式由图库窗口、属性编辑器、动画观察器和动画编辑器构成。

1. 图库窗口

包含虚拟模特、姿势、走秀动作等多种系统内置资源（图1-34）。

2. 属性编辑器

根据动画进行服装以及虚拟模特的细节设定（图1-35）。

图1-34

图1-35

3. 动画观察器

用于观察设定后的动态走秀状态（图1-36）。

图1-36

4. 动画编辑器

可以通过图库选择动画进行模拟渲染走秀，同时可以选择模拟品质、到开始、到结束、打开、循环、倍速、开始帧、结束帧等操作（图1-37）。

图1-37

四、排料模式

排料模式由3D服装窗口、排料模拟器、物体窗口和属性编辑器构成。

1. 3D服装窗口

用于显示服装样衣的最终效果与排料模拟器对应（图1-38）。

2. 排料模拟器

用于模拟排料的预览与保存（图1-39）。

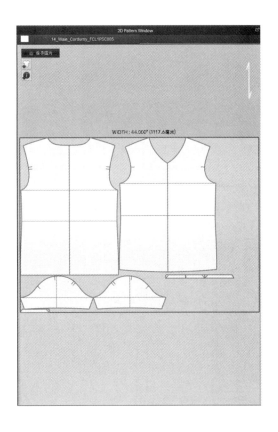

图1-39

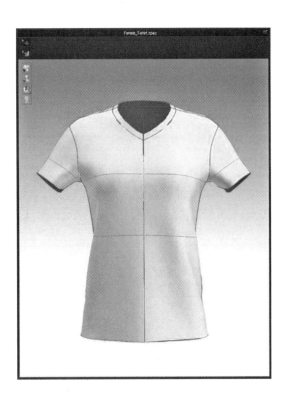

图1-38

3. 物体窗口

用于浏览选择面料的种类与命名面料名称（图1-40）。

图1-40

4. 属性编辑器

用于设置面料的幅宽与面料的花型等设置（图1-41）。

图1-41

五、配色模式

配色模式由3D服装窗口、多款式编辑视窗、物体窗口和属性编辑器构成。

1. 3D服装窗口

用于显示选中款式的3D效果，可任意角度查看（图1-42）。

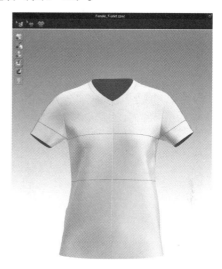

图1-42

2. 多款式编辑视窗

用于款式选择、命名保存图片操作（图1-43）。

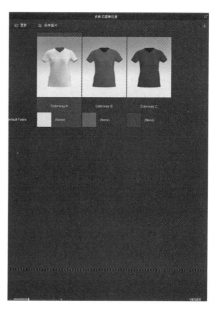

图1-43

3. 物体窗口

用于选择不同织物与增加拼接等操作（图1-44）。

图1-44

4. 属性编辑器

用于选择织物的颜色、花型、面料类型等操作（图1-45）。

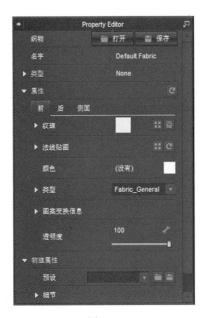

图1-45

六、注释模式

注释模式由注释窗口、3D服装窗口、物体窗口和属性编辑器构成。

1. 注释窗口

用于增加、删除选择不同注释角度的界面（图1-46）。

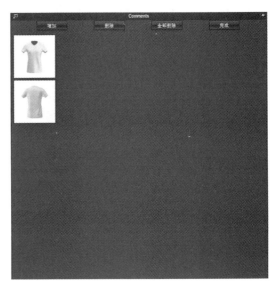

图1-46

2. 3D服装窗口

用于拖动查看、增加注释、自由画笔、多边形画笔的操作（图1-47）。

图1-47

3．物体窗口

用于选择织物等对象（图1-48）。

4．属性编辑器

根据选择对象不同进行不同属性编辑（图1-49）。

图1-48

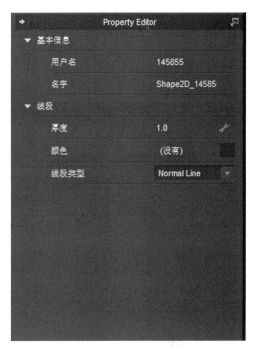

图1-49

七、面料模拟模式

根据模块提示进行面料准备与相应硬件器材准备，按照提示进行面料重量、面料弯曲强度、面料拉伸度的测试，本模块自动计算测量值，结合面料高清扫描仪得到的面料颜色贴图、法线贴图、高光贴图从而生成面料（图1-50）。

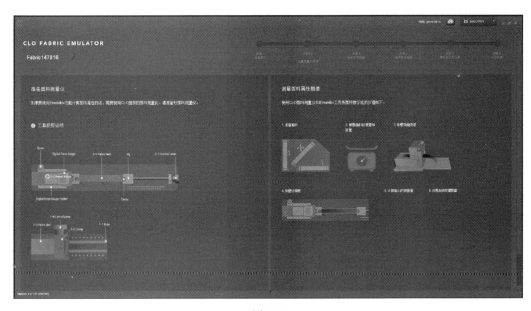

图1-50

项目二　3D服装设计基础功能

课题名称：

3D服装设计基础功能。

课题内容：

1. 窗体构成。

2. 2D工具功能。

3. 3D工具功能。

4. 面料功能。

5. 走秀功能。

课题时间：

4课时。

教学目标：

1. 了解3D服装设计软件窗体构成。

2. 熟悉2D工具、3D工具的基本功能与操作。

3. 掌握面料功能、走秀功能的简单操作。

教学方法：

讲解演示法、操作练习法。

教学要求：

了解3D服装设计软件并进行简单操作。

任务一　窗体构成

任务目标：

了解3D服装设计软件窗体构成。

任务内容：

通过对3D服装设计软件的窗体构成的讲解，引导学生学习自由窗体分布设置、语言设置、单位设置。

任务要求：

能够正确设置3D服装设计软件界面，能够自由设置、重置软件窗体界面。

任务重点：

掌握窗口界面的功能。

任务难点：

掌握窗口界面的功能。

一、窗体分类

1. 使用环境

窗体构成一般用于服装的模拟模块与动画模块，模拟模块可以在2D板片窗口制作编辑板片，也可以在3D服装窗口里给角色穿着服装，播放姿势动作、立体裁剪等操作。动画模式可以录制服装动画或者播放并编辑已经录完的动画等操作。

2. 菜单栏

窗体菜单栏包括窗体构成的所有分项，分为文件、编辑、3D服装、2D板片、缝纫、素材、虚拟模特、渲染、显示、偏好设置、设置、手册等分项（图1-51）。

3. 操作区

操作区是3D服装设计软件主要的工作区，其中分为3D服装窗口、2D板片窗口、物体窗口、属性编辑器、图库窗口（图1-52）。

| 文件 | 编辑 | 3D服装 | 2D板片 | 缝纫 | 素材 | 虚拟模特 | 渲染 | 显示 | 偏好设置 | 设置 | 手册 |

图1-51

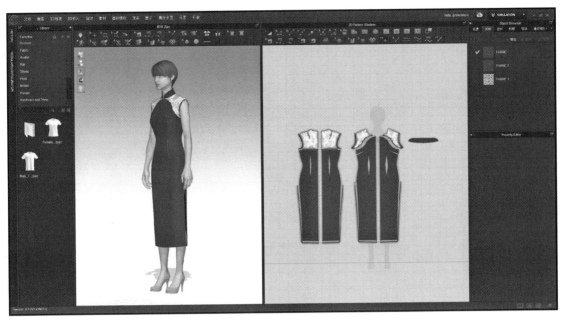

图1-52

二、菜单栏

1. 文件菜单栏

文件菜单栏主要用于创建/保存、导入/导出、渲染导出、退出等操作。

（1）创建/保存。文件菜单下的创建/保存分为新建、打开、添加、保存项目文件、另存为（表1-1）。

（2）导入/导出（表1-2）。

表1-1

图标	名称	诠释
新建　　　Ctrl+N	新建	创建新文件，清除现有工作区所有文件
打开　　▶	打开	打开保存的项目、服装等内部文件
添加　　▶	添加	添加保存的项目、服装等内部文件
保存项目文件 Ctrl+S	保存项目文件	保存文件，包含板片、虚拟模特、面料、姿势、动画、3D环境等
另存为　　▶	另存为	可选另存软件使用的内部文件

表1-2

图标	名称	诠释
导入　　▶	导入	导入.DXF等2D文件与.OBJ等3D文件
导入（增加）	导入（增加）	保留工作区进行2D与3D文件导入.
导出　　▶	导出	导出2D板片文件、3D静态文件、3D动态文件

（3）渲染导出（表1-3）。

表1-3

图标	名称	诠释
快照 ▶	快照	保存3D与2D视窗效果图
视频抓取 ▶	视频抓取	保存渲染后的动态走秀视频

2. 编辑菜单栏（表1-4）

表1-4

图标	名称	诠释
撤销 Ctrl+Z	撤销	撤销最近一步操作
恢复 Ctrl+Y	恢复	恢复到撤销前的状态
删除 Del	删除	删除选中对象
复制 Ctrl+C	复制	复制选中对象
粘贴 Ctrl+V	粘贴	粘贴复制对象
全选 Ctrl+A	全选	选中操作区中所有板片及配饰
反向选择 Ctrl+Shift+I	反向选择	选择选中对象以外的对象
Context菜单 ▶	Context菜单	操作区右键菜单栏的选项，包括2D、3D、缝纫、素材、虚拟模特

3. 3D服装菜单栏

3D服装菜单栏为3D服装窗口工具列表，在3D工具中详述（图1-53）。

4. 2D板片菜单栏

2D板片菜单栏为2D服装窗口工具列表，在2D工具中详述（图1-54）。

图1-53

图1-54

5. 缝纫菜单栏

缝纫菜单栏为2D板片窗口缝纫工具列表，在2D工具中详述（图1-55）。

6. 素材菜单栏

素材菜单栏为2D/3D窗口素材工具列表，在2D/3D工具中详述（图1-56）。

图1-55

图1-56

7. 虚拟模特菜单栏（表1-5）

表1-5

图标	名称	诠释
删除虚拟模特	删除虚拟模特	选出选中虚拟模特
删除所有虚拟模特	删除所有虚拟模特	删除工作区所有虚拟模特
删除所有场景/道具	删除所有场景/道具	删除所有场景及道具
虚拟模特胶带 ▶	虚拟模特胶带	用于在虚拟模特上进行
测量 ▶	测量	用于测量虚拟模特尺寸
虚拟模特编辑器	虚拟模特编辑器	用于修改虚拟模特尺寸

8. 渲染菜单栏（表1-6）

表1-6

图标	名称	诠释
渲染	渲染	用于渲染3D视窗模型

9. 显示菜单栏（表1-7）

表1-7

图标	名称	诠释
视角 ▶	视角	用于切换3D视窗视角
3D服装 ▶	3D服装	用于显示3D视窗的服装效果
2D板片 ▶	2D板片	用于显示2D视窗的板片效果
缝纫 ▶	缝纫	用于是否显示缝纫线效果
素材 ▶	素材	用于显示2D/3D视窗的明线等素材效果
虚拟模特 ▶	虚拟模特	用于显示3D视窗虚拟模特效果
环境 ▶	环境	用于显示3D操作区环境效果
虚拟模特渲染类型 ▶	虚拟模特渲染类型	用于更改虚拟模特表现类型
3D服装渲染类型 ▶	3D服装渲染类型	用于更改3D服装表现类型
3D背景设定	3D背景设定	用于更改3D背景效果
3D工具栏 ▶	3D工具栏	用于开关3D操作区工具菜单显示
2D工具栏 ▶	2D工具栏	用于开关2D操作区工具菜单显示
窗口 ▶	窗口	用于开关操作区视窗显示

10. 偏好设置菜单栏（表1-8）

表1-8

图标	名称	诠释
坐标 ▶	坐标	用于调整3D网格坐标
3D网格的亮度	3D网格的亮度	用于调整3D网格的亮度
✓ 智能指引	智能指引	用于显示3D板片智能指引
✓ 吸附到板片	吸附到板片	用于2D视窗移动板片的吸附
吸附到格子	吸附到格子	用于2D视窗移动板片的吸附
网格属性 F12	网格属性	用于调整3D/2D操作区的网格属性
镜头属性 ▶	镜头属性	用于查看修改3D视窗的镜头属性
模拟属性	模拟属性	用于查看修改3D视窗的模拟属性
压力/应力图属性	压力/应力图属性	用于修改压力/应力图属性

11. 设置菜单栏（表1-9）

表1-9

图标	名称	诠释
语言　▶	语言	用于更改语言设定
用户自定义	用户自定义	用于更改快捷键、图形选项、试图控制等设定
退出	退出	用于退出当前账户登录

任务二　2D工具功能

任务目标：

熟练掌握2D工具的基础操作。

任务内容：

通过绘制板型、调整板型、设定缝纫线、设定明线等操作的示范讲解，使学生达到掌握2D工具的使用的目的。

任务要求：

掌握2D工具的正常使用，熟练运用调整/编辑工具、绘制图形、缝纫线、明线工具的使用。

任务重点：

缝纫线的设定。

任务难点：

线缝纫工具和自由缝纫工具的区分与理解。

一、工具分类

2D工具分为制板工具、缝纫线工具、明线工具、褶皱工具、贴图工具、调整工具。

二、工具讲解

1. 制板工具（表1-10）

表1-10

图标	名称	诠释
	调整板片	可以选择修改板片或板片内部图形点和线
	编辑板片	以单位形式选择板片或内部图形后可以移动或调整整体大小
	编辑圆弧	直线转换成曲线或调整曲线
	编辑曲线点	移动或添加曲线点
	加点/分点	在线段上添加点来进行分开线段
	剪口	在板片边缘做剪口标记
	生成圆顺曲线	在两条线段的交点生成圆顺曲线
	延展	在板片上进行延展
	多边形	生成多边形板片
	长方形	生成长方形板片
	圆形	生成圆形板片

续表

图标	名称	诠释
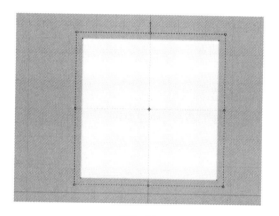	内部多边形/线	在板片里生成线或者多边形
	内部长方形	在板片里生成内部长方形
	内部圆形	在板片里生成内部圆
	省	在板片里生成Dart，根据生成的Dart形状板片会镂空
	勾勒轮廓	将选中的线和模型复制为内部线和内部模型
	缝份	在样板边缘增加缝份

（1）调整板片。运用"　"调整板片工具，可对选中板片进行缩放、旋转、复制等板片整体调整（图1-57）。

图1-57

（2）编辑板片。运用"　"编辑板片工具，可对选中板片的点、线、整体进行移动、删除等操作（图1-58）。

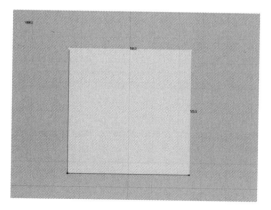

图1-58

（3）编辑圆弧。运用"　"编辑圆弧工具，可对选中板片的线段进行拖动调整（图1-59）。

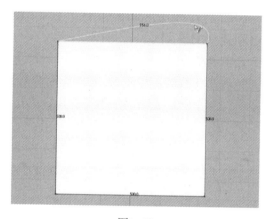

图1-59

（4）编辑曲线点。运用"　"编辑曲线点工具，可对选中弧线边缘控制点和曲线点进行调整（图1-60）。

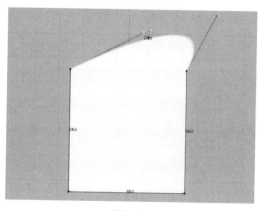

图1-60

（5）加点/分点。运用"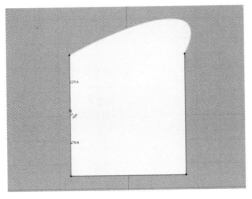"加点/分点工具，可在线段上点击鼠标左键直接进行加点/分点操作，或在线段上点击鼠标右键选择加点方式（图1-61）。

图1-61

（6）剪口。运用"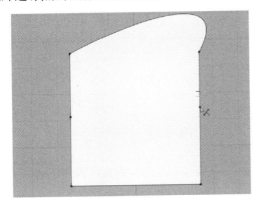"剪口工具，可在板片边缘点击鼠标左键创建剪口（图1-62）。

图1-62

（7）生成圆顺曲线。运用"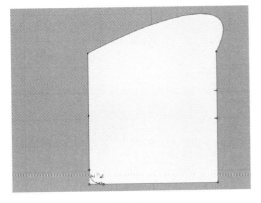"生成圆顺曲线工具在交点拖动鼠标左键使角变圆顺（图1-63）。

图1-63

（8）延展。运用"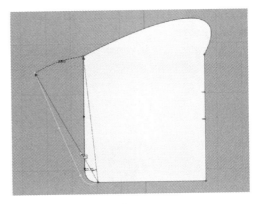"延展工具在两点分别单击左键旋转部分板片（图1-64）。

图1-64

（9）多边形。运用"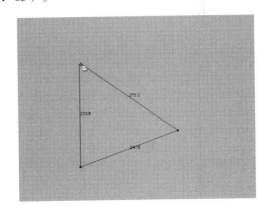"多边形工具在视窗空白区域单击左键创建闭合图形（图1-65）。

图1-65

（10）长方形。运用"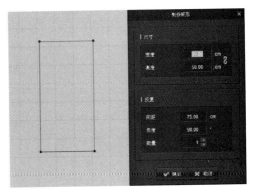"长方形工具在视窗空白区域左键拖动创建长方形板片，或左键单击设置高度和宽度等参数（图1-66）。

图1-66

（11）圆形。运用"⬤"圆形工具在视窗空白区域左键拖动形成圆形板片，或在空白处单击左键对直径等参数进行设置（图1-67）。

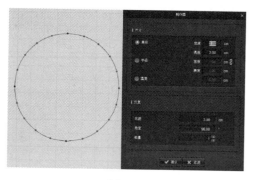

图1-67

（12）内部多边形/线。运用"■"内部多边形工具在板片中创建内部多边形（图1-68）。

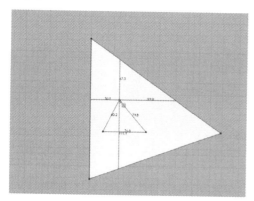

图1-68

（13）内部长方形。运用"▣"内部长方形工具在板片内拖动创建内部长方形（图1-69）。

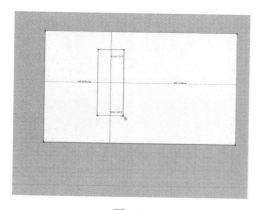

图1-69

（14）内部圆形。运用"■"内部圆形工具在板片内部拖动创建内部圆形（图1-70）。

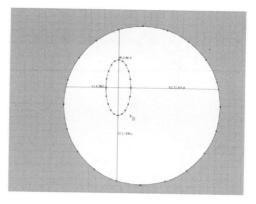

图1-70

（15）省。运用"■"省工具在板片内部拖动左键创建省（图1-71）。

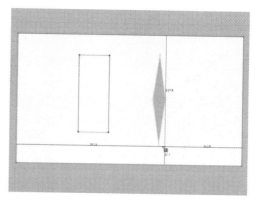

图1-71

（16）勾勒轮廓。运用"■"勾勒轮廓工具在导入板片蓝色基础线上单击鼠标右键可选择勾勒为内部线（图1-72）。

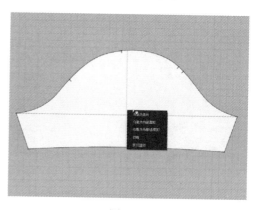

图1-72

（17）缝份。运用"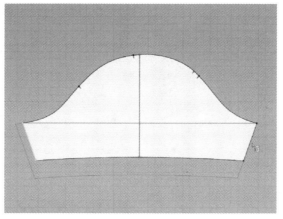"缝份工具在板片边缘单击左键生成缝份并设定缝份量（图1-73）。

2. 缝纫线工具（表1-11）

图1-73

表1-11

图标	名称	诠释
	编辑缝纫线	选择缝合线删除，改变缝合线方向，移动线/点
	线缝纫	以线为单位设置缝合线
	自由缝纫	利用鼠标前后点击的顺序自由设置缝纫线的区域
	显示2D缝纫线	显示或隐藏缝合线
	检查缝纫线长度	检查缝纫线容量
	归拔	板片归拔
	粘衬条	板片边线粘衬条

（1）编辑缝纫线。运用"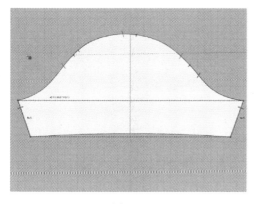"编辑缝纫线工具，左键单击缝合线可进行删除、改变缝合线方向、移动缝合线/点等操作（图1-74）。

（2）线缝纫。运用"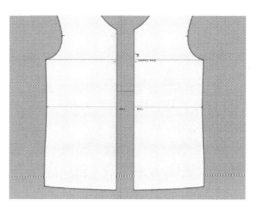"线缝纫工具，分别左键单击两条线段，使之对应缝合，在缝合时注意缝纫线方向需一致（图1-75）。

图1-74

图1-75

（3）自由缝纫。运用"▓"自由缝纫工具，按照前后点击的顺序自由设置缝纫线的区域（图1-76）。

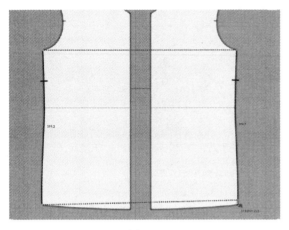

图1-76

（4）显示2D缝纫线。运用"▓"显示2D缝纫线工具查看已有缝纫线（图1-77）。

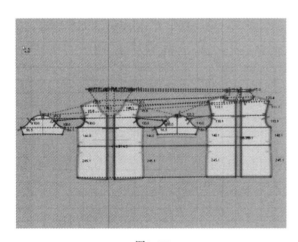

图1-77

（5）检查缝纫线长度。运用"▓"检查缝纫线长度工具，设定长度差进行容量检查（图1-78）。

（6）归拔。运用"▓"归拔工具，可以对服装板片进行归、拔操作（图1-79）。

（7）粘衬条。运用"▓"粘衬条工具，可在板片边缘添加粘衬条（图1-80）。

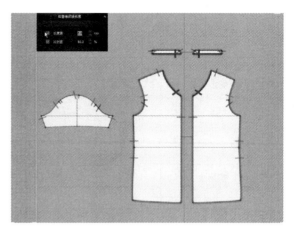

图1-78

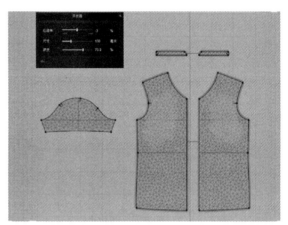

图1-79

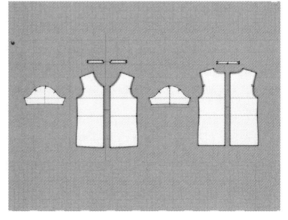

图1-80

3. 明线工具（表1-12）

（1）编辑明线。运用"▓"编辑明线工具，选中明线，可将其删除、移动或者编辑（图1-81）。

表1-12

图标	名称	诠释
	编辑明线	选中明线，可将其删除，或者移动以及编辑
	线段明线	将线段创建为明线
	自由明线	选择边线的起始点和终结点，自由设置明线位置
	缝纫线明线	选择缝纫线设定为明线
	显示2D明线	在2D视窗显示明线

（2）线段明线。运用"▦"线段明线工具，左键单击线段创建明线（图1-82）。

（3）自由明线。运用"▦"自由明线工具，左键单击线段任意两点创建明线（图1-83）。

（4）缝纫线明线。运用"▦"缝纫线明线工具，左键单击缝纫线上两点创建缝纫线明线（图1-84）。

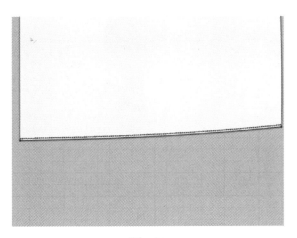

图1-81

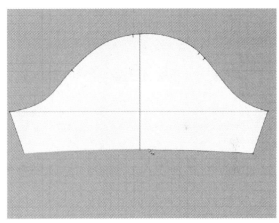

图1-83

图1-82

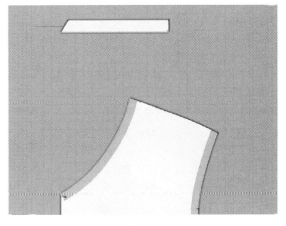

图1-84

（5）显示2D明线。运用"▨"显示2D明线工具查看已有明线。

4. 褶皱工具（表1-13）

表1-13

图标	名称	诠释
▥	翻折褶裥	设定褶裥内部线翻折
▥	缝制褶裥	缝制褶裥边线
▥	编辑缝纫线褶皱	选中褶皱线，可将其删除，或者移动以及编辑
▥	线段缝纫线褶皱	将线段创建为褶皱
▥	缝合线缝纫线褶皱	将缝合线创建为褶皱
▥	显示2D缝纫线褶皱	在2D视窗显示褶皱

（1）翻折褶裥。运用"▥"翻折褶裥工具，设置褶裥翻折线类型（图1-85）。

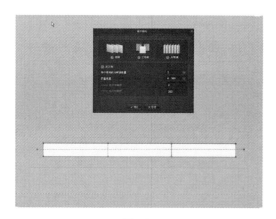

图1-85

（2）缝制褶裥。运用"▥"缝制褶裥工具将褶裥缝制对应板片上（图1-86）。

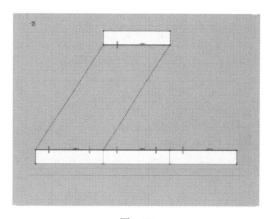

图1-86

（3）编辑缝纫线褶皱。运用"▥"编辑缝纫线褶皱工具，可对选中褶皱线进行删除、移动或者编辑等操作（图1-87）。

图1-87

（4）线段缝纫线褶皱。运用"▥"线段缝纫线褶皱工具，创建线段褶皱（图1-88）。

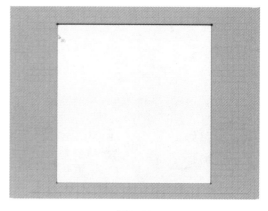

图1-88

（5）缝合线缝纫褶皱。运用"▦"缝合线缝纫褶皱工具选择缝纫线，使对应缝纫线两侧生成褶皱（图1-89）。

（6）显示2D缝纫线褶皱。运用"▦"显示2D缝纫线褶皱工具，查看褶皱标记（图1-90）。

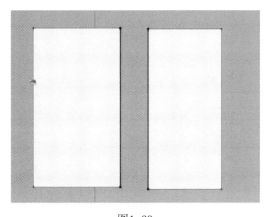

图1-89

图1-90

5. 贴图工具（表1-14）

表1-14

图标	名称	诠释
▦	编辑纹理	选中纹理,可将其删除,或者移动以及编辑
▦	调整贴图	选中贴图,可将其删除,或者移动以及编辑
▦	贴图	增加贴图至板片中
▦	在2D视窗显示图案	在2D视窗显示图案
▦	编辑UV	在导出服装之前检查板片UV状态
▦	显示UV标示线	在2D视窗显示UV标示线

（1）编辑纹理。运用"▦"编辑纹理工具，可对选中纹理进行删除、移动或者编辑等操作（图1-91）。

（2）调整贴图。运用"▦"调整贴图工具，可对选中贴图进行删除、移动或者编辑等操作（图1-92）。

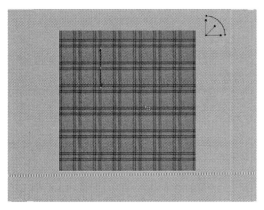

图1-91

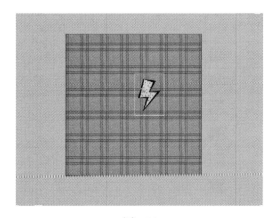

图1-92

（3）贴图。运用"▦"贴图工具，可将贴图增加至板片中（图1-93）。

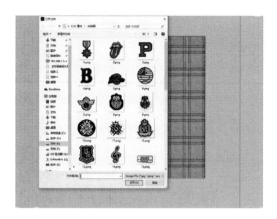

图1-93

（4）在2D视窗显示图案。运用"▦"在2D视窗显示图案工具，可在2D视窗显示图案（图1-94）。

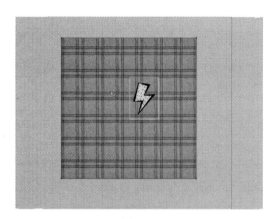

图1-94

（5）编辑UV。运用"▦"编辑UV工具，可在导出服装之前检查板片UV状态（图1-95）。

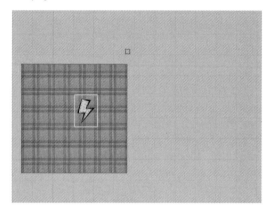

图1-95

（6）显示UV标示线。运用"▦"显示UV标示线工具，可在2D视窗显示UV标示线（图1-96）。

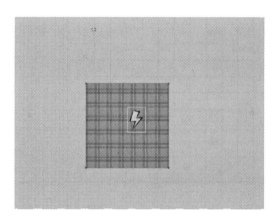

图1-96

6. **调整工具**（表1-15）

表1-15

图标	名称	诠释
▦	设定层次	设定板片间的层次
▦	编辑注释	在板片上增加注释
▦	板片注释	选中注释，可将其删除，或者移动以及编辑
▦	板片标志	在板片上增加标注
▦	显示注释	在2D视窗显示标注
▦	放码	在板片上进行放码
▦	显示放码	在2D视窗显示放码

（1）设定层次。运用"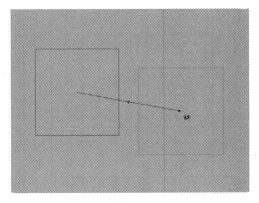"设定层次工具，先后左键单击外层板片和内层板片设置层次（图1-97）。

图1-97

（2）编辑注释。运用"**A**"编辑注释工具在板片上单击左键可输入注释内容（图1-98）。

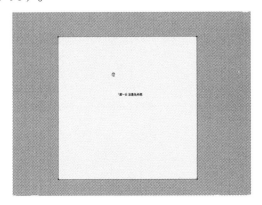

图1-98

（3）板片注释。运用"**A**"板片注释工具，选中注释可对其进行删除、移动或者编辑等操作（图1-99）。

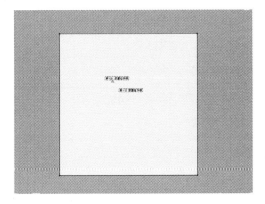

图1-99

（4）板片标志。运用"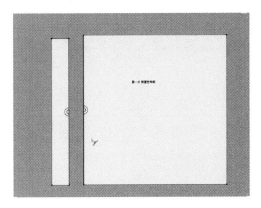"板片标志工具，可在板片上增加标注（图1-100）。

图1-100

（5）显示注释。运用"**A**"显示注释工具，可在2D视窗显示标注（图1-101）。

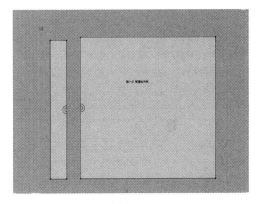

图1-101

（6）放码。运用"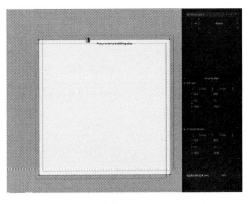"放码工具，可在板片上进行放码（图1-102）。

图1-102

（7）显示放码。运用"▨"显示放码工具，在2D视窗显示放码（图1-103）。

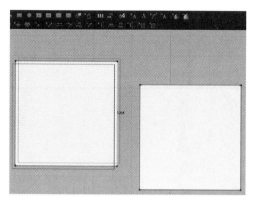

图1-103

任务三　3D工具功能

任务目标：

熟练掌握3D工具的基础操作。

任务内容：

通过调整板片、安排板片、设定纽扣、设定固定针等操作，掌握3D工具的基本操作。

任务要求：

掌握3D工具的正常使用，熟练运用选择移动工具、固定针、纽扣工具、线段（虚拟模特）工具的使用。

任务重点：

立体裁剪工具的使用。

任务难点：

调整类工具的区分与理解。

一、工具分类

3D工具分为调整工具、立体裁剪工具、装饰工具、显示工具。

二、工具讲解

1. **调整工具**（表1-16）

（1）模拟。运用"▨"模拟工具，可使服装根据重力、缝纫线关系模拟真实着装效果（图1-104）。

表1-16

图标	名称	诠释
▨	模拟	模拟服装
▨	选择移动	选择、移动、删除板片
▨	选择网格	在服装内自由指定区域选择
▨	固定针	在服装内自由指定区域生成固定针
▨	折叠安排	在激活模拟前将3D窗口中的缝头、衣领、袖口等板片翻折
▨	编辑假缝	针与针之间、针与虚拟化身之间距离可进行编辑
▨	假缝	可将服装搐褶的效果进行实时显示
▨	固定到虚拟模特上	利用固定针将服装固定在虚拟化身上
▨	重置2D安排位置	把所有的板片初始化成安排之前一样的2D板片状态
▨	重置3D安排位置	把所有板片重置成着装之前最后安排状态
▨	编辑虚拟模特胶带	选择、删除虚拟模特胶带
▨	虚拟模特圆周胶带	在虚拟模特身上生成闭合的圆周胶带
▨	线段虚拟模特胶带	在虚拟模特身上生成线段胶带
▨	贴附到虚拟模特胶带	选择板片贴附到虚拟模特身上胶带

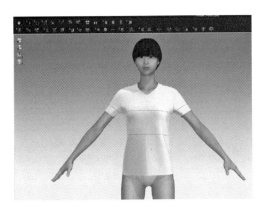

图1-104

（2）选择移动。运用"▓"选择移动工具，可对板片进行选择、移动、删除等操作（图1-105）。

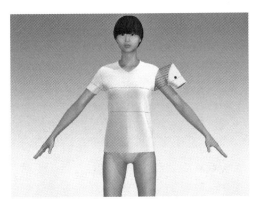

图1-105

（3）选择网格。运用"▓"选择网格工具，在服装内自由选择区域进行操作（图1-106）。

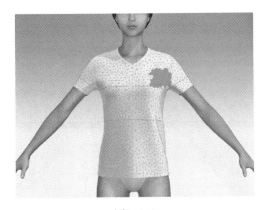

图1-106

（4）固定针。运用"▓"固定针工

具，在服装内自由选择区域生成固定针（图1-107）。

图1-107

（5）折叠安排。运用"▓"折叠安排工具，在激活模拟前将3D窗口中的缝份、衣领、袖口等板片进行翻折（图1-108）。

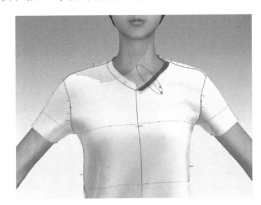

图1-108

（6）编辑假缝。运用"▓"编辑假缝工具，对针与针之间、针与虚拟化身之间距离进行编辑或删除（图1-109）。

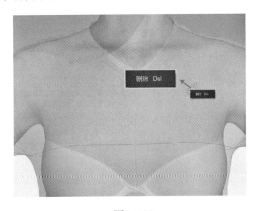

图1-109

（7）假缝。运用"▧"假缝工具，可实时显示服装掐褶的效果（图1-110）。

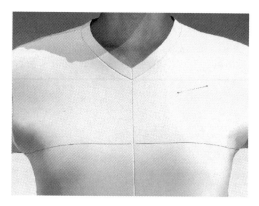

图1-110

（8）固定到虚拟模特上。运用"▧"固定到虚拟模特上工具，可使用固定针将服装固定在虚拟模特身上（图1-111）。

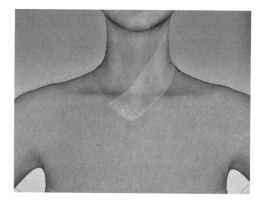

图1-111

（9）重置2D安排位置。运用"▧"重置2D安排位置工具，把所有的板片初始化为安排之前的2D板片状态（图1-112）。

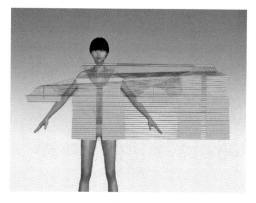

图1-112

（10）重置3D安排位置。运用"▧"重置3D安排位置工具，把所有板片重置成模拟着装之前的安排状态（图1-113）。

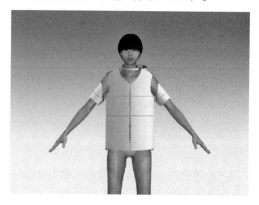

图1-113

（11）编辑虚拟模特胶带。运用"▧"编辑虚拟模特胶带工具，可对虚拟模特胶带进行选择、删除等操作（图1-114）。

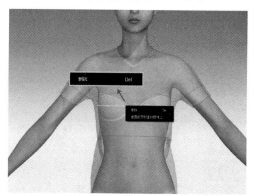

图1-114

（12）虚拟模特圆周胶带。运用"▧"虚拟模特圆周胶带工具，可在虚拟模特身上生成闭合的圆周胶带（图1-115）。

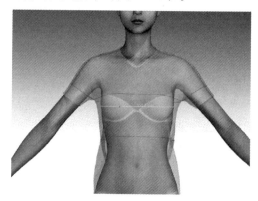

图1-115

（13）线段虚拟模特胶带。运用"■"线段虚拟模特胶带工具，可在虚拟模特身上生成线段胶带（图1-116）。

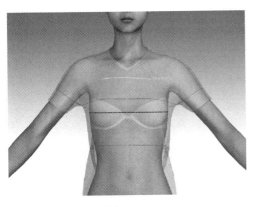

图1-116

（14）贴附到虚拟模特胶带。运用"■"贴附到虚拟模特胶带工具，选择板片再单击虚拟模特胶带可将其贴附到虚拟模特胶带上（图1-117）。

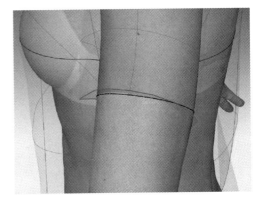

图1-117

2. 立体裁剪工具（表1-17）

表1-17

图标	名称	诠释
■	打开动作	播放或暂停虚拟模特动作
■	编辑点线（3D板片）	选择、删除、剪断线段（3D板片）
■	线段（3D板片）	在3D板片上绘制线段
■	编辑线段（虚拟模特）	选择、删除、剪断线段（虚拟模特）
■	线段（虚拟模特）	在虚拟模特上绘制线段
■	展平为板片	拾取虚拟模特上闭合的线段生成板片

（1）打开动作。运用"■"打开动作工具，可播放或暂停虚拟模特动作（图1-118）。

（2）编辑点线（3D板片）。运用"■"编辑点线（3D板片）工具，可对线段（3D板片）进行选择、删除或者剪断等操作（图1-119）。

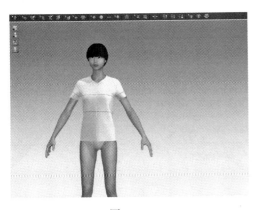

图1-118

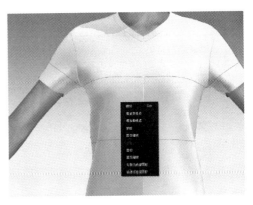

图1-119

（3）线段（3D板片）。运用"■"线段（3D板片）工具，可在3D板片上绘制线段（图1-120）。

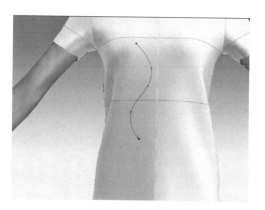

图1-120

（4）编辑线段（虚拟模特）。运用"■"编辑线段（虚拟模特）工具，可对线段（虚拟模特）进行选择、删除、剪断等操作（图1-121）。

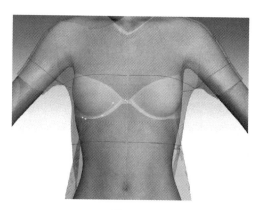

图1-121

（5）线段（虚拟模特）。运用"■"线段（虚拟模特）工具，可在虚拟模特上绘制线段（图1-122）。

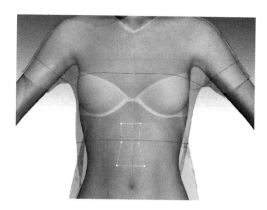

图1-122

（6）展平为板片。运用"■"展平为板片工具，可拾取虚拟模特上所绘制的闭合线段并生成板片（图1-123）。

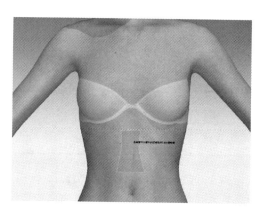

图1-123

3. 装饰工具（表1-18）

表1-18

图标	名称	诠释
■	编辑纹理	选择、移动、删除板片纹理
■	调整贴图	选择图案，可以调整大小和旋转
■	贴图	往板片插入新图案
■	选择移动纽扣	选择、移动、删除纽扣
■	纽扣	增加纽扣
■	扣眼	增加扣眼

图标	名称	诠释
	系纽扣	使纽扣与扣眼合在一起
	拉链	增加拉链
	编辑牵条	选择、删除牵条
	牵条	增加牵条
	熨烫	熨烫重合板片

（1）编辑纹理。运用"　"编辑纹理工具，可对板片纹理进行选择、移动、删除等操作（图1-124）。

（3）贴图。运用"　"贴图工具，可在板片上插入新图案（图1-126）。

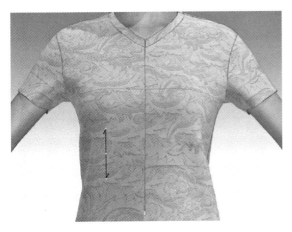

图1-124

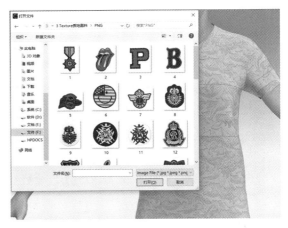

图1-126

（2）调整贴图。运用"　"调整贴图工具，可对选择图案的进行调整大小和旋转等操作（图1-125）。

（4）选择移动纽扣。运用"　"选择移动纽扣工具，可对纽扣进行选择、移动、删除等操作（图1-127）。

图1-125

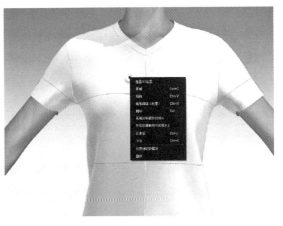

图1-127

（5）纽扣。运用"⊕"纽扣工具，点击板片对应位置可增加纽扣（图1-128）。

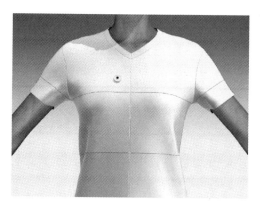

图1-128

（6）扣眼。运用"▬"扣眼工具，点击板片对应位置可增加扣眼（图1-129）。

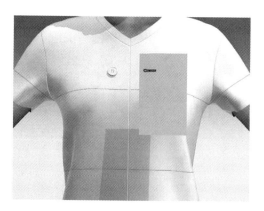

图1-129

（7）系纽扣。运用"⊙"系纽扣工具，依次单击纽扣与扣眼可使其系在一起（图1-130）。

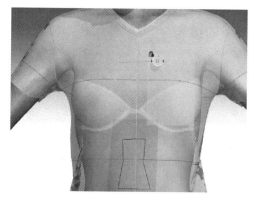

图1-130

（8）拉链。运用"▮"拉链工具，在需要创建拉链的板片开始端单击，结束端双击，再在拉链另一侧重复以上步骤可增加拉链（图1-131）。

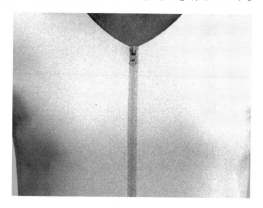

图1-131

（9）编辑牵条。运用"▨"编辑牵条工具，可对牵条进行选择、删除等操作（图1-132）。

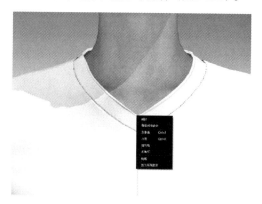

图1-132

（10）牵条。运用"▨"牵条工具，依次单击线段起始点和结束点可增加牵条，若牵条不闭合，则需双击结束（图1-133）。

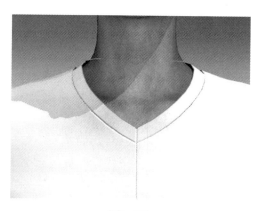

图1-133

（11）熨烫。运用"▓"熨烫工具，可熨烫重合板片（图1-134）。

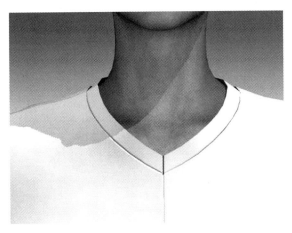

图1-134

4.显示工具（表1-19）

（1）编辑尺寸。运用"▓"编辑尺寸工具，可选择、删除测量胶带（图1-135）。

（2）圆周测量。运用"▓"圆周测量工具，可进行虚拟模特圆周测量（图1-136）。

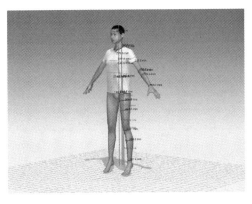

图1-135

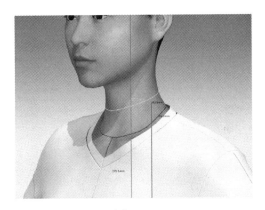

图1-136

表1-19

图标	名称	诠释
▓	编辑尺寸	选择、删除虚拟模特测量胶带
▓	圆周测量	进行虚拟模特圆周测量
▓	基本长度测量	进行虚拟模特表面长度测量
▓	提高服装品质	提高3D视窗模拟品质
▓	降低服装品质	降低3D视窗模拟品质
▓	用户自定义分辨率	增加、选择自定义分辨率
▓	编辑服装测量	选择、编辑、删除服装测量胶带
▓	服装直线测量	进行服装长度测量
▓	服装圆周测量	进行服装表面圆周测量

（3）基本长度测量。运用"▐"基本长度测量工具，可进行虚拟模特表面长度测量（图1-137）。

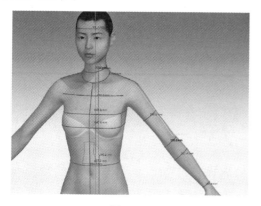

图1-137

（4）提高服装品质。运用"▐"提高服装品质工具，可提高3D视窗模拟品质（图1-138）。

图1-138

（5）降低服装品质。运用"▐"降低服装品质工具，可降低3D视窗模拟品质（图1-139）。

图1-139

（6）用户自定义分辨率。运用"▐"用户自定义分辨率工具，可增加、选择自定义分辨率（图1-140）。

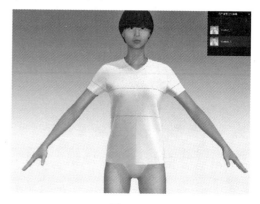

图1-140

（7）编辑服装测量。运用"▐"编辑服装测量工具，可选择、编辑、删除服装测量胶带（图1-141）。

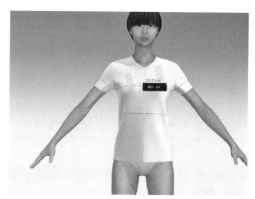

图1-141

（8）服装直线测量。运用"▐"服装直线测量工具，可进行服装长度测量（图1-142）。

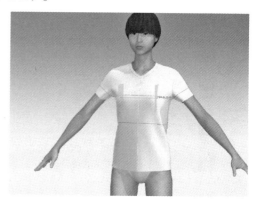

图1-142

（9）服装圆周测量。运用"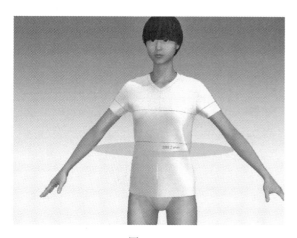"服装圆周测量工具，可进行服装表面圆周测量（图1-143）。

图1-143

任务四 面料功能

任务目标：

熟练掌握3D服装设计软件中的3D面料调试功能。

任务内容：

运用3D面料高清扫描仪扫描文件进行服装面料放置、调试。

任务要求：

掌握3D面料格式的使用方法。

任务重点：

3D面料属性设置。

任务难点：

3D面料属性设置。

课前准备：

3D面料文件。

一、准备工作

3D面料文件由3D面料高清扫描仪扫描，分别包含面料的不同信息，3D服装设计软件使用面料的颜色贴图（Color）、法线贴图（Normal）、高光贴图（Displacement）等（图1-144）。其中，法线贴图是在原物体的凹凸表面的每个点上均作法线，通过RGB颜色通道来标记法线的方向，可以理解成与原凹凸表面平行的另一个不同的表面，但实际上它又只是一个光滑的平面。对于视觉效果而言，它的效率比原有的凹凸表面更高，若在特定位置上应用光源，可以让细节程度较低的表面生成高细节程度的精确光照方向和反射效果。

3D面料高清扫描仪扫描将面料通过映射烘焙出法线贴图，可用于3D服装设计软件法线贴图通道上，使其表面拥有光影分布的渲染效果，能大大降低表现物体时需要的面数和计算内容，从而达到优化动画和游戏的渲染效果。

3D面料文件_Color.png

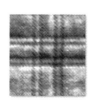
3D面料文件_Displacement.png

3D面料文件_Normal.png

3D面料文件_OCC.png

3D面料文件_Specular.png

图1-144

二、面料放置

1. 放置颜色贴图

（1）打开纹理选择（图1-145）。

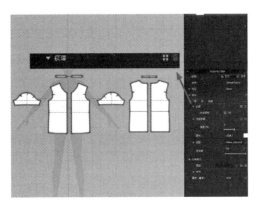

图1-145

（2）选择合适的颜色贴图（图1-146）。

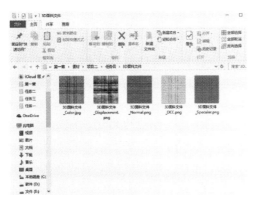

图1-146

2. 放置法线贴图

（1）打开法线贴图选择（图1-147）。

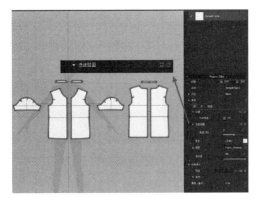

图1-147

（2）选择合适的法线贴图（图1-148）。

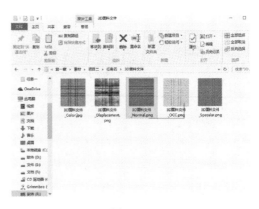

图1-148

（3）调整法线强度（图1-149）。

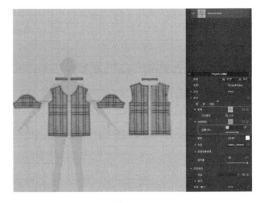

图1-149

3. 放置高光贴图

（1）选择类型Map（图1-150）。

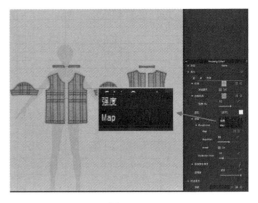

图1-150

（2）选择高光贴图（图1-151）。

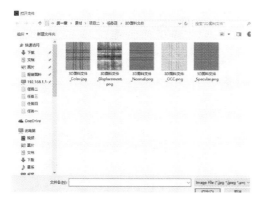

图1-151

三、面料调整

1. 纹理缩放

固定比例选择On，修改图案、法线、高光同步缩放，调试至于款式相符的效果为宜（图1-152）。

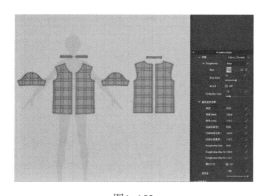

图1-152

2. 图案拼接

根据视觉要求运用"编辑纹理"工具，拖动调整，使面料花纹对格对条（图1-153）。

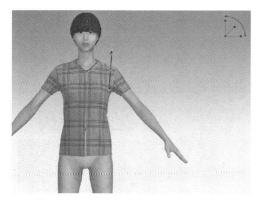

图1-153

3. 面料属性调整

根据服装款式，尝试在预设选项中选择合适的面料属性（图1-154）。

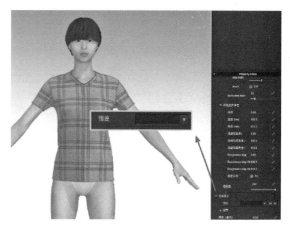

图1-154

四、图片渲染

1. 渲染设置

（1）渲染视窗。渲染视窗包括预览视窗、同步渲染、最终渲染、停止渲染、复制当前图片、保存当前图片、打开已保存的文件夹、图片/视频属性、光线属性、渲染属性控制器（图1-155）。

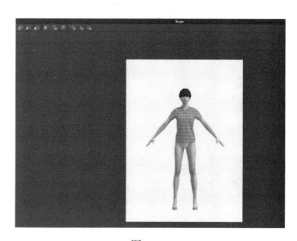

图1-155

（2）图片/视频属性。用于设置图片尺寸、分辨率、颜色校正、背景颜色、保存位置、保存名称（图1-156）。

（3）光线属性。用于调整光线强度、光线角度（图1-157）。

（4）渲染属性。用于调整噪声阈值、最大渲染时间（图1-158）。

2. 开始/保存

点击开始渲染按钮，等待右上方进度条达到100%即渲染完成（图1-159）。

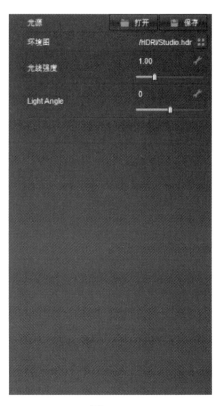

图1-157

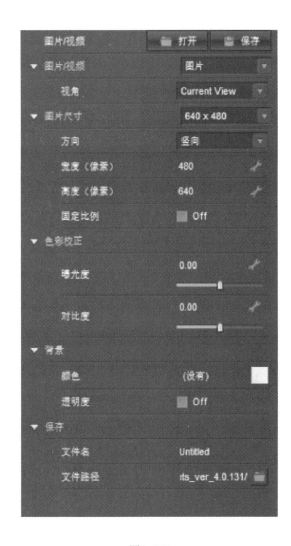

图1-156

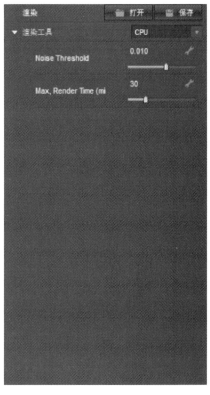

图1-158

图1-159

任务五 走秀功能

任务目标：

熟练掌握服装成衣走秀操作。

任务内容：

通过切换动画视窗、选择走秀款式、模拟录制、视频保存等操作的演示，使学生熟练运用走秀功能。

任务要求：

掌握走秀功能的使用，熟练运用模拟录制、帧数调整、角度切换等功能。

任务重点：

走秀模拟及录制。

任务难点：

走秀模拟及录制。

课前准备：

完整制作的服装套装。

一、准备工作

准备一套完成的女装套装用于走秀模拟（图1-160）。

二、走秀设置

1. **切换模式为动画模式**（图1-161）

2. **选择走秀动态**

左侧图库窗口选择Motion，选择对应头像的文件夹下预设动作（图1-162）。

3. **模拟渲染**

（1）打开预设动作后选择录制，等待录制完成（图1-163）。

（2）设置Start为30，与预设动作开始位置对齐（图1-164）。

（3）点击"◄◄"回到开始位置（图1-165）。

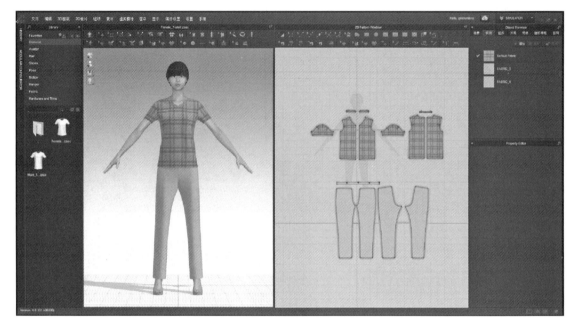

图1-160

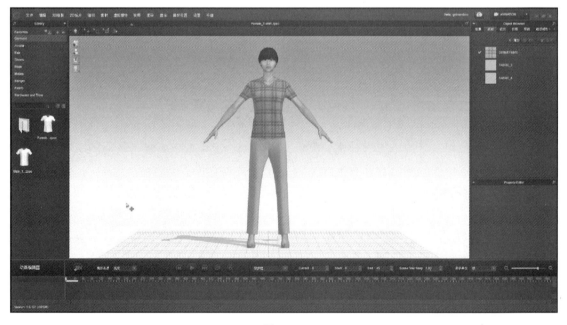

图1-161

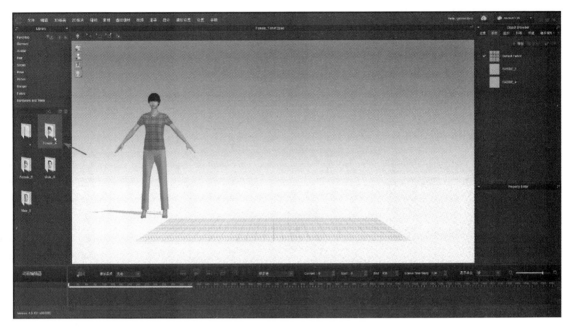

图1-162

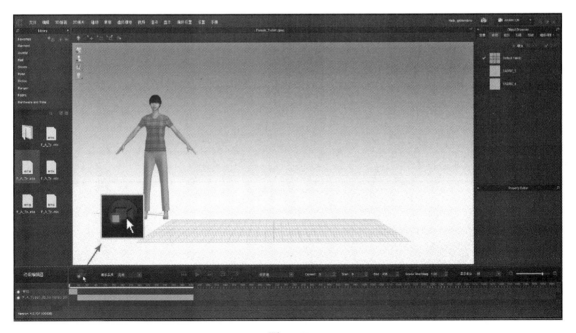

图1-163

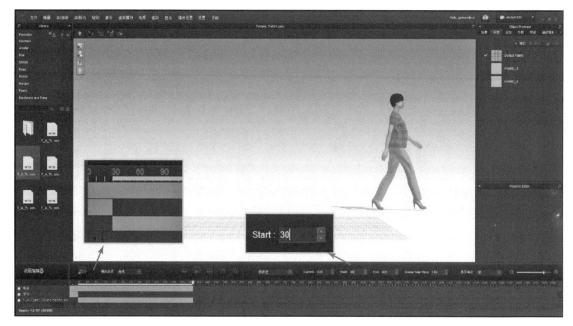

图1-164

图1-165

三、视频导出

（1）点击文件→视频抓取→视频（图1-166）。

（2）设置合适的分辨率（图1-167）。

（3）选择合适的角度，等待视频录制完成（图1-168）。

（4）录制完成后点击停止，确定保存（图1-169）。

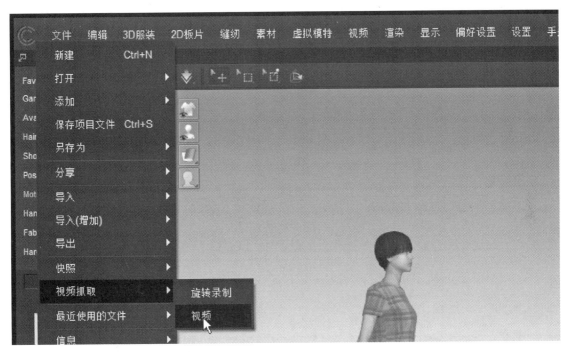

图1-166

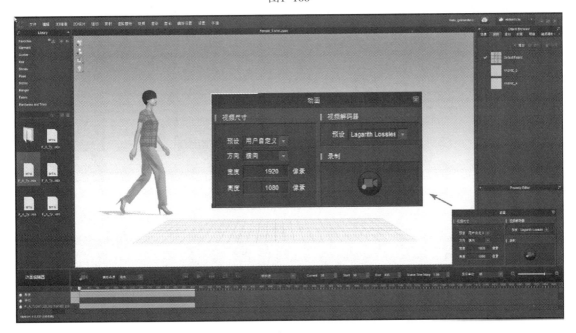

图1-167

图1-168

图1-169

第二章　3D服装试衣综合应用

项目一　3D女装试衣应用

　　任务一　西服裙试衣

　　任务二　连衣裙试衣

　　任务三　旗袍试衣

　　任务四　女上装试衣

　　任务五　套装组合试衣

项目二　3D男装试衣应用

　　任务一　衬衫试衣

　　任务二　男西裤试衣

　　任务三　中山装试衣

　　任务四　六开身西服试衣

　　任务五　套装组合试衣

项目三　3D配饰试衣应用

　　任务一　帽子试衣

　　任务二　手套试衣

项目一　3D女装试衣应用

课程名称：

3D女装试衣应用。

课程内容：

1. 西服裙试衣。

2. 连衣裙试衣。

3. 旗袍试衣。

4. 女上装试衣。

5. 套装组合试衣。

授课学时：

12课时。

教学目标：

1. 了解女装款式的板型和工艺。

2. 熟悉女装款式的缝合制作及渲染。

3. 掌握女装虚拟样衣的制作及应用。

教学方法：

讲解演示法、模拟教学法、操作练习法。

教学要求：

根据本项目所学内容，学生可独立完成3D女装试衣。

任务一　西服裙试衣

任务目标：

1. 掌握3D西服裙的缝制及着装。

2. 掌握腰头的缝制方法。

3. 掌握面料纹理和物理属性的选择。

任务内容：

根据款式图要求，通过3D服装设计软件，学习虚拟缝纫、腰头缝制、纽扣制作、面料设置。

任务要求：

通过本次课程学习，使学生掌握西服裙虚拟样衣的制作流程，培养学生对西服裙款式的理解能力，掌握西服裙类服装的虚拟缝合方法。

任务重点：

缝纫线工具在西服裙缝制中的应用。

任务难点：

1：N缝纫方法在西服裙腰头的缝合中的运用。

课前准备：

西服裙款式图、DXF格式板片文件、3D面料文件。

一、板片准备

1. 西服裙款式图

H廓型，在西服裙前片有四个省位，后中有四个省位，尖头腰头，后中断开，门襟位置缉明线0.1cm（图2-1）。

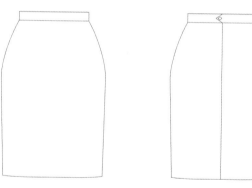

图2-1

2. 西服裙板片图

根据净样板的轮廓线进行板片拾取，注意板片为净样，包含剪口、标记线等信息（图2-2）。

二、板片导入及校对

1. 板片导入

在图库窗口中选择Avatar，并在目录中双击选择一名女性模特。点击软件视窗左上角文件→导入→DXF（AAMA/ASTM）。导入设置时根据制板单位确定导入单位比例，选项

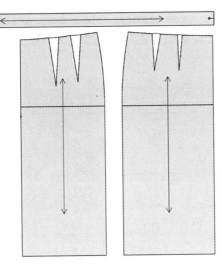

图2-2

中选择板片自动排列、优化所有曲线点（图
2-3）。

2．板片校对

（1）运用▰"调整板片"，根据3D虚拟模
特剪影的位置对应移动放置板片（图2-4）。

（2）前裙片与剪影左腿部对应，后裙片
放置位置与前裙片平行放置在右侧，腰头放置
前后片上方（图2-5）。

三、安排板片

1．安排位置

（1）在3D视窗左上角▨"显示虚拟模
特"中选择▨"显示安排点"（图2-6）。

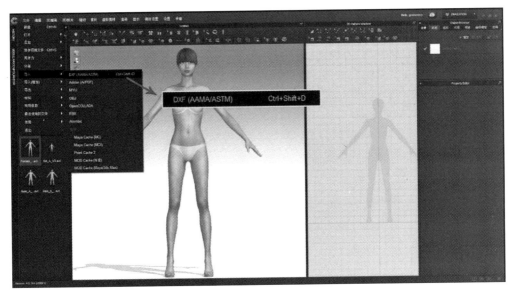

图2-3

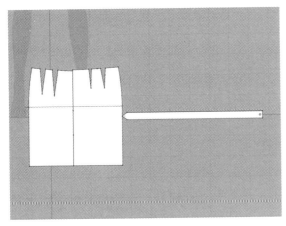

图2-4

图2-5

图2-6

（2）点击数字键"2"，在正面视窗运用 "选择/移动"在前片点击鼠标左键，在模特前腿部安排点上点击鼠标左键安排板片（图2-7）。

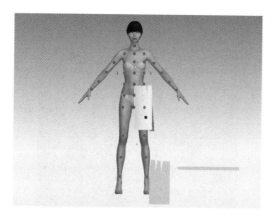

图2-7

（3）腰头放置到腰部中心点位置（图2-8）。

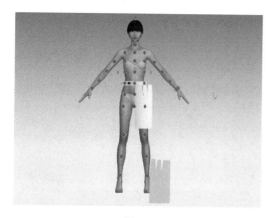

图2-8

（4）点击数字键"8"，将视窗调整为模特背面，将后片放置到臀部安排点位置（图2-9）。

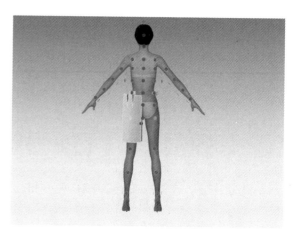

图2-9

2. 板片补齐

（1）展开板片，运用 "编辑板片"点击前中心线，在选中的前中线上右键"展开"（图2-10）。

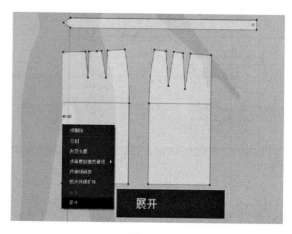

图2-10

（2）复制板片，运用 "调整板片"点选后裙片，在选中的板片上右键克隆连动板片下"对称板片（板片和缝纫线）"（图2-11）。

（3）把克隆出来的板片，按住"Shift"，水平放置在后裙片右侧（图2-12）。

（4）点击3D菜单栏中 "重置3D安排位置（全部）"重置所有板片的3D安排位置

（图2-13）。

（5）点击 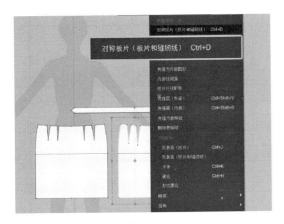 "显示安排点"，隐藏安排点，安排完成（图2-14）。

（6）运用 "选择/移动"选择前后裙片，使用定位球绿色轴，向下拖动裙片至合适位置（图2-15）。

图2-11

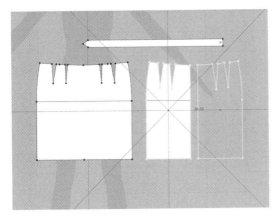

图2-12

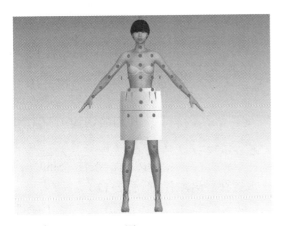

图2-13

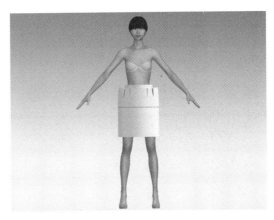

图2-14

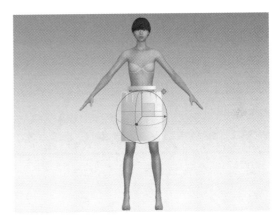

图2-15

四、缝合板片

1. 缝合基础部位

（1）运用 "线缝纫"，在左省边靠近上平线的位置单击鼠标左键（图2-16）。

图2-16

（2）在与之对应的右省边靠近上平线的位置单击鼠标左键，完成腰省缝纫（图2-17）。

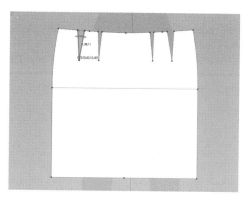

图2-17

（3）运用■"自由缝纫"，左键单击前裙片侧缝上端点，向下移动至侧缝下端点再次单击（图2-18）。

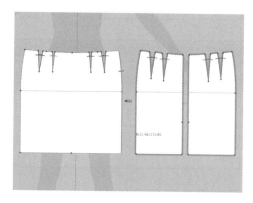

图2-18

（4）对应单击后裙片侧缝上端点，向下移动至后裙片侧缝下端点再次单击，完成侧缝缝合（图2-19）。

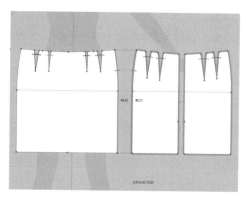

图2-19

（5）运用■"自由缝纫"，从后左裙片后中上端点至开衩点，选中侧缝线（图2-20）。

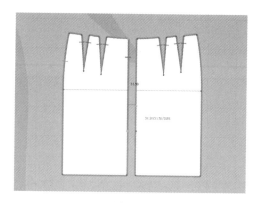

图2-20

（6）对应后右裙片前中上端点至开衩点，进行缝合（图2-21）。

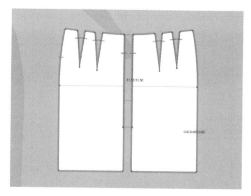

图2-21

（7）腰头对应前后裙片腰围运用"1：N"按住"Shift"进行缝合（图2-22）。

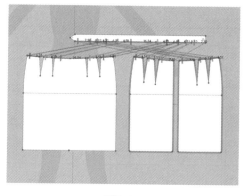

图2-22

（8）运用 "自由缝纫"和 "线缝纫"进行板片的基础部位缝合，注意对应的缝纫线需保持方向一致（图2-23）。

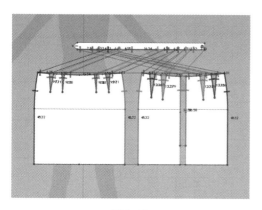

图2-23

克隆联动板片—对称板片（板片和缝纫线）会复制出具有联动功能的对称板片，对其中一个板片进行编辑和缝纫时，另一个板片会进行相同的编辑和缝纫。当缝纫发生错误或缝纫线纠缠，可运用 "编辑缝纫线"右键单击缝纫线进行缝纫线调换或删除等操作。

2. 1：N缝纫方法在西服裙腰头的缝合中的运用

（1）运用 "自由缝纫"左键单击腰头左端点，向右移动鼠标至腰头右端点，再次单击鼠标左键选中腰头。腰头和裙片腰节进行1：N缝纫（图2-24）。

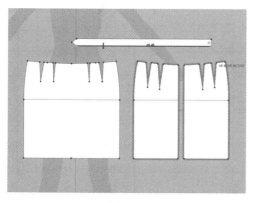

图2-24

（2）按住"Shift"，从后右裙片腰中点，跳过省道至后裙片右侧端点依次对应缝合。后面步骤需一直按住"Shift"至腰头缝合完成（图2-25）。

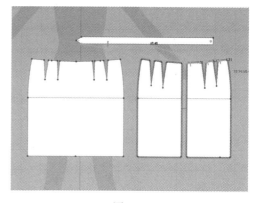

图2-25

（3）接着对应前片左侧端点跳过省道至前右侧端点，省道不缝合至腰头，缝合时需跳过缝纫（图2-26）。

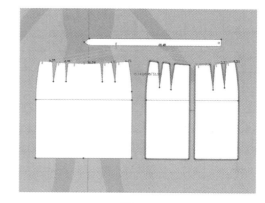

图2-26

（4）接着对应后左裙片左侧端点跳过省道至后左群片腰中点，松开"Shift"键，缝合完成（图2-27）。

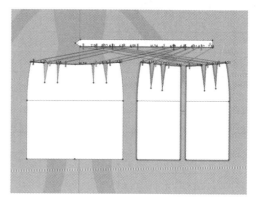

图2-27

1：N缝纫是一条缝纫线对应多条缝纫线的缝纫方式，需先缝纫单条的缝纫线，按住"Shift"后，再按照单条缝纫线的方向依次缝纫多条缝纫线，完成缝合后松开"Shift"。

五、成衣试穿

1. 模拟试穿

（1）按"Ctrl+A"进行全选，在选中板片上单击鼠标右键选择硬化（图2-28）。

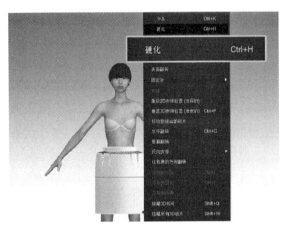

图2-28

（2）点开 ⬇ "模拟"状态，服装实时根据重力和缝纫关系进行着装，完成基础试穿（图2-29）。

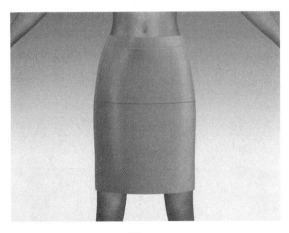

图2-29

（3）全选板片，在板片上单击右键解除硬化，在图库窗口选择对应Pose试穿，效果以服装悬垂，无抖动为宜（图2-30）。

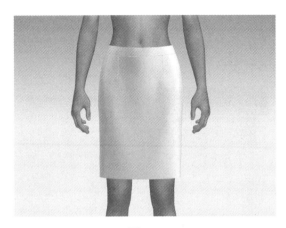

图2-30

2. 设置纽扣

（1）运用 ▬ "扣眼"在腰头扣眼位置单击左键确定扣眼位（图2-31）。

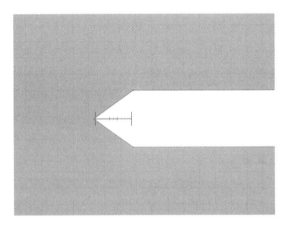

图2-31

（2）运用 ⊙ "纽扣"在腰头纽扣位置单击左键确定纽扣位（图2-32）。

图2-32

（3）在物体窗口选择纽扣栏中对应的纽扣，在属性编辑器中编辑纽扣图形、宽度、颜色（图2-33）。

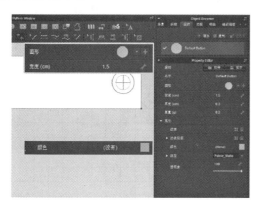

图2-33

（4）在物体窗口选择扣眼栏中对应的扣眼，在属性编辑器中编辑扣眼图形、宽度、颜色（图2-34）。

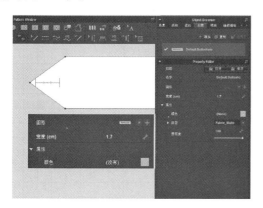

图2-34

（5）运用 "系纽扣" 在3D窗口点击纽扣，再点击扣眼，系纽扣完成（图2-35）。

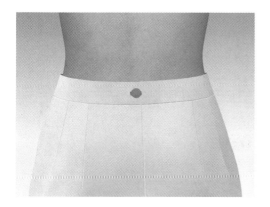

图2-35

3. 设置明线

（1）解除前片连动， "调整板片" 选中两个前片，在板片上右键点击解除连动（图2-36）。

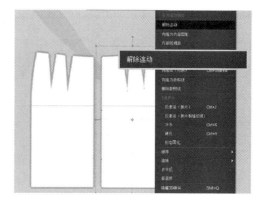

图2-36

（2）运用 "线段明线" 在拉链部位单击增加明线（图2-37）。

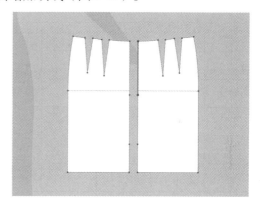

图2-37

（3）在属性编辑器窗口编辑明线颜色、间距0.1cm、长度0.3cm、线的粗细0.1cm（图2-38）。

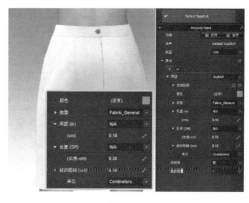

图2-38

六、设置面料

1. 设置面料物理属性

选择右侧物体窗口织物栏中对应的面料，在物理属性预设中设置面料属性为Cotton_Gabardine（图2-39）。

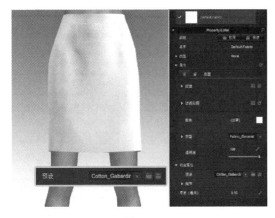

图2-39

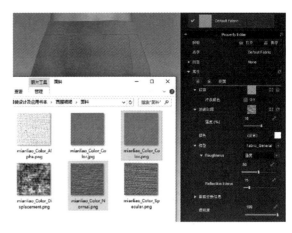

图2-40

2. 设置面料纹理

（1）选择3D面料，选择时分别对应，纹理对应Color贴图，法线贴图对应Normal贴图（图2-40）。

（2）3D面料放置完成效果图（图2-41）。

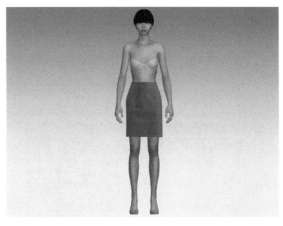

图2-41

七、成品展示（图2-42）

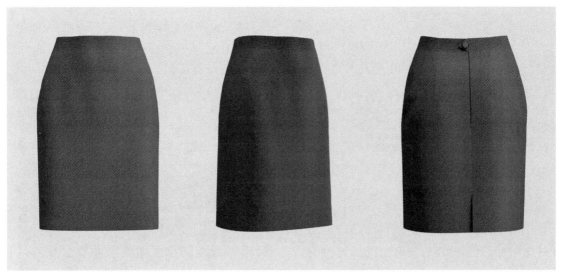

图2-42

八、工作任务

在CAD中完成一款半身裙的制板，输出为ASTM格式文件后导入CLO，完成虚拟缝制及着装。

任务二　连衣裙试衣

任务目标：

1. 掌握3D连衣裙的缝制及着装。

2. 掌握工字褶缝制方法。

3. 能够准确设置板片层次。

任务内容：

根据款式图要求，通过3D服装设计软件，学习虚拟缝纫、褶皱制作、明线设置、层次设定、面料更换。

任务要求：

通过本次课程学习，使学生掌握连衣裙虚拟样衣的制作流程，培养学生对连衣裙款式的理解能力，掌握连衣裙类服装的虚拟缝合方法。

任务重点：

工字褶连衣裙的缝制。

任务难点：

工字褶的缝纫方法。

课前准备：

连衣裙款式图、DXF格式板片文件、3D面料文件。

一、板片准备

1. 连衣裙款式图

X廓型，在连衣裙前片有腋下省和胸腰省，后片有腰省，在领口和袖窿口1cm处缉明线（图2-43）。

2. 连衣裙板片图

根据净样板的轮廓线进行板片拾取，注意板片为净样，包含剪口、扣位、标记线等信息（图2-44）。

图2-43

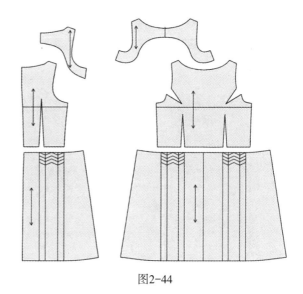

图2-44

二、板片导入及校对

1. 板片导入

在图库窗口中选择Avatar，并在栏目中选择一名女性模特。点击软件视窗左上角文件→导入→DXF（AAMA/ASTM）。导入设置时根据制板单位确定导入单位比例，选项中选择板片自动排列、优化所有曲线点（图2-45）。

2. 板片校对

（1）运用 ▨ "调整板片"，根据3D虚拟模特剪影的位置对应移动放置板片（图2-46）。

（2）前片上身与剪影的上身对应，后片

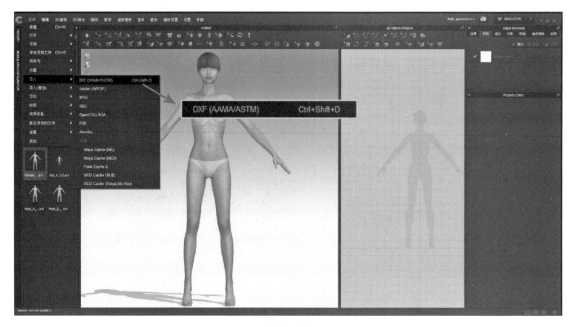

图2-45

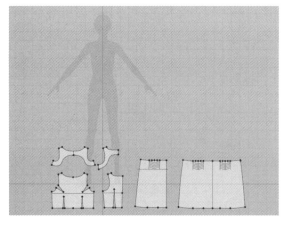

图2-46

图2-47

上身放置位置与前片平行放置在左侧，裙片放在上身的下侧，贴边样板放置在对应样板的上侧（图2-47）。

三、安排板片

1. 安排位置

（1）在3D视窗左上角 "显示虚拟模特" 中选择 "显示安排点"（图2-48）。

（2）运用 "选择/移动" 左键单击贴边，在模特前中安排点上再次单击鼠标左键安排板片（图2-49）。

图2-48

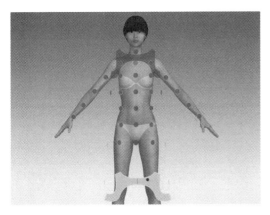

图2-49

（3）运用 "选择/移动" 在前片点击鼠标左键，在模特前中线安排点上再次点击鼠标左键安排板片，使前片和贴边重合（图2-50）。

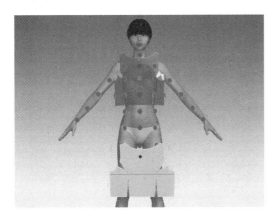

图2-50

（4）运用 "选择/移动" 在前裙片点击鼠标左键，在模特前臀部安排点上再次点击鼠标左键安排板片（图2-51）。

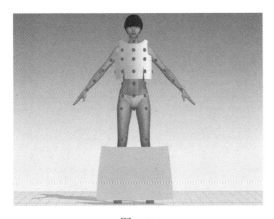

图2-51

（5）在3D服装窗口空白处按住右键拖动鼠标旋转视窗，放置所有板片到合适的安排点位置（图2-52）。

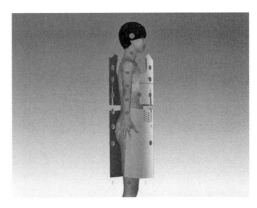

图2-52

（6）选中前贴边，在右侧属性栏设置间距为35（图2-53）。

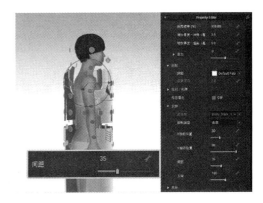

图2-53

2. 板片补齐

（1）复制板片，运用 "调整板片" 框选后贴边、后片和后裙片（图2-54）。

图2-54

（2）在选中的板片上单击鼠标右键，选择克隆联动板片—"对称板片（板片和缝纫线）"（图2-55）。

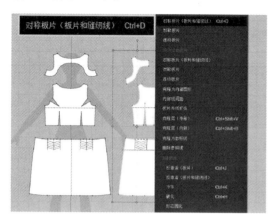

图2-55

（3）按住"Shift"辅助板片平行放置前片左侧（图2-56）。

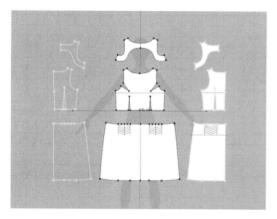

图2-56

（4）放置完成（图2-57）。

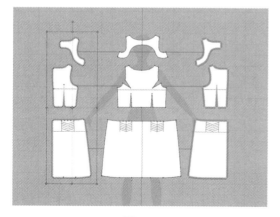

图2-57

四、缝合板片

1. 缝合基础部位

（1）运用 ■ "线缝纫"进行缝纫，在侧缝线靠腋下的位置单击鼠标左键（图2-58）。

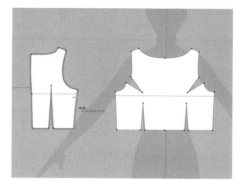

图2-58

（2）在与之对应的前片侧缝靠腋下位置单击鼠标左键，保证缝纫线方向一致，完成线缝纫（图2-59）。

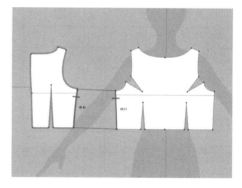

图2-59

（3）运用 ■ "自由缝纫"进行缝纫，在前贴边肩端点单击鼠标左键，移动鼠标至腋下点点击鼠标左键（图2-60）。

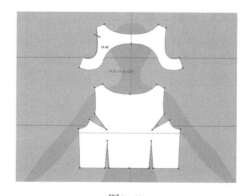

图2-60

（4）在与之对应的前片肩端点单击鼠标左键，按住"Shift"顺着缝合方向移动鼠标至胸省点点击鼠标左键（图2-61）。

（5）鼠标左键单击另一胸省点，移动至腋下点单击左键，完成缝合后松开"Shift"（图2-62）。

（6）运用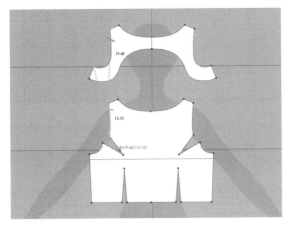"自由缝纫"和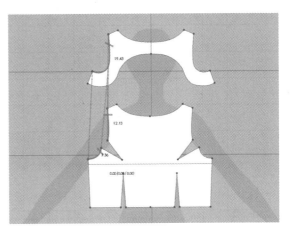"线缝纫"进行板片的基础部位的缝合（图2-63）。

图2-61

图2-62

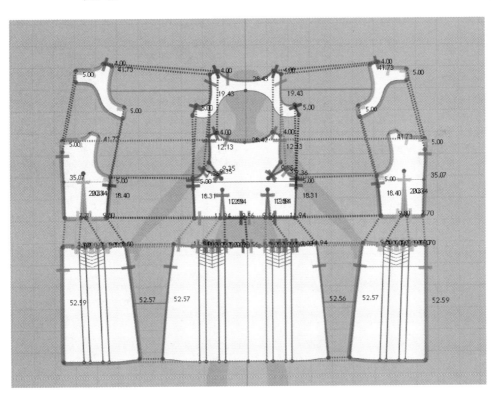

图2-63

2. 工字褶的缝纫方法

（1）制作工字褶内部线。

①运用"内部多边形"点击腰线褶端点（图2-64）。

②鼠标移动至下摆褶端点，双击鼠标左键结束内部线绘制（图2-65）。

③运用"内部多边形"完成四条褶线的绘制，可用"加点/分线"在褶端点之间

右键平均分四段，确定褶定位点（图2-66）。

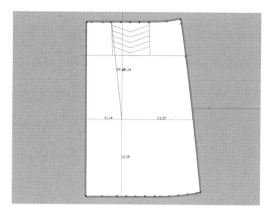

图2-64

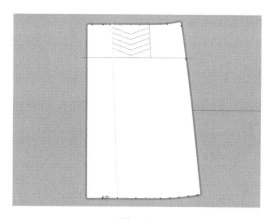

图2-65

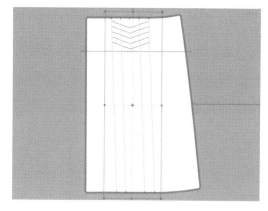

图2-66

④运用▰"调整板片"按住"Shift"鼠标左键点选褶内侧的线段，在属性编辑器窗口设置折叠强度为100，折叠角度值为360（图2-67）。

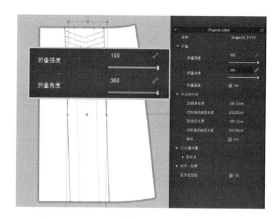

图2-67

⑤运用▰"调整板片"按住"Shift"鼠标左键点选褶外侧的线段，在属性编辑器窗口设置折叠强度值为100，折叠角度值为0（图2-68）。

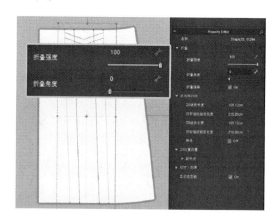

图2-68

⑥检查所有需要设置折叠角度的翻折线，设置为360°的内部线为蓝色，0°为深红色（图2-69）。

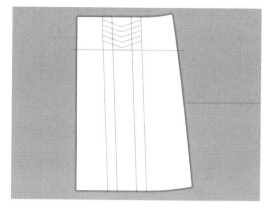

图2-69

（2）缝制褶

①运用 "自由缝纫"点击褶第二个定位点，鼠标移动至褶第一个定位点（图2-70）。

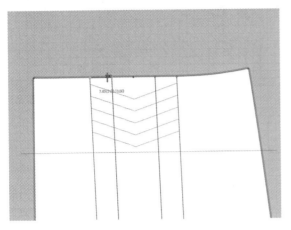

图2-70

②鼠标左键点击褶第二个定位点，鼠标移动至褶第三个定位点（图2-71）。

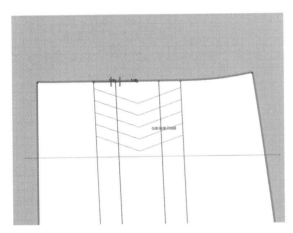

图2-71

③鼠标左键点击褶第三个定位点，鼠标移动至褶第二个定位点（图2-72）。

④鼠标左键点击褶第一个定位点，鼠标向左移动至褶左侧自动对应等长安排位置（图2-73）。

五、成衣试穿

1. 模拟试穿

（1）在3D菜单栏中选择 █ "重置3D安排位置"，使板片按照安排点位置排列放置（图2-74）。

（2）按"Ctrl+A"进行全选，在选中板片上单击鼠标右键选择硬化（图2-75）。

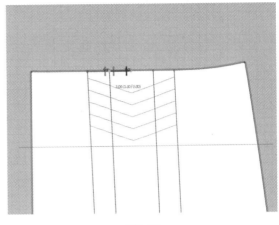

图2-72

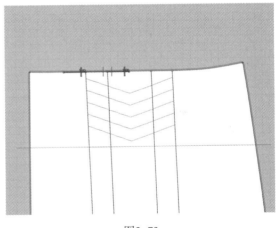

图2-73

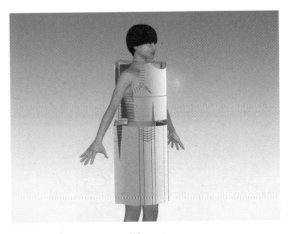

图2-74

图2-75

（3）点开 ⬇ "模拟"状态，服装实时根据重力和缝纫关系进行着装，完成基础试穿（图2-76）。

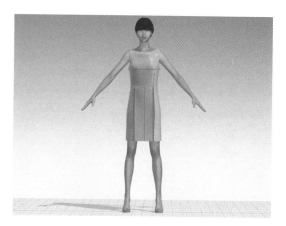

图2-76

（4）全选板片，单击右键解除硬化，试穿效果以服装悬垂，无抖动为宜（图2-77）。

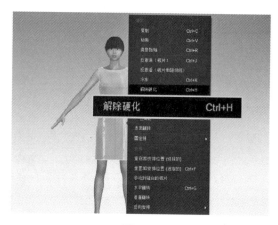

图2-77

（5）鼠标放在"显示3D服装"按钮上，使其弹出所有隐藏/显示按钮（图2-78）。

图2-78

（6）在弹出的隐藏/显示按钮中鼠标左键单击"显示内部线"，使其内部线进行隐藏（图2-79）。

图2-79

（7）在弹出的隐藏/显示按钮中鼠标左键，单击"显示3D基础线"，使其内部线进行隐藏（图2-80）。

图2-80

（8）运用 "调整板片" 按住 "Shift"，鼠标左键点选所有的褶线，在属性窗口中设置折叠强度为5（图2-81）。

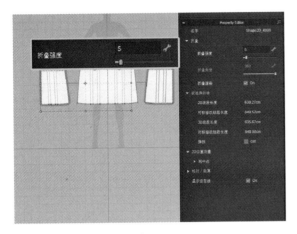

图2-81

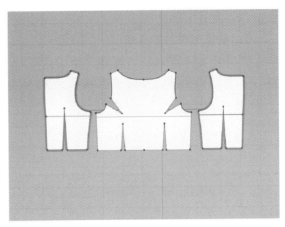

图2-82

2. 设置明线

（1）运用 "线段明线" 在连衣裙的领口和袖窿部位增加明线（图2-82）。

（2）设置明线属性，间距10mm，线的粗细0.8mm（图2-83）。

（3）明线效果图（图2-84）。

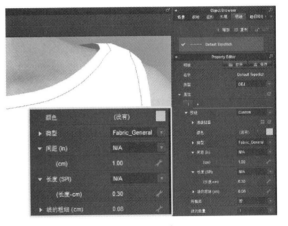

图2-83

图2-84

六、设置面料

1. 设置面料物理属性

选择右侧物体窗口织物栏中对应的面料，在物理属性预设中设置面料属性为Silk_Charmeuse（图2-85）。

2. 设置面料纹理

（1）选择3D面料，选择时分别对应，纹理对应Color贴图，法线贴图对应Normal贴图，Map对应Displacement贴图（图2-86）。

（2）3D面料放置完成效果图（图2-87）。

图2-85

图2-86

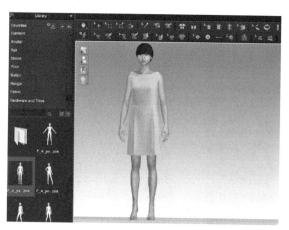

图2-87

七、成品展示（图2-88）

图2-88

八、工作任务

在CAD中完成一款连衣裙的制板，输出为ASTM格式文件后导入CLO，完成虚拟缝制及着装。

任务三 旗袍试衣

任务目标：

1. 掌握3D旗袍的缝制及着装。
2. 掌握盘扣的制作方法。
3. 掌握牵条的设置和编辑。

任务内容：

根据款式图要求，通过3D服装设计软件，巩固工具的综合使用以及学习领子缝合、袖子缝合、盘扣制作、省道制作、层次设定。

任务要求：

通过本次课程学习，使学生掌握旗袍虚拟样衣的制作流程，培养学生对旗袍款式的理解能力，掌握旗袍类服装的虚拟缝合方法。

任务重点：

旗袍的缝制及着装。

任务难点：

旗袍盘扣的制作。

课前准备：

旗袍款式图、DXF格式板片文件、3D面料文件。

一、板片准备

1. 旗袍款式图

X廓型，旗袍包含前片胸省和腰省、左前底襟、后片腰省、领子、袖子，在领口、袖口、门襟、衩位、下摆进行包边（图2-89）。

图2-89

2. 连衣裙板片图

根据净样板的轮廓线进行板片拾取，注意板片为净样，包含剪口、扣位、标记线等信息（图2-90）。

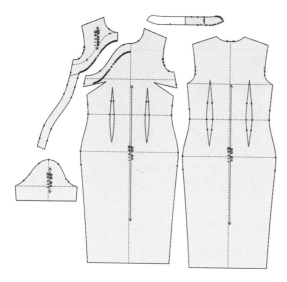

图2-90

二、板片导入及校对

1. 板片导入

在图库窗口中选择一名女性模特。点击软件视窗左上角文件→导入→DXF（AAMA/ASTM）。导入设置时根据制板单位确定导入单位比例，选项中选择板片自动排列、优化所有曲线点（图2-91）。

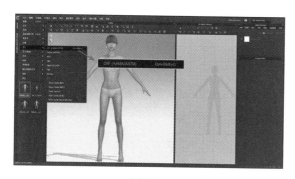

图2-91

2. 板片校对

（1）运用 ⬛ "调整板片"，根据3D虚拟模特剪影的位置对应移动放置板片（图2-92）。

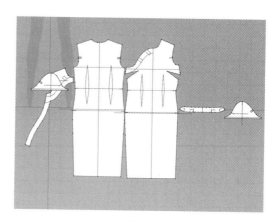

图2-92

（2）后片上身与前片平行放置在右侧，左底襟放在前片左侧，袖片前袖山弧线与前袖窿相对，放在前片两侧，领子放到后片上方（图2-93）。

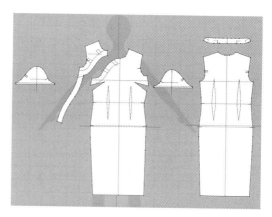

图2-93

（3）运用 ⬛ "勾勒轮廓"左键双击选中腰省，在腰省线段上右键选择"切断"（图2-94）。

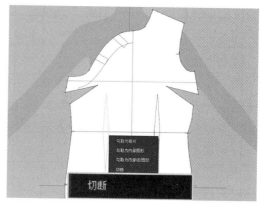

图2-94

（4）运用"调整板片"，左键选中裁剪下来的省道板片，"Delete"删除（图2-95）。

（4）放置所有板片到合适的安排点位置（图2-99）。

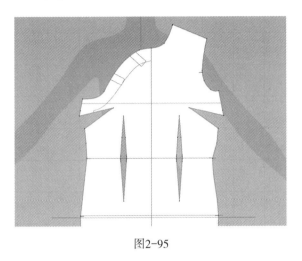

图2-95

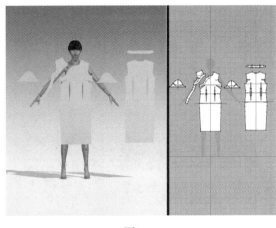

图2-97

三、安排板片

1. 安排位置

（1）在3D视窗左上角"显示虚拟模特"中选择"显示安排点"（图2-96）。

图2-96

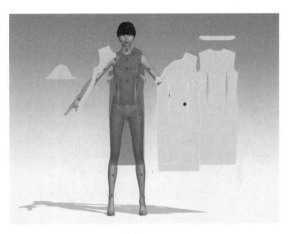

图2-98

（2）左键点击"重置2D安排位置（全部）"，使3D窗口板片位置与2D窗口板片位置对应（图2-97）。

（3）运用"选择/移动"在前片点击鼠标左键，在模特前中线安排点上再次点击鼠标左键安排板片（图2-98）。

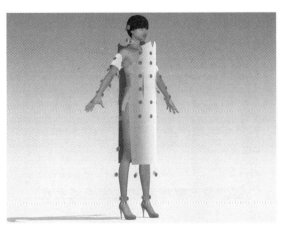

图2-99

（5）选中左底襟，在右侧属性编辑器安排中设置"X轴的位置"为70，间距为35（图2-100）。

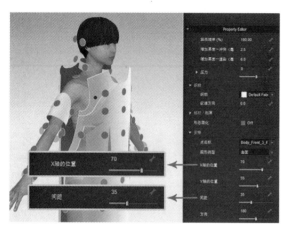

图2-100

（6）点击 "显示安排点"，隐藏安排点，安排完成（图2-101）。

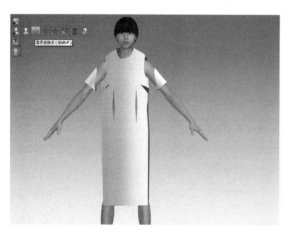

图2-101

四、缝合板片

1. 缝合基础部位

（1）运用 "线缝纫"进行缝纫，在前片右肩斜靠侧颈点的位置单击鼠标左键（图2-102）。

（2）在与之对应的后片左肩斜靠侧颈点的位置单击鼠标左键，完成线缝纫（图2-103）。

（3）运用 "自由缝纫"单击后片袖

窿深处，向下移动至侧缝开衩点单击，按住"Shift"，由上至下依次缝合前片侧缝上部分及下部分（图2-104）。

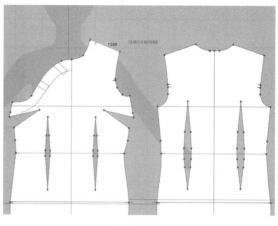

图2-102

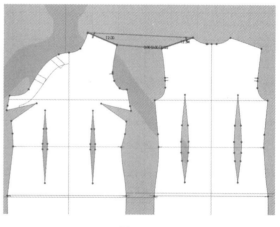

图2-103

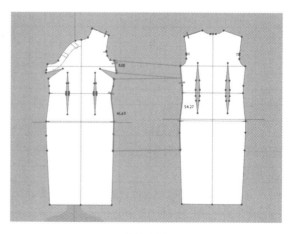

图2-104

（4）运用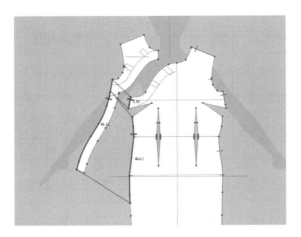"自由缝纫"结合
"Shift"，依次将左里襟侧缝和前片侧缝按照
对位点进行1∶N缝合（图2-105）。

图2-105

（5）运用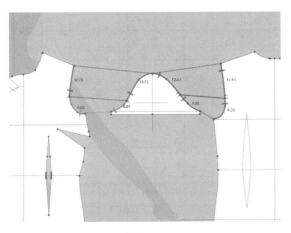"自由缝纫"将袖山弧线
和对应袖窿弧线根据对位点进行缝合（图
2-106）。

图2-106

（6）运用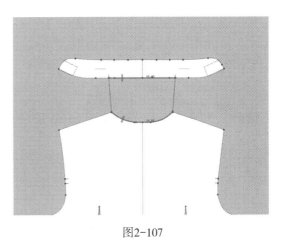"自由缝纫"将后领对位点
对应后领围进行缝合（图2-107）。

（7）运用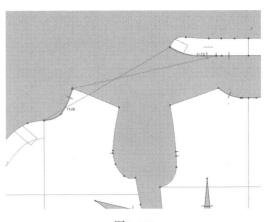"自由缝纫"从后领对位点
至前领端点对应前片侧颈点至前中心点进行缝
合（图2-108）。

（8）运用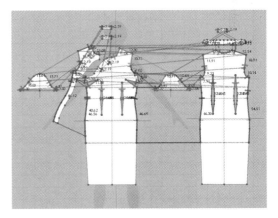"自由缝纫"和 "线
缝纫"进行板片的基础部位的缝合（图
2-109）。

图2-107

图2-108

图2-109

2. 旗袍盘扣的制作

（1）运用 "勾勒轮廓"选择盘扣基础
线，单击或双击鼠标左键，同时按住"Shift"
多选，选择完成，在线上单击鼠标右键选择
"勾勒为内部线/图形"（图2-110）。

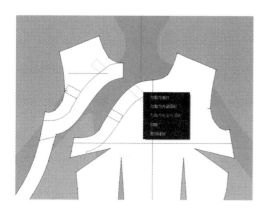

图2-110

（2）运用 ▨ "编辑板片"按住"Shift"多选盘扣对应内部线量取长度，单击对应内部线量取盘扣宽度（图2-111）。

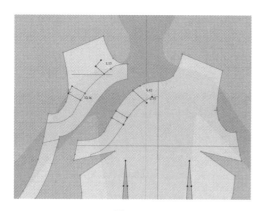

图2-111

（3）运用 ▢ "长方形"在2D窗口空白处左键单击，弹出"制作矩形"对话框，输入量取的盘扣尺寸大小制作盘扣裁片（图2-112）。

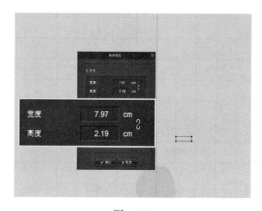

图2-112

（4）运用 ✛ "选择/移动"在盘扣板片上右键单击复制，空白处右键单击粘贴出盘扣板片（图2-113）。

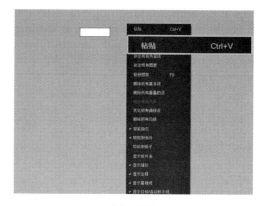

图2-113

（5）运用 ▨ "线缝纫"使盘扣板片两端与左底襟、前片上的盘扣内部线两端对应缝合（图2-114）。

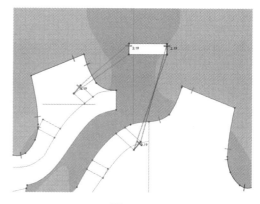

图2-114

（6）盘扣领位缝合，因为领子位置关系，缝合时注意两端对应缝纫线位置及方向（图2-115）。

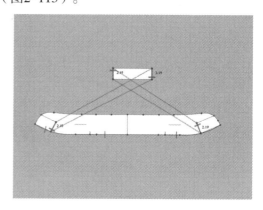

图2-115

五、成衣试穿

1. 模拟试穿

（1）运用 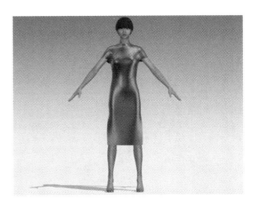"选择/移动"工具和定位球，把盘扣安排到合适的位置（图2-116）。

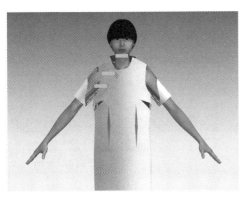

图2-116

（2）运用 "调整板片"选择前片和前盘扣，在属性编辑器窗口设置"层"为2（图2-117）。

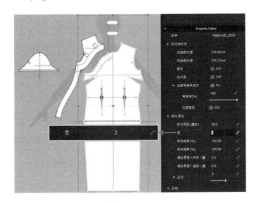

图2-117

（3）按"Ctrl+A"进行全选，在选中板片上单击鼠标右键选择"硬化"（图2-118）。

图2-118

（4）点开 "模拟"状态，服装实时根据重力和缝纫关系进行着装，完成基础试穿（图2-119）。

图2-119

（5）全选板片，单击右键"解除硬化"，试穿效果以服装悬垂，无抖动为宜（图2-120）。

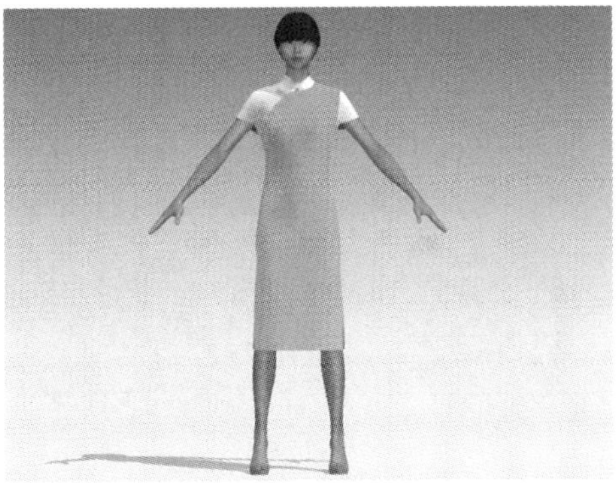

图2-120

（6）选择前片和前盘扣，在属性编辑器窗口中将"层次"由2恢复到0（图2-121）。

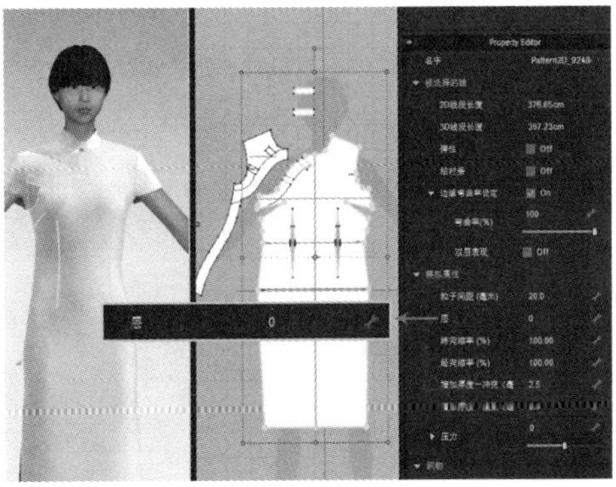

图2-121

2. 设置牵条

（1）运用 ![icon]"牵条"左键单击袖口端点至袖口中部任意位置单击确定牵条方向（图2-122）。

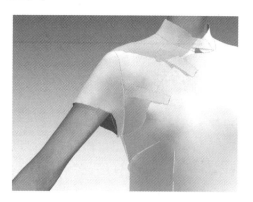

图2-122

（2）回到袖口端点左键单击，牵条完成（图2-123）。

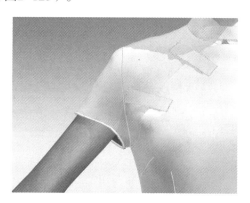

图2-123

（3）完成袖、领、门襟、衩位、下摆牵条。非闭合牵条，需双击结束以完成牵条（图2-124）。

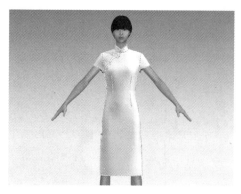

图2-124

（4）运用 ![icon]"编辑牵条"选择全部牵条，在属性编辑器窗口调整"宽度"为5（图2-125）。

图2-125

（5）在图库窗口中双击"Pose"选择对应的虚拟模特，选择第2个Pose（图2-126）。

图2-126

六、设置面料

1. 设置面料纹理

（1）在织物下点击增加一款织物（图2-127）。

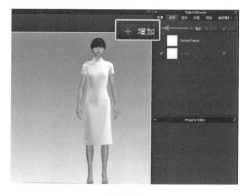

图2-127

（2）选择3D面料，选择时分别对应，纹理对应Color贴图，法线贴图对应Normal贴图，Map对应Displacement贴图（图2-128）。

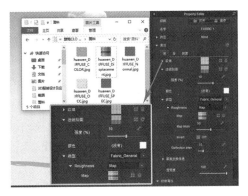

图2-128

（3）选择领片、袖片、左底襟、前片、后片，点击■"应用于选择的板片上"（图2-129）。

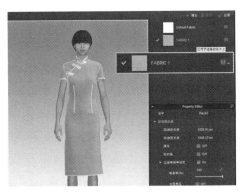

图2-129

（4）在织物下点击增加一款织物，纹理选择PNG格式盘扣面料，选择盘扣样板，点击■"应用于选择的板片上"（图2-130）。

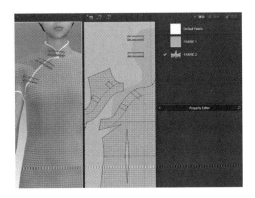

图2-130

（5）运用■"编辑纹理"点击盘扣裁片，运用45°轴把盘扣调至合适大小，并移动到合适位置（图2-131）。

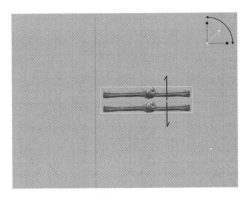

图2-131

（6）选择盘扣织物，点击颜色，吸取前片面料深色作为盘扣色（图2-132）。

图2-132

（7）在织物下点击增加一款织物，和盘扣同色，运用■"编辑牵条"按住"Shift"选择全部牵条，在属性编辑器窗口"织物"选择FABRIC 3（图2-133）。

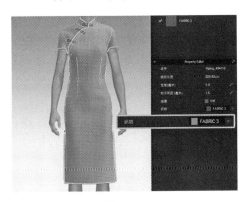

图2-133

2. 设置面料物理属性

（1）在物体窗口织物栏中选择FABRIC 1，在属性编辑器物理属性预设中将面料属性设置为Silk_Crepede-chine（图2-134）。

（2）按住"Ctrl+A"全选板片，在属性编辑器中将"粒子间距"设置为10，提高服装品质（图2-135）。

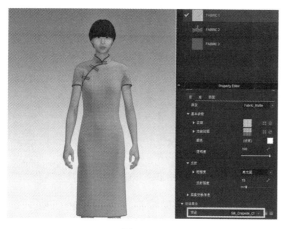

图2-134

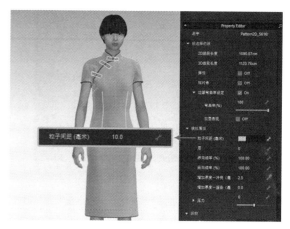

图2-135

七、成品展示（图2-136）

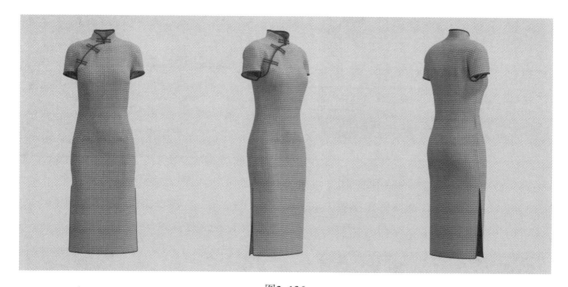

图2-136

八、工作任务

在CAD中完成一款旗袍的制板，输出为ASTM格式文件后导入CLO，完成虚拟缝制及着装。

任务四　女上装试衣

任务目标：

1. 掌握3D女上装的缝制及着装。

2. 掌握两片袖缝制方法。

任务内容：

根据款式图要求，通过3D服装设计软件，学习虚拟缝纫、袖褶缝制、装饰扣制作、面料设置。

任务要求：

通过本次课程学习，使学生掌握女上装虚拟样衣的制作流程，培养学生对女上装款式的理解能力，掌握女上装类服装的虚拟缝合方法。

任务重点：

两片袖的缝制。

任务难点：

两片袖的缝制方法。

课前准备：

连衣裙款式图、DXF格式板片文件、3D面料文件。

一、板片准备

1. 女上装款式图

H廓型，在女上装前片有袖窿省，后中断开，袖子为泡泡袖，扣子为装饰扣（图2-137）。

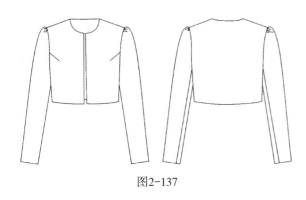

图2-137

2. 女上装板片图

根据净样板的轮廓线进行板片拾取，注意板片为净样，包含剪口、扣位、标记线等信息（图2-138）。

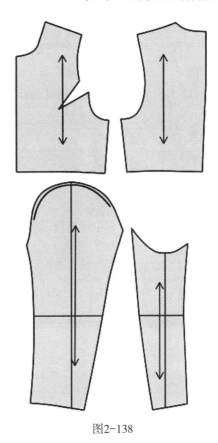

图2-138

二、板片导入及校对

1. 板片导入

在图库窗口中选择一名女性模特。点击软件视窗左上角文件→导入→DXF（AAMA/ASTM）。导入设置时根据制板单位确定导入单位比例，选项中选择板片自动排列、优化所有曲线点（图2-139）。

2. 板片校对

（1）运用▧"调整板片"，根据3D虚拟模特剪影的位置对应移动放置板片（图2-140）。

（2）前片上身与剪影的上身对应，后片上身平行放置于前片右侧，两片袖放至前后片下方，小袖放在大袖右侧（图2-141）。

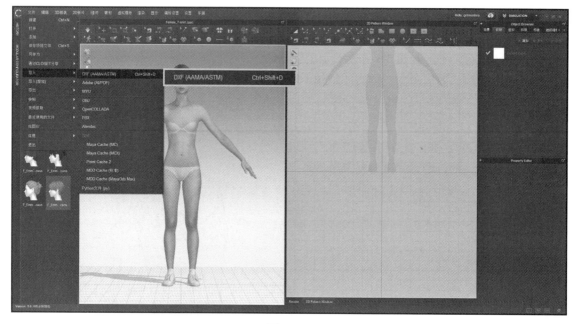

图2-139

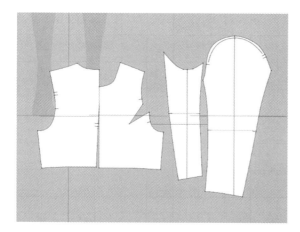

图2-140

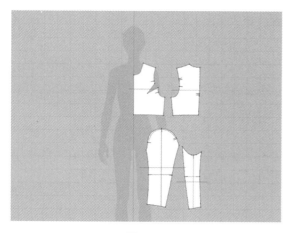

图2-141

三、安排板片

1. 安排位置

（1）在3D视窗左上角 "显示虚拟模特"中选择 "显示安排点"（图2-142）。

图2-142

（2）运用 "选择/移动"鼠标左键点击前片，再在模特对应安排点上点击鼠标左键安排板片（图2-143）。

（3）放置所有板片到合适的安排点位置（图2-144）。

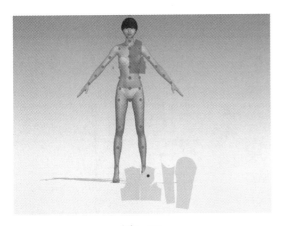

图2-143

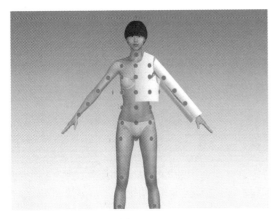

图2-144

2. 板片补齐

（1）复制板片，运用 ◢ "调整板片"框选前片、后片、大袖和小袖（图2-145）。

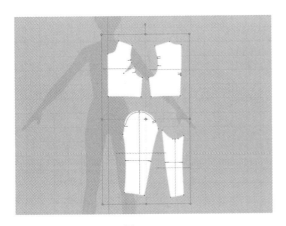

图2-145

（2）在选中的板片上单击鼠标右键，选择克隆连动板片下"对称板片（板片和缝纫

线）"，按住"Shift"平行放置在左侧（图2-146）。

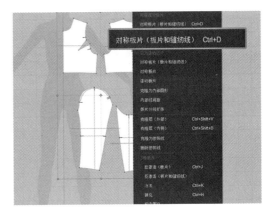

图2-146

（3）运用 ▦ "重置3D安排位置（全部）"按照3D安排位置重新安排所有板片（图2-147）。

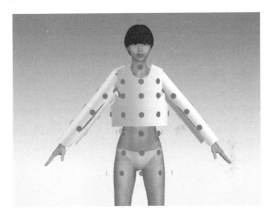

图2-147

（4）点击 ▦ "显示安排点"，隐藏安排点，安排完成（图2-148）。

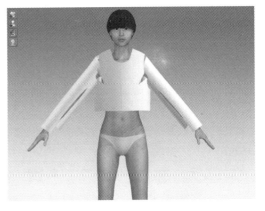

图2-148

四、缝合板片

1. 缝合基础部位

（1）运用 ▦ "线缝纫" 进行缝纫，在侧缝线靠腋下的位置单击鼠标左键（图2-149）。

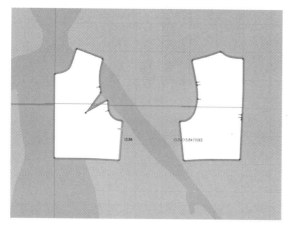

图2-149

（2）在与之对应的后片侧缝靠腋下位置单击鼠标左键，完成侧缝线缝纫（图2-150）。

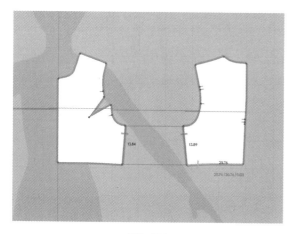

图2-150

（3）运用 ▦ "自由缝纫" 根据对位点对应缝合袖窿和袖山，结合 "Shift" 键进行1：N缝纫，注意缝纫线对应位置及方向（图2-151）。

（4）运用 ▦ "自由缝纫" 和 ▦ "线缝纫" 进行板片的基础部位的缝合（图2-152）。

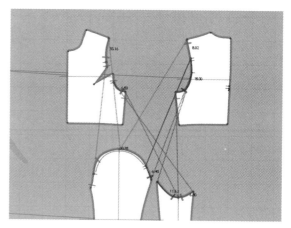

图2-151

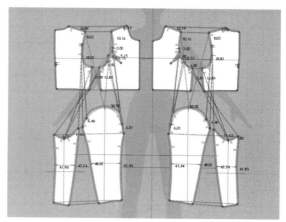

图2-152

2. 袖褶的缝制方法

（1）运用 ▦ "自由缝纫" 从后片肩端点至第一个对位点对应袖山顶点至第一个对位点（图2-153）。

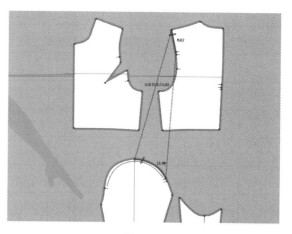

图2-153

（2）运用1：N缝纫从袖窿第一个对位点至腋下点对应袖山第一个对位点至小袖中点（图2-154）。

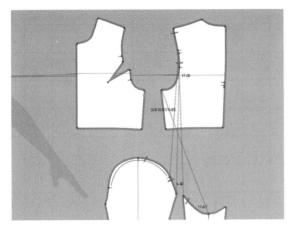

图2-154

（3）运用"自由缝纫"从前片肩端点至第一个对位点对应袖山顶点至第一个对位点（图2-155）。

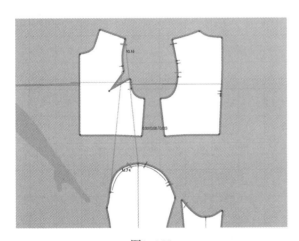

图2-155

（4）运用1：N缝纫从袖山第一个对位点至大袖端点对应袖窿第一个对位点至第二个对位点（图2-156）。

（5）从袖窿第二个对位点至腋下点对应袖山小袖右侧点至小袖中点，注意缝纫线方向（图2-157）。

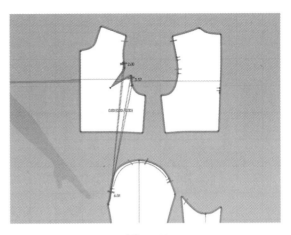

图2-156

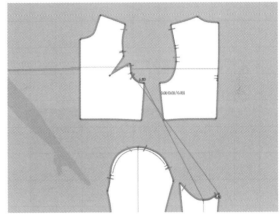

图2-157

五、成衣试穿

1. 模拟试穿

（1）按"Ctrl+A"进行全选，在选中板片上单击鼠标右键选择硬化（图2-158）。

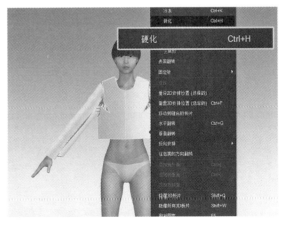

图2-158

（2）点开"模拟"状态，服装实时根据重力和缝纫关系进行着装，完成基础试穿（图2-159）。

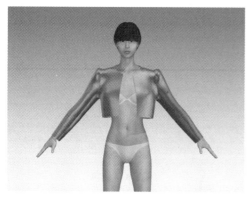

图2-159

（3）全选板片，单击右键解除硬化，在图库窗口选择对应Pose试穿，效果以服装悬垂无抖动为宜（图2-160）。

图2-160

2. 设置装饰扣

（1）运用■"扣眼"在大袖袖口以上合适位置单击确定扣眼位（图2-161）。

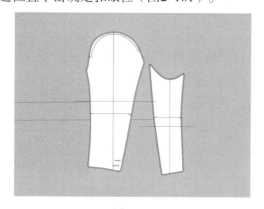

图2-161

（2）运用▶"选择/移动纽扣"单击扣眼进行编辑，角度调为170，与袖口平行为宜（图2-162）。

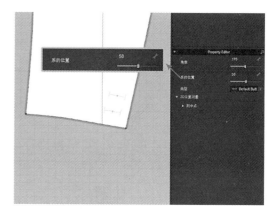

图2-162

（3）运用⊙"纽扣"在扣眼上单击（图2-163）。

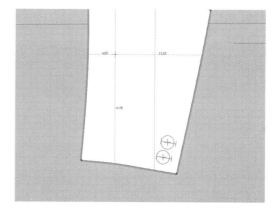

图2-163

（4）选择纽扣，编辑纽扣图形、宽度、颜色（图2-164）。

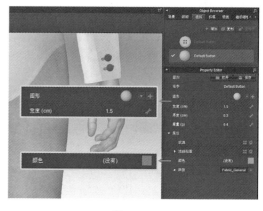

图2-164

（5）选择扣眼，编辑扣眼图形、宽度、颜色（图2-165）。

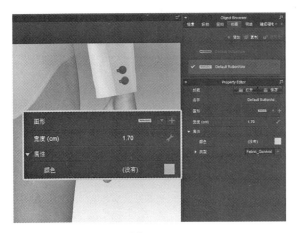

图2-165

六、设置面料

1. 设置面料物理属性

选择右侧物体窗口织物栏中对应的面料，在物理属性预设中设置面料属性为Cotton_Canvas（图2-166）。

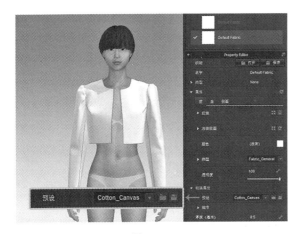

图2-166

2. 设置面料纹理

（1）选择3D面料，选择时分别对应，纹理对应Color贴图，法线贴图对应Normal贴图（图2-167）。

（2）3D面料放置完成效果图（图2-168）。

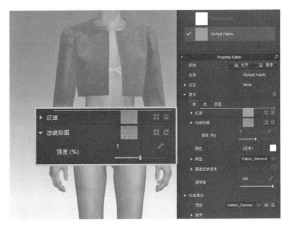

图2-167

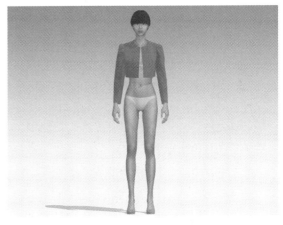

图2-168

3. 设置服装精度

按住"Ctrl+A"全选板片，"粒子间距（毫米）"设置为5，提高服装品质（图2-169）。

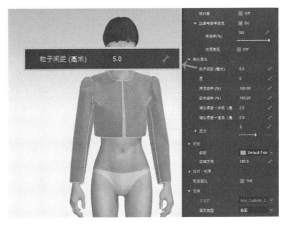

图2-169

七、成品展示（图2-170）

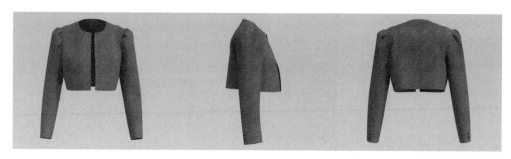

图2-170

八、工作任务

在CAD中完成一款女外套的制板，导入CLO进行虚拟缝制及着装。

任务五　套装组合试衣

任务目标：

1. 掌握套装穿着方法。

2. 能够完成一款套装组合试衣。

任务内容：

根据套装要求，通过3D服装设计软件，学习文件保存、套装搭配、走秀模拟。

任务要求：

通过本次课程学习，使学生掌握套装的穿着方法，培养学生对套装的理解能力，掌握服装搭配类虚拟穿着的整个流程。

任务重点：

1. 套装的着装。

2. 走秀功能的应用。

任务难点：

层次工具在套装着装中的运用。

课前准备：

两件单品服装、Zprj格式项目文件、3D面料文件。

一、板片准备

1. 套装款式图

一款收腰女连衣裙、一款女上装短款外套（图2-171）。

图2-171

2. 套装板片图

根据净样板的轮廓线进行板片拾取，注意板片为净样，包含剪口、标记线等信息（图2-172、图2-173）。

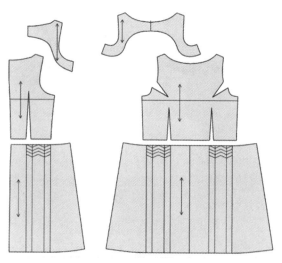

图2-172

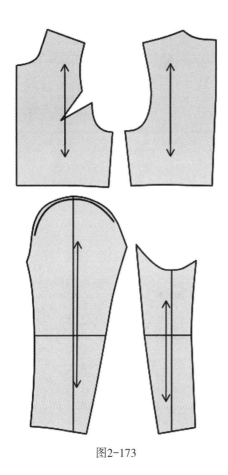

图2-173

二、项目文件导入

1. 保存单品文件

以连衣裙为例，点击软件视窗左上角文件→另存为→项目→保存至指定文件夹（图2-174）。

2. 单品组合

（1）点击软件视窗左上角文件→打开→项目（图2-175）。

（2）在文件夹中选择项目文件"Zprj"进行打开（图2-176）。

（3）点击软件视窗左上角文件→添加→项目（图2-177）。

（4）在文件夹中选择项目文件"Zprj"进行打开（图2-178）。

（5）在"添加项目文件"窗口中，加载类型选择"增加"、目标选择"服装"、移动X轴为0.0米（图2-179）。

（6）选择上衣板片，按住"Shift"平行拖动放置连衣裙旁，板片不叠加为宜（图2-180）。

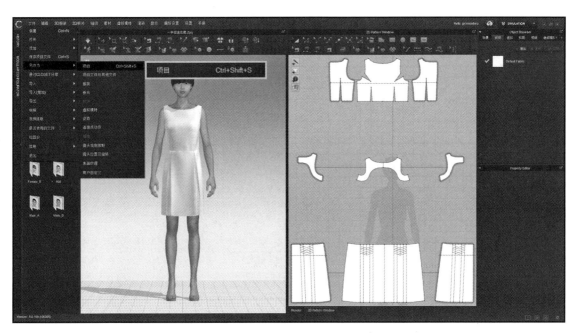

图2-174

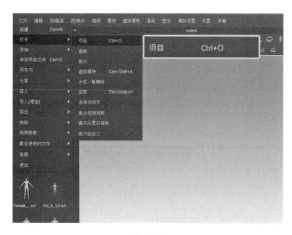

图2-175

图2-178

图2-176

图2-179

图2-177

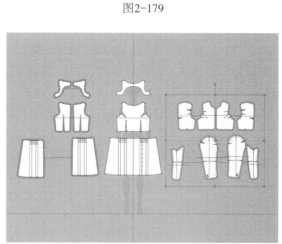

图2-180

三、成衣试穿

1. 组合套装

（1）按"Ctrl+A"全选板片，把所有板片的粒子间距改为20（图2-181）。

（2）运用 "调整板片"，框选连衣裙（图2-182）。

（3）在板片上单击右键，选择"冷冻"（图2-183）。

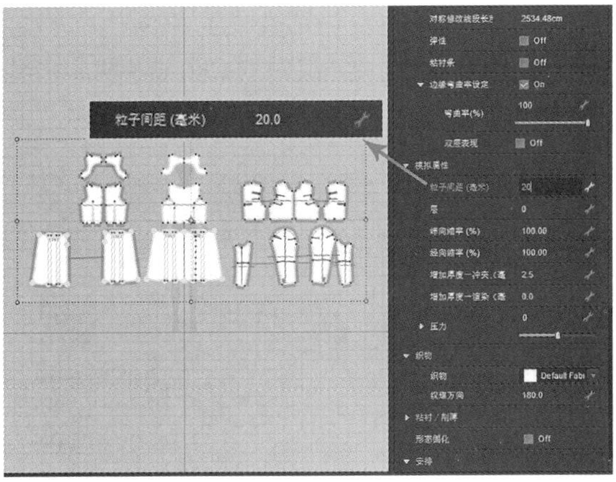

图2-181

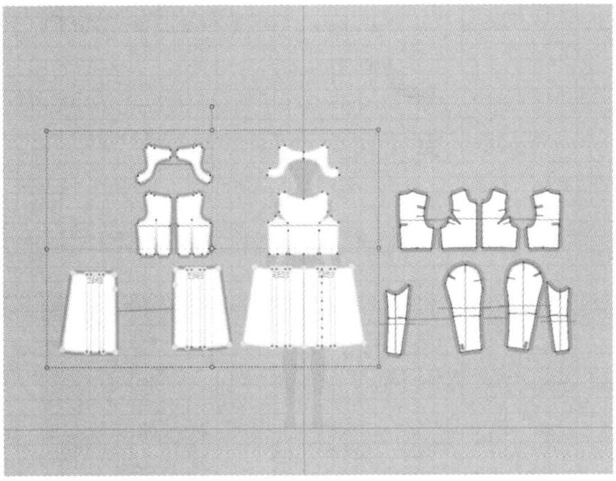

图2-182

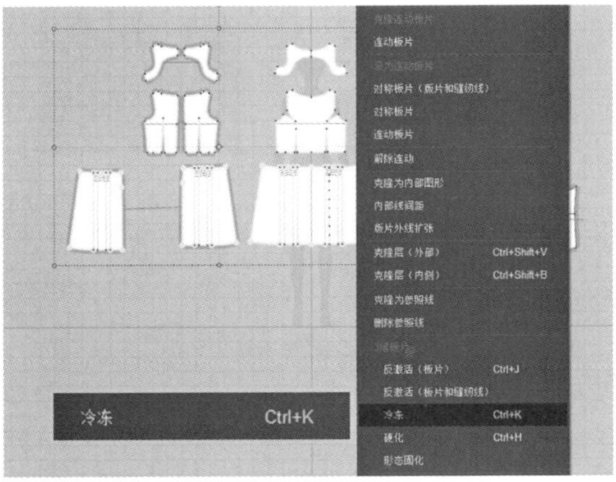

图2-183

（4）运用“调整板片”，框选女上装（图2-184）。

（5）在属性编辑器窗口设置层为1，女上装变为荧光绿色，着装后将位于连衣裙外侧（图2-185）。

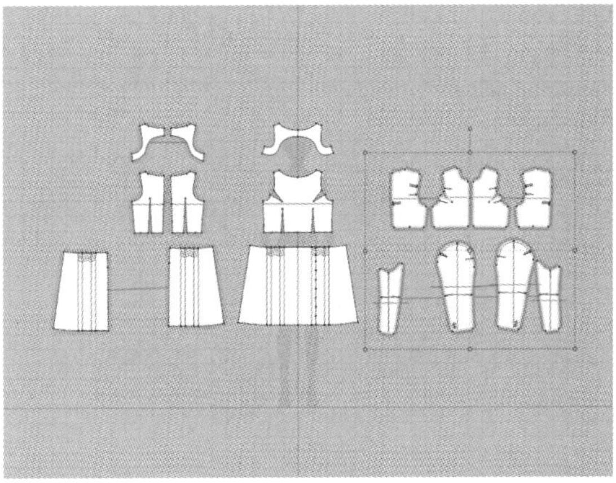

图2-184

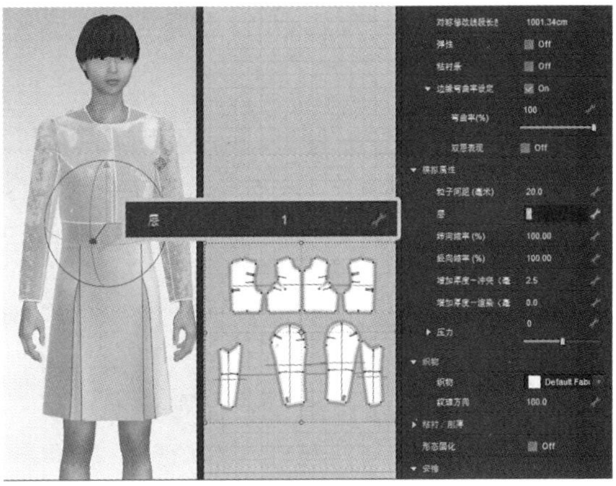

图2-185

（6）点开“模拟”状态，女上装实时根据重力、缝纫关系和层次安排进行着装（图2-186）。

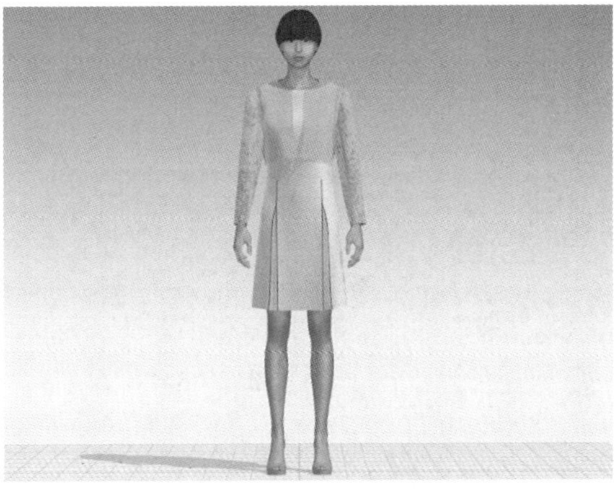

图2-186

（7）运用“调整板片”，框选连衣裙，单击右键，选择“解冻”（图2-187）。

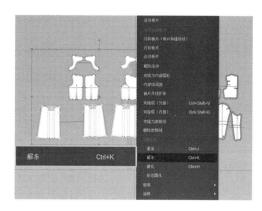

图2-187

（8）运用 ▨ "调整板片"，框选女上装，在属性窗口设置层为0，服装变为正常色（图2-188）。

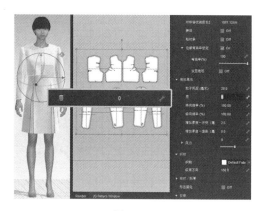

图2-188

2. 套装搭配

（1）在3D视窗左上角 ▧ "显示3D服装"中选择 ▧ "显示内部线"，隐藏内部线（图2-189）。

图2-189

（2）在物体窗口选择连衣裙对应织物，在属性编辑器中，纹理对应Color贴图，法线贴图对应Normal贴图进行选择（图2-190）。

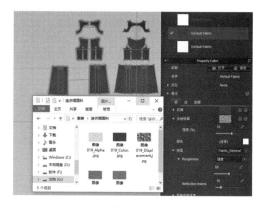

图2-190

（3）在物体窗口选择女上装对应织物，在属性编辑器中，纹理对应Color贴图，法线贴图对应Normal贴图进行选择（图2-191）。

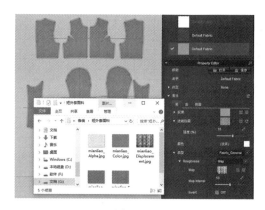

图2-191

（4）搭配完成效果图（图2-192）。

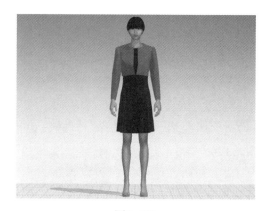

图2-192

四、模拟走秀

1. 设置模拟走秀

（1）运用 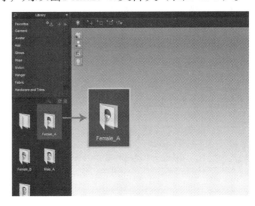 "假缝"，单击左键点击领端点，单击左键连衣裙前领合适位置，以防走秀时外套脱落（图2-193）。

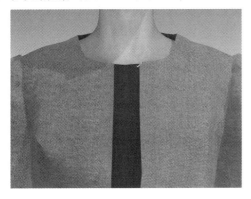

图2-193

（2）点开  "模拟"状态，使假缝衣片贴合（图2-194）。

图2-194

（3）软件视窗右上角点击SIMULATION，选择ANIMATION，跳转到走秀视窗（图2-195）。

图2-195

（4）在图库窗口双击Motion，选择对应人体文件夹。若选用Female-A作为虚拟模特，则双击Female-A文件夹（图2-196）。

图2-196

（5）双击选择合适服装的人体动作，在打开动作窗口后，点击确认（图2-197）。

图2-197

（6）点击 "录制"，开始模拟服装在所设计的板型、选择的面料、缝纫关系、模特选定的动作以及重力下所呈现的效果（图2-198）。

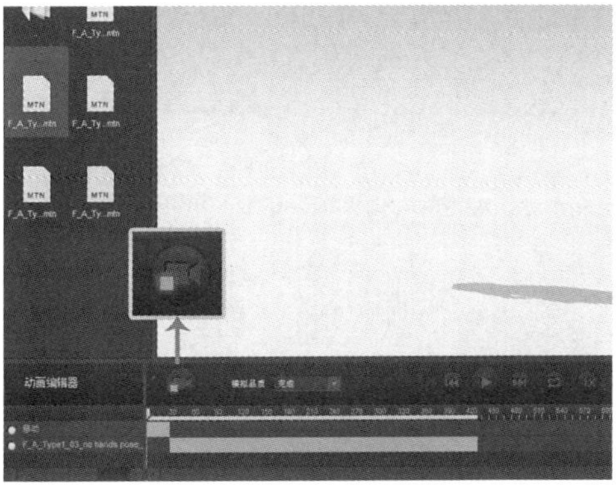

图2-198

（7）当服装红色轨迹和蓝色轨迹平行时，代表录制完成（图2-199）。

图2-199

（8）点击 ▐◀ "到开始"时服装轨迹回到起始点，点击 ▶ "打开"预览走秀视频（图2-200）。

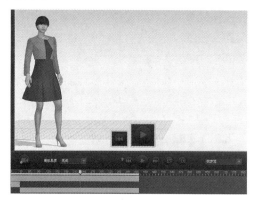

图2-200

2. 置入舞台

（1）点击软件视窗左上角文件→导入增加→OpenCOLLADA，选择文件夹DAE格式舞台文件（图2-201）。

图2-201

（2）在"增加COLLADA窗口"加载类型选择"增加"，物体类型选择"读取为场景和道具"，比例选择"毫米"，移动X轴为"0.0"最后点击确认（图2-202）。

图2-202

（3）在菜单栏中点击显示→环境→显示3D网格，对地面3D网格进行隐藏（图2-203）。

图2-203

（4）结合数字键和鼠标滚轮、右键，使舞台移动至合适位置（图2-204）。

图2-204

五、保存模拟走秀及视频

1. 保存文件

点击软件视窗左上角文件→另存为→项目。保存的项目文件将包含虚拟模特信息、服装信息、走秀信息等数据文件（图2-205）。

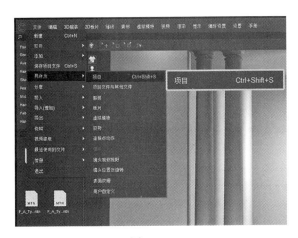

图2-205

2. 保存视频

（1）点击软件视窗左上角文件→视频抓取→视频（图2-206）。

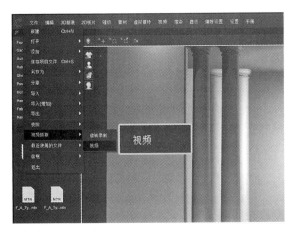

图2-206

（2）右下角"动画"窗口中，设置宽度1920像素，高度为1080像素，点击录制（图2-207）。

（3）右下角"动画"窗口中点击停止录制（图2-208）。

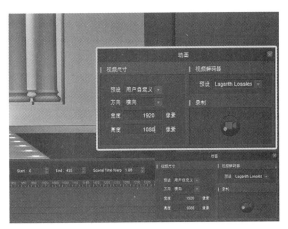

图2-207

图2-208

（4）在弹出的"3D服装旋转录像"窗口中点击保存进行走秀视频保存（图2-209）。

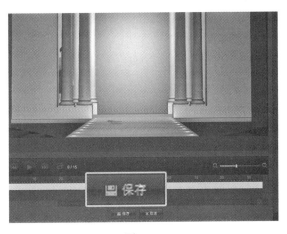

图2-209

项目二　3D男装试衣应用

课题名称：

3D男装试衣应用。

课题内容：

1. 衬衫试衣。

2. 男西裤试衣。

3. 中山装试衣。

4. 六开身西服试衣。

5. 套装组合试衣。

课题时间：

12课时。

教学目标：

1. 了解男装款式的板型和工艺。

2. 熟悉男装款式的缝合制作及渲染。

3. 掌握男装虚拟样衣的制作及应用。

教学方法：

讲解演示法、模拟教学法、操作练习法。

教学要求：

根据本项目所学内容，学生可独立完成3D男装试衣。

任务一　衬衫试衣

任务目标：

1. 掌握3D衬衫的缝制及着装。

2. 掌握袖子缝制方法。

3. 掌握领子翻折方法。

任务内容：

根据款式图要求，通过3D服装设计软件，学习虚拟缝纫、褶皱制作、明线设置、层次设定、面料更换。

任务要求：

通过本次课程学习，使学生掌握衬衫虚拟样衣的制作流程，培养学生对衬衫款式的理解能力，掌握衬衫类服装的虚拟缝合方法。

任务重点：

1. 缝制男衬衫袖子。

2. 翻折衬衫领。

任务难点：

袖子的缝制。

课前准备：

衬衫款式图、DXF格式板片文件、3D面料文件。

一、板片准备

1. 衬衫款式图

这是一款宽松型男士衬衫，侧缝下摆处为圆角，翻立领，直身一片袖，宝箭头袖衩（图2-210）。

图2-210

2. 衬衫板片图

根据净样板的轮廓线进行板片拾取，注意板片为净样，包含剪口、扣位、标记线等信息（图2-211）。

二、板片导入及校对

1. 板片导入

在图库窗口中选择Avatar，并在目录中双击选择一名男性模特。点击软件视窗左上角文件→导入→DXF（AAMA/ASTM）。导入设置时根据制板单位确定导入单位比例，选项中选择板片自动排列、优化所有曲线点（图2-212）。

2.板片校对

（1）运用 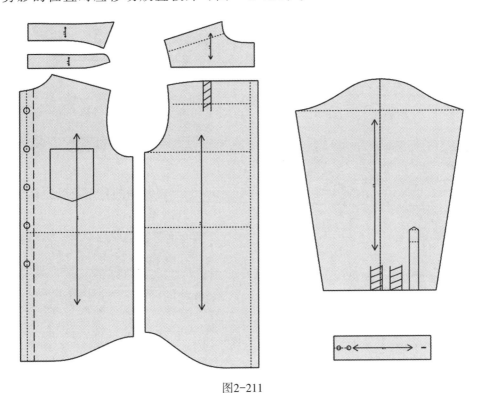 "调整板片"，根据3D虚拟模特剪影的位置对应移动放置板片（图2-213）。

（2）前片与剪影的上身对应，后片及袖子平行放置在右侧，袖克夫放在袖子的下侧，领子和育克放置在对应样板的上侧（图2-214）。

图2-211

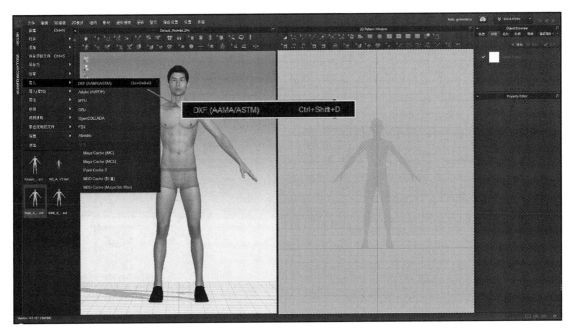

图2-212

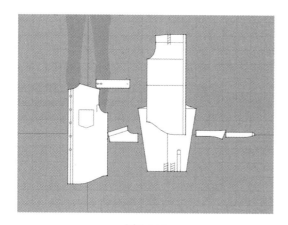

图2-213

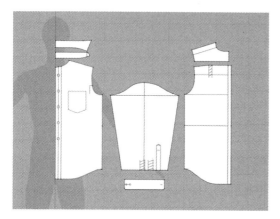

图2-214

三、安排板片

1. 板片补齐

（1）运用 ■ "调整板片"框选所有板片，在选中的板片上单击鼠标右键，选择"复制"（图2-215）。

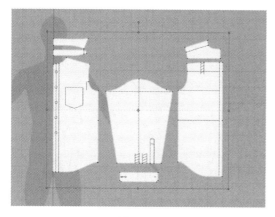

图2-215

（2）在空白处右键单击，选择"镜像粘贴"，按"Shift"平行放置在左侧（图2-216）。

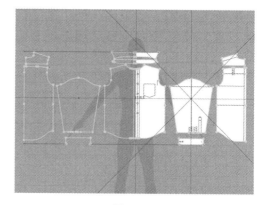

图2-216

（3）将复制的育克及后片移动到最右侧（图2-217）。

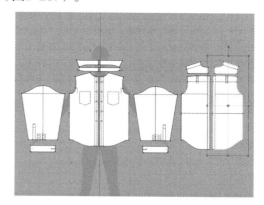

图2-217

（4）使用 ■ "调整板片"按住"Shift"键同时选中两条后中线，松开"Shift"键，选中线上点击右键，选择"合并"，领子和育克同理（图2-218）。

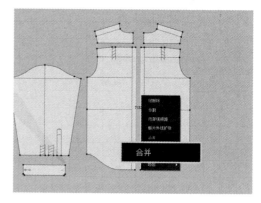

图2-218

（5）使用 "勾勒轮廓"按住"Shift"选中袖衩部位，选中线条须为闭合图形，对准我们选中的线点击右键，选择"勾勒为板片"（图2-219）。

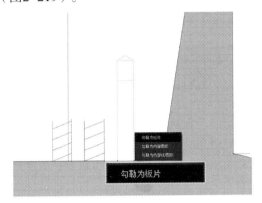

图2-219

（6）口袋与另一边的袖衩也使用同样方法勾勒为板片（图2-220）。

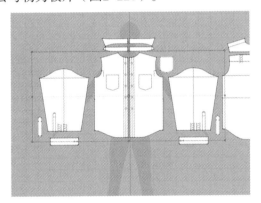

图2-220

2．安排位置

（1）在3D视窗左上角 "显示虚拟模特"中选择 "显示安排点"（图2-221）。

图2-221

（2）运用 "选择/移动"在前片点击鼠标左键，在模特前身对应安排点上再次点击鼠标左键安排板片（图2-222）。

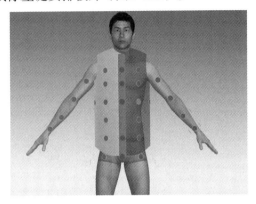

图2-222

（3）注意放置袖子时，袖衩位朝后，将袖衩板片放到对应的安排点，使用定位球将其置于袖片之上（图2-223）。

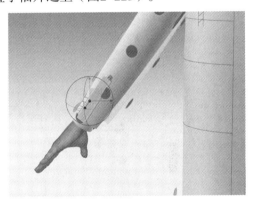

图2-223

（4）所有板片安排到对应位置，领座和领面分别放置在后颈靠内侧和外侧的安排点上，口袋使用定位球向外拉到前片外侧（图2-224）。

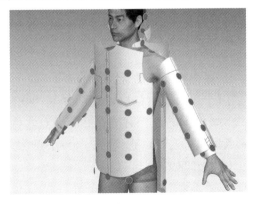

图2-224

四、缝合板片

1. 缝合基础部位

（1）运用■"线缝纫"进行缝纫，在育克和前片靠领圈位置单击鼠标左键（图2-225）。

（2）运用■"自由缝纫"选中育克下方，按住"Shift"跳过褶皱和后片缝合（图2-226）。

（3）运用■"自由缝纫"和■"线缝纫"进行板片基础部位的缝合（图2-227）。

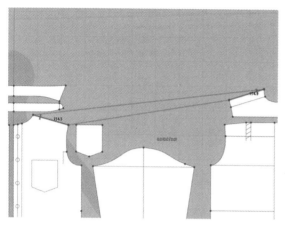

图2-225

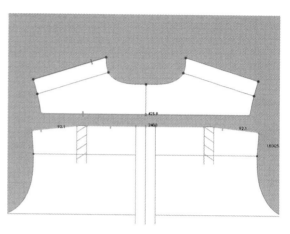

图2-226

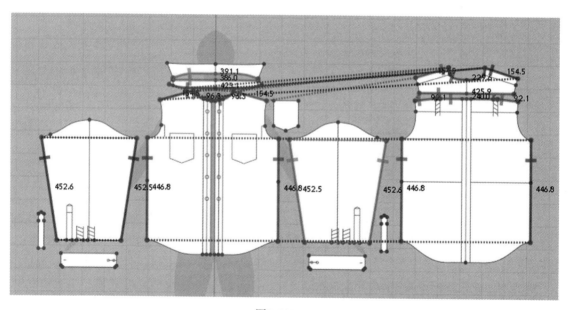

图2-227

2. 缝合口袋与褶

（1）运用■"勾勒轮廓"按住"Shift"选中口袋位置的线，对准选好的线点击回车键或点击鼠标右键，选择"勾勒为内部线/图形"（图2-228）。

（2）运用■"自由缝纫"将前片与口袋进行缝合，口袋上端不进行缝合（图2-229）。

（3）运用■"加点/分线"对褶上方的线点击右键，选择平均分段，线段数量2（图2-230）。

（4）运用■"自由缝纫"从褶的中心点向左右两边缝合（图2-231）。

（5）根据褶的倒伏方向，以同样的方法

在褶端点向左右两边缝合，褶向左倒伏，即缝褶的右边，反之同理（图2-232）。

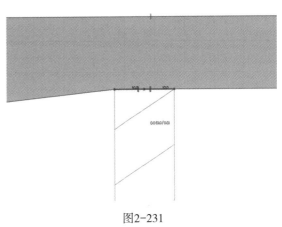

图2-231

图2-228

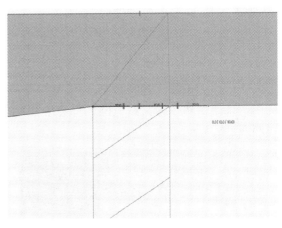

图2-232

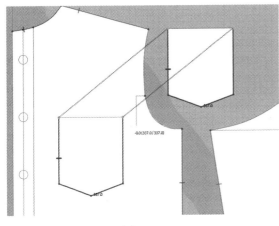

图2-229

（6）运用 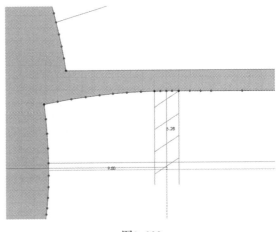 "内部多边形/线"，左键单击褶的中心点，按住"Shift"，垂直向下移动鼠标，在合适的位置双击鼠标左键完成内部线绘制（图2-233）。

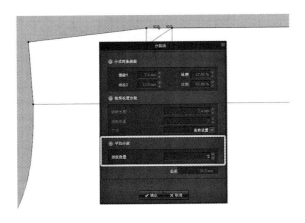

图2-230

图2-233

（7）运用 "勾勒轮廓"选中靠近后中线的褶边，点击回车或右键选择勾勒为内部线/图形（图2-234）。

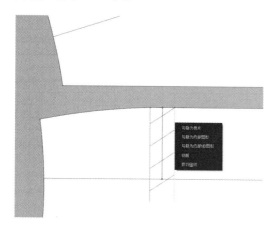

图2-234

（8）运用 "编辑板片"选中勾勒后的内部线，在属性编辑器中设置折叠角度为0（图2-235）。

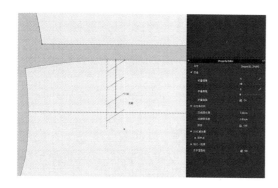

图2-235

（9）运用 "编辑板片"选中褶中点向下绘制的内部线，在属性编辑器中设置折叠角度为360（图2-236）。

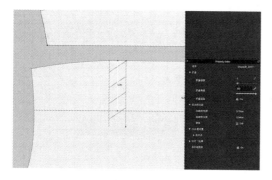

图2-236

3. 袖子的缝制

（1）缝合袖山。运用 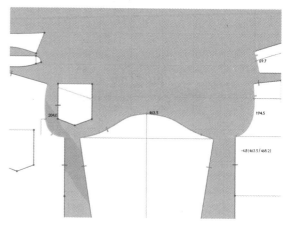 "自由缝纫"进行1∶N缝纫，先选中袖山弧线，然后按住"Shift"，按照缝纫顺序依次选择袖窿弧线，松开"Shift"完成自由缝纫（图2-237）。

图2-237

（2）缝制袖衩。

①运用 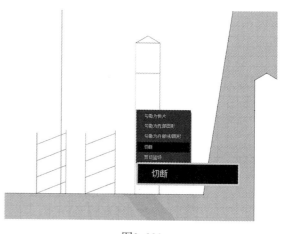 "勾勒轮廓"选中需要剪开的衩位线，点击右键，选择"切断"（图2-238）。

图2-238

②按住"Shift"选中缝合袖衩需要用到的线，点击右键选择"勾勒为内部线/图形"（图2-239）。

③运用 "内部多边形/线"绘制内部线，连接袖衩板片上两点，双击完成绘制（图2-240）。

⑤按图中方法将袖衩和标记好的衩位缝合（图2-242）。

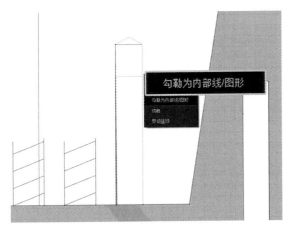

图2-239

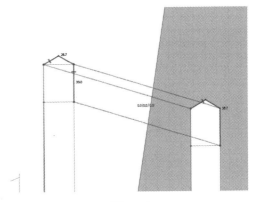

图2-242

⑥将袖衩上画好的内部线与袖片固定（图2-243）。

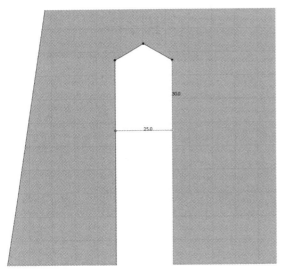

图2-240

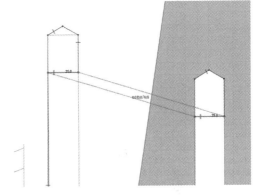

图2-243

（3）缝制褶皱。

①运用 "勾勒轮廓"选中褶两边的线，点击回车键或右键选择"勾勒为内部线/图形"（图2-244）。

④运用 "自由缝纫"将袖衩缝在袖片袖衩开口边上（图2-241）。

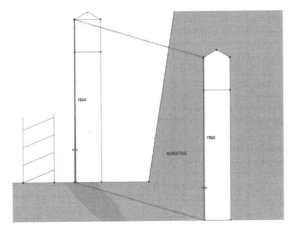

图2-241

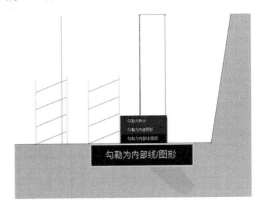

图2-244

②使用 ▨ "调整板片"，按住"Shift"键选中如图2-245所示的四个点，点击右键选择"对齐板片外线增加点"。

图2-245

③运用 ▨ "加点/分线"对褶皱下方的线点击右键，选择平均分段，线段数量2，点击确认（图2-246）。

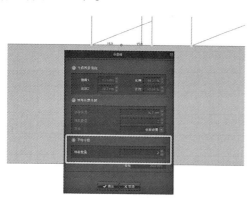

图2-246

④运用 ▨ "自由缝纫"从褶的中心点向左右两边缝合（图2-247）。

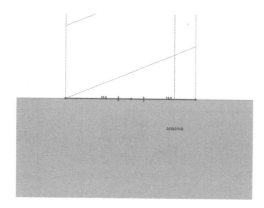

图2-247

⑤根据褶的倒伏方向，以同样的方法从褶端点向左右两边缝合，褶向左倒伏，即缝褶的右边（图2-248）。

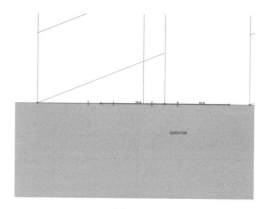

图2-248

⑥另一个褶使用同样的方法进行缝合（图2-249）。

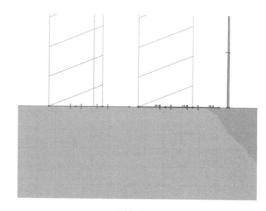

图2-249

⑦运用 ▨ "内部多边形/线"，左键单击褶的中心点，按住"Shift"，垂直向上绘制内部线，双击完成（图2-250）。

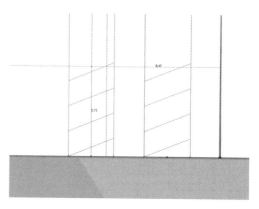

图2-250

⑧运用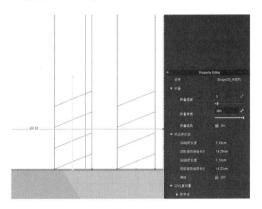"编辑板片"选中绘制完成的内部线，在属性编辑器中设置折叠角度值为360（图2-251）。

图2-251

⑨运用"编辑板片"选中右侧的内部线，在属性编辑器中设置折叠角度值为0（图2-252）。

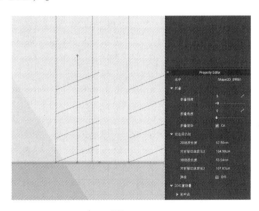

图2-252

⑩另一个褶使用同样的方法设置角度（图2-253）。

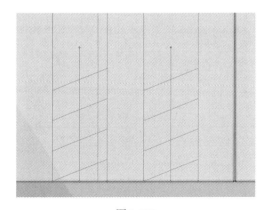

图2-253

（4）缝合袖克夫。

①运用"自由缝纫"在袖克夫上方从左至右设置缝纫线（图2-254）。

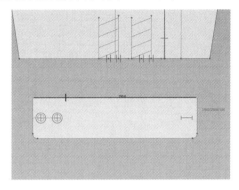

图2-254

②按住"Shift"从剪开的衩位处从左至右设置缝纫线，跳过褶皱，直到袖衩片上结束（图2-255）。

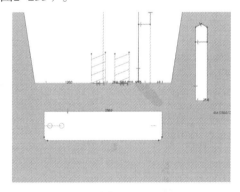

图2-255

五、成衣试穿

1. 模拟试穿

（1）在3D视窗中，按"Ctrl+A"进行全选，在选中板片上单击鼠标右键选择硬化（图2-256）。

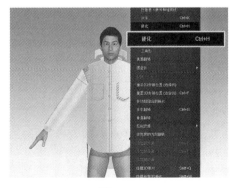

图2-256

（2）点开 "模拟"状态，使衬衫实时根据重力和缝纫关系进行着装，完成基础试穿（图2-257）。

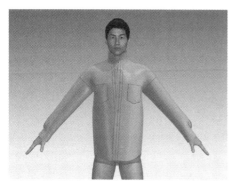

图2-257

（3）运用 "编辑板片"选中后片和袖片上为了褶折叠设置角度的内部线，线上单击右键选择"线删除"或点击"Delete"进行删除（图2-258）。

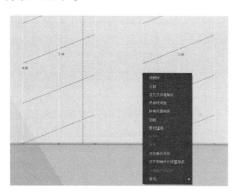

图2-258

（4）运用 "折叠安排"，选中领子和领座中间的缝合线，在圆圈上按住鼠标左键拖动，将领子翻折到合适位置（图2-259）。

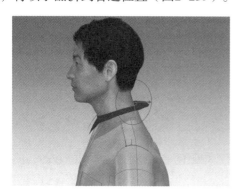

图2-259

（5）运用 "纽扣"在2D视窗中板片上纽扣对应的位置，依次放置纽扣（图2-260）。

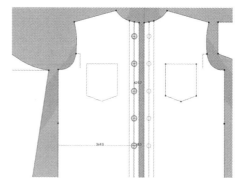

图2-260

（6）运用 "扣眼"在2D视窗中板片上扣眼对应的位置，依次放置扣眼（图2-261）。

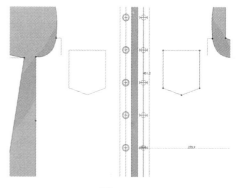

图2-261

（7）运用 "系纽扣"在2D视窗中，按住左键框选所有的纽扣，松开鼠标左键，将所有纽扣指定到第一个扣眼的位置，系好所有纽扣（图2-262）。

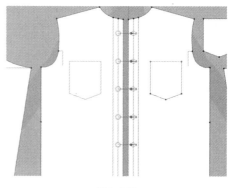

图2-262

（8）领子和袖克夫也以同样的方法系上纽扣（图2-263）。

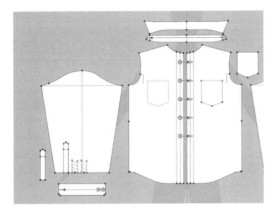

图2-263

（9）在物体窗口中选中纽扣栏，然后选择下方对应纽扣（图2-264）。

图2-264

（10）在属性编辑器里设置纽扣宽度为15mm（图2-265）。

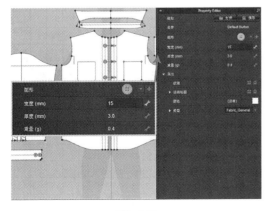

图2-265

（11）在物体窗口中选中扣眼栏，选中对应扣眼（图2-266）。

图2-266

（12）在属性编辑器里设置扣眼宽度为17mm（图2-267）。

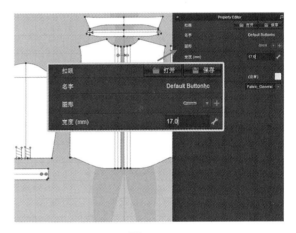

图2-267

若褶没有按照设置方向进行折叠及缝合，可运用 "编辑缝纫线"右键单击相关缝纫线，选择"反激活缝纫线（选中的）"，让褶在硬化状态点开模拟进行折叠，折叠好后再激活缝纫线进行缝合。

2. 设置层次

（1）运用 "设定层次"先后单击左键设置扣眼的衣片和设置纽扣的衣片，将扣眼所在的衣片设置在有纽扣的衣片的上层（图2-268）。

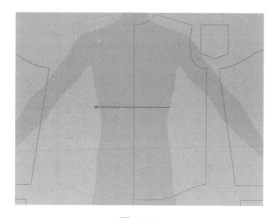

图2-268

（2）运用 "设定层次"左键单击前贴袋，再单击衣片，将前贴袋设置在衣片的上面；以同样的方法将袖衩设置在袖片的上面（图2-269）。

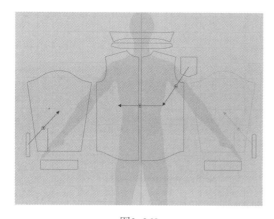

图2-269

3. 模拟完成

（1）点开"模拟"状态，使纽扣系上，领子翻折，完成试穿（图2-270）。

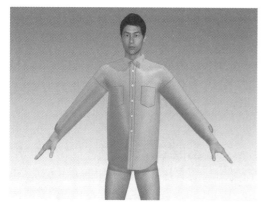

图2-270

（2）按"Ctlr+A"全选板片，对准板片点击右键选择"解除硬化"，按住鼠标左键扯动，调整服装至理想状态（图2-271）。

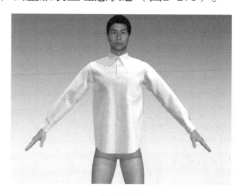

图2-271

4. 设置明线

按款式图设置明线，根据款式图要求设置明线的间距、长度、粗细等（图2-272）。

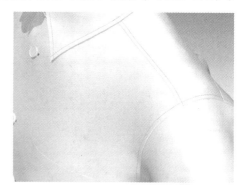

图2-272

六、设置面料

1. 设置面料物理属性

选择右侧物体窗口织物栏中对应的面料，在物理属性预设中设置面料属性为Cotton_Gabardine（图2-273）。

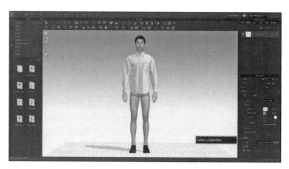

图2-273

2. 设置面料纹理

（1）纹理对应Color贴图，法线贴图对应Normal贴图，Map对应Displacement贴图（图

2-274）。

（2）3D面料放置完成效果图（图2-275）。

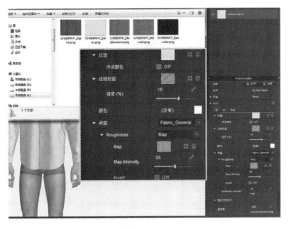

图2-274

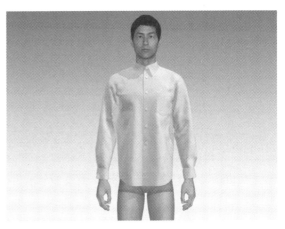

图2-275

七、成品展示（图2-276）

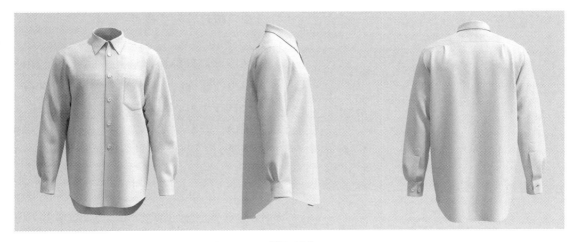

图2-276

八、工作任务

在CAD中完成一款男衬衫的制板，输出为ASTM格式文件后导入CLO，完成虚拟缝制及着装。

任务二　男西裤试衣

任务目标：

1. 掌握3D男西裤的缝制及着装。

2. 掌握男西裤腰头的制作方法。

3. 熟悉男西裤门襟的缝合方法。

任务内容：

根据款式图要求，通过3D服装设计软件，学习男西裤虚拟缝纫、褶裥制作、明线设置、纽扣设计、面料更换。

任务要求：

通过本次课程学习，使学生掌握男西裤虚拟样衣的制作流程，培养学生对西裤款式的理解能力，掌握裤装类服装的虚拟缝合方法。

任务重点:

1. 男西裤的缝制。

2. 褶及烫迹线的制作。

任务难点:

男西裤腰头的制作。

课前准备:

男西裤款式图、DXF格式板片文件、3D面料文件。

一、板片准备

1. 男西裤款式图

在裤前片腰口有一个褶裥,裤身较贴体型(图2-277)。

图2-277

2. 男西裤板片图

根据净样板的轮廓线进行板片拾取,注意板片为净样,包含剪口、扣位、标记线等信息(图2-278)。

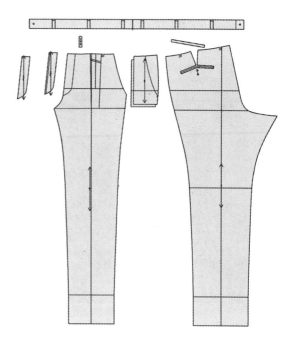

图2-278

二、板片导入及校对

1. 板片导入

在图库窗口中选择Avatar,并在栏目中选择一名男性模特。点击软件视窗左上角文件→导入→DXF(AAMA/ASTM)。导入设置时根据制板单位确定导入单位比例,选项中选择板片自动排列、优化所有曲线点(图2-279)。

2. 板片校对

(1)运用⬛"调整板片",根据3D虚拟模特剪影的位置对应移动放置板片(图2-280)。

(2)将所有板片放在合适位置(图2-281)。

三、安排板片

1. 板片补齐

(1)复制板片,运用⬛"调整板片"按住"Shift"同时左键点选前片,后片及口袋(图2-282)。

(2)在选中的板片上单击鼠标右键,选择克隆—"对称板片(板片和缝纫线)",平行放置在左侧(图2-283)。

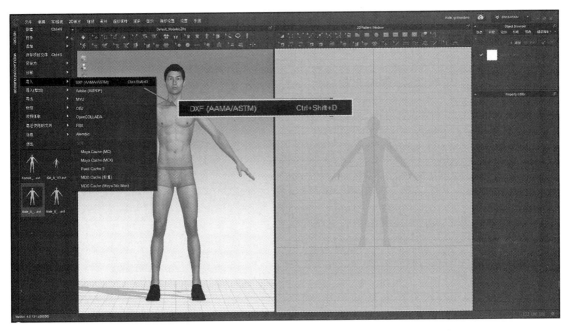

图2-279

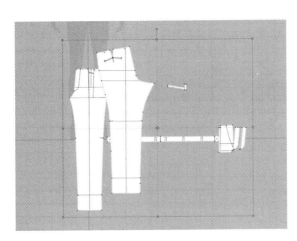

图2-280

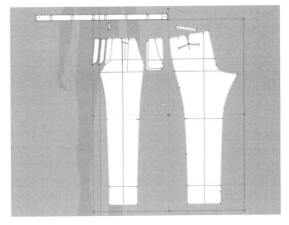

图2-282

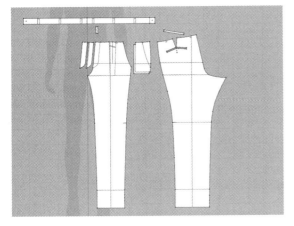

图2-281

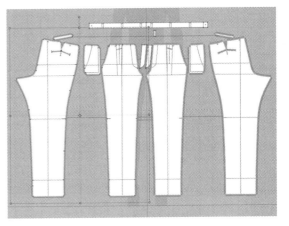

图2-283

（3）对带襻点击右键选择"复制"，再次点击右键选择"粘贴"（图2-284）。

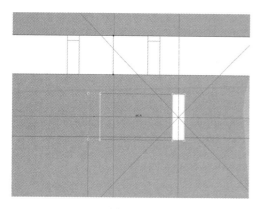

图2-284

（4）对2D视窗空白处点击右键，设置粘贴数量为5（图2-285）。

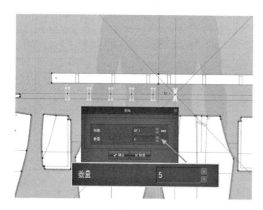

图2-285

2. 安排位置

（1）在3D视窗左上角 "显示虚拟模特"中选择 "显示安排点"（图2-286）。

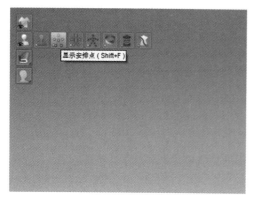

图2-286

（2）运用 "选择/移动"使用安排点及定位球，将所有的板片放在对应的位置上（图2-287）。

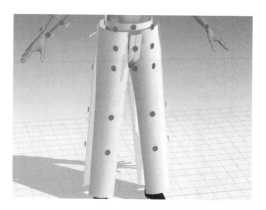

图2-287

（3）运用定位球，将袋布往里推进放在前片下面（图2-288）。

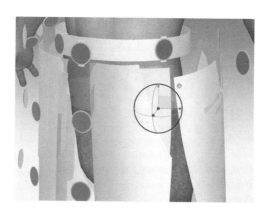

图2-288

（4）将口袋及带襻等小部件放在相应位置（图2-289）。

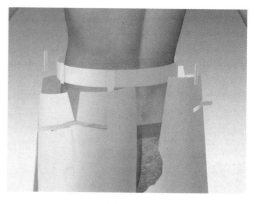

图2-289

四、缝合板片

1. **缝合侧缝**

（1）运用 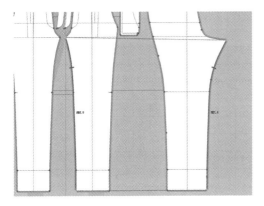"自由缝纫"将内侧缝缝合（图2-290）。

图2-290

（2）从上往下在后片侧缝上设置一条缝纫线（图2-291）。

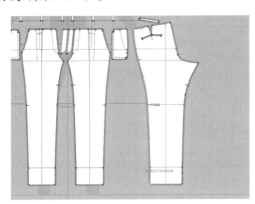

图2-291

（3）按住"Shift"先从上向下缝合口袋布露在外侧的部分（图2-292）。

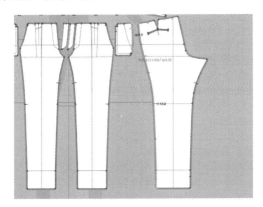

图2-292

（4）接着与前片袋口下侧缝线从上向下进行缝合（图2-293）。

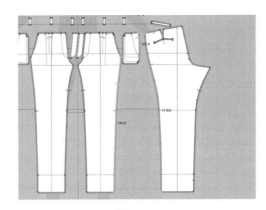

图2-293

2. **缝合后裆**

（1）运用 "自由缝纫"从上向下在右边后片的后裆部设置缝纫线（图2-294）。

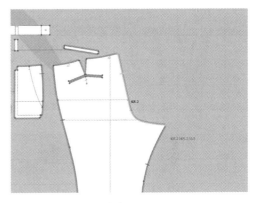

图2-294

（2）与左边后片的同样位置进行缝合（图2-295）。

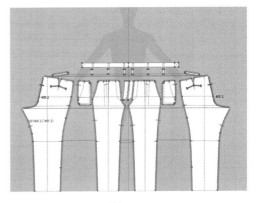

图2-295

3. 缝合前裆及门里襟

（1）运用 "线缝纫"将前裆门襟下线段对应缝合（图2-296）。

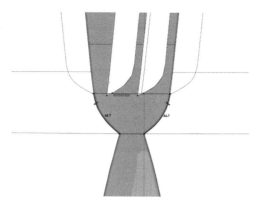

图2-296

（2）运用 "勾勒轮廓"选择左前片门襟线，对选中的线点击右键选择"勾勒为内部线/图形"（图2-297）。

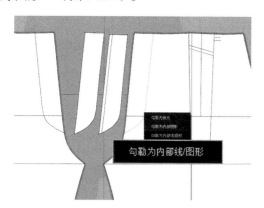

图2-297

（3）运用 "自由缝纫"将门襟与右边的前片缝合（图2-298）。

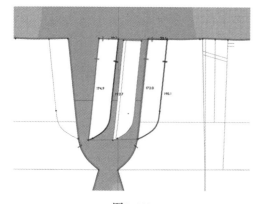

图2-298

（4）运用 "线缝纫"将里襟与左边的前片对应位置缝合（图2-299）。

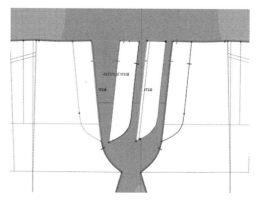

图2-299

4. 缝合袋布

（1）运用 "自由缝纫"在袋布上端从右往左设置缝纫线（图2-300）。

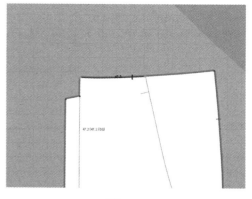

图2-300

（2）在前片插袋位置从右往左设置等长缝纫线，与袋布缝合（图2-301）。

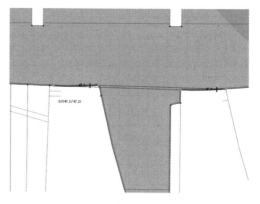

图2-301

（3）在袋布右边从上向下设置缝纫线（图2-302）。

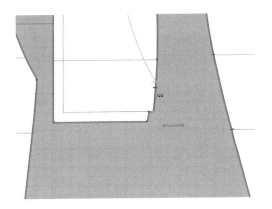

图2-302

（4）在前片与之对应的侧缝处以同样的方向设置等长缝纫线，与袋布缝合固定（图2-303）。

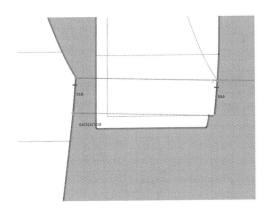

图2-303

（5）运用■"线缝纫"将省缝合（图2-304）。

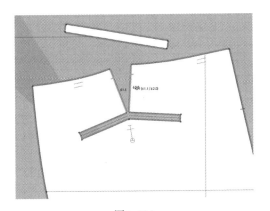

图2-304

（6）在袋牵条下方靠左位置点击鼠标左键，设置一条缝纫线（图2-305）。

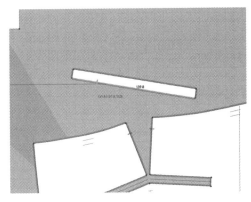

图2-305

（7）按住"Shift"，在后片口袋位置下方的线段靠左点击左键，然后在右边的线靠左位置点击左键（图2-306）。

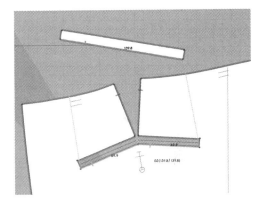

图2-306

（8）以同样的方法将袋牵条上端与后片缝合（图2-307）。

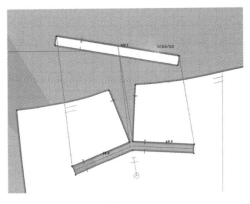

图2-307

（9）将袋牵条左右两端与后片对应位置缝合，完成袋牵条与后片的缝合（图2-308）。

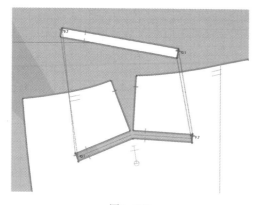

图2-308

5. 男西裤腰头的制作

（1）运用 "勾勒轮廓" 按住 "Shift"，将缝合带襻需要用到的线段选中（图2-309）。

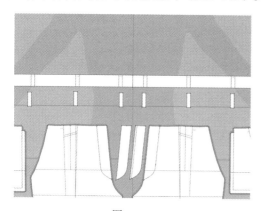

图2-309

（2）对选中的线点击鼠标右键，选择 "勾勒为内部线/图形"（图2-310）。

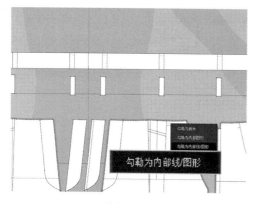

图2-310

（3）运用 "选择/移动" 在3D视窗点击带襻和在前后片上的对应位置，根据蓝色指示点确定2D视窗中的对应位置（图2-311）。

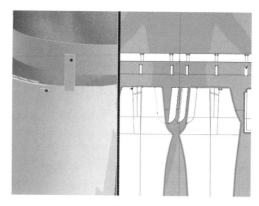

图2-311

（4）运用 "自由缝纫" 将带襻与腰头及前后片上对应位置缝合（图2-312）。

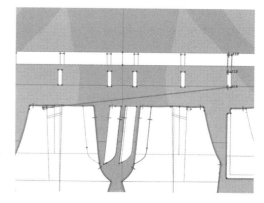

图2-312

（5）其余带襻以同样方式与腰头及前后片缝合（图2-313）。

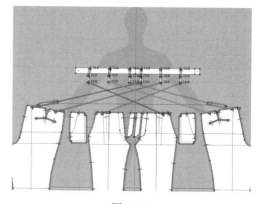

图2-313

（6）在腰头上从左至右设置一条缝纫线（图2-314）。

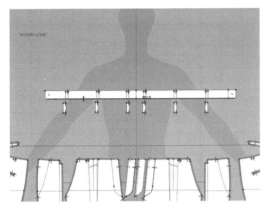

图2-314

（7）按住"Shift"在右前片上从左向右跳过褶设置缝纫线（图2-315）。

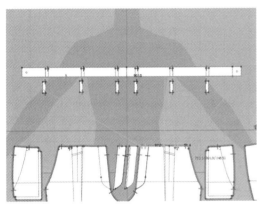

图2-315

（8）注意不要松开"Shift"键，继续设置缝纫线经过袋布如图2-316所示的部分。

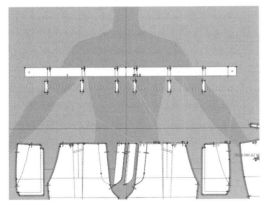

图2-316

（9）接着经过后片上端的两段线（图2-317）。

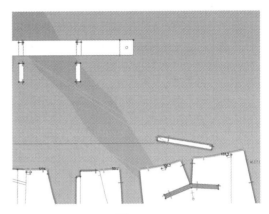

图2-317

（10）再到左边的后片上端的两段线（图2-318）。

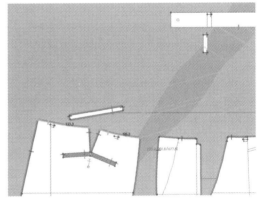

图2-318

（11）继续设置缝纫线到左边的袋布上如图3-319所示的部分。

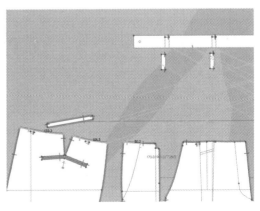

图2-319

（12）然后再经过左边的前片、跳过褶，与前片进行缝合（图2-320）。

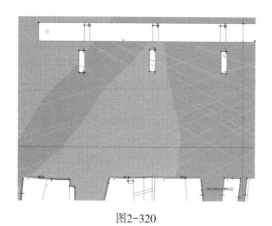

图2-320

（13）缝合到里襟上，松开"Shift"，完成腰头的缝纫（图2-321）。

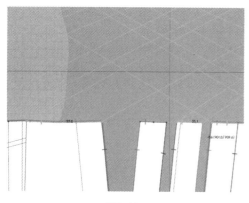

图2-321

（14）腰头缝合完成效果图（图2-322）。

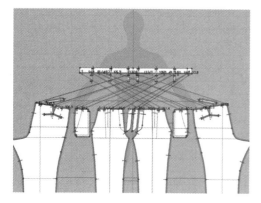

图2-322

（15）运用 "勾勒轮廓"按住"Shift"，选中腰头左右两端的圆，对选中的圆点击鼠标右键，选择"勾勒为内部图形"（图2-323）。

图2-323

（16）运用 "自由缝纫"从圆上方的顶点开始顺时针绕圆一周设置一条缝纫线（图2-324）。

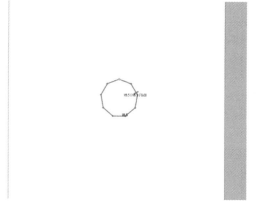

图2-324

（17）在另一边的圆上以同样的方法设置缝纫线，将两个圆缝合（图2-325）。

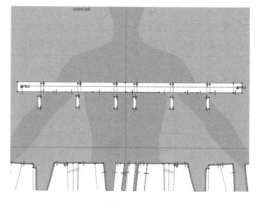

图2-325

（18）此方法代替了设置纽扣、扣眼的方法，将腰带扣在一起（图2-326）。

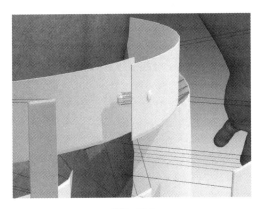

图2-326

5. 制作褶及烫迹线

（1）运用 "勾勒轮廓"将制作褶和烫迹线所需要的线选中（图2-327）。

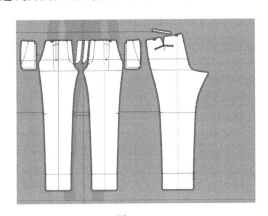

图2-327

（2）对这些线点击右键，选择"勾勒为内部线/图形"（图2-328）。

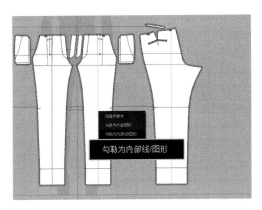

图2-328

（3）运用 "自由缝纫"从褶中间的点向两边缝合（图2-329）。

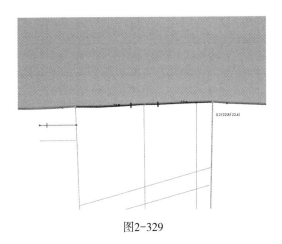

图2-329

（4）以褶最右边的点为中点，向两边进行等长缝合（图2-330）。

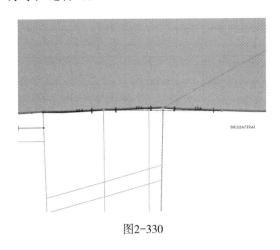

图2-330

（5）运用 "编辑板片"选中烫迹线的顶点（图2-331）。

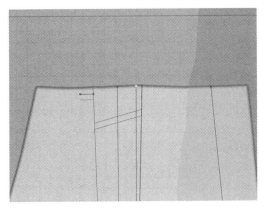

图2-331

（6）按住鼠标左键，将它拖动至如图所示位置（图2-332）。

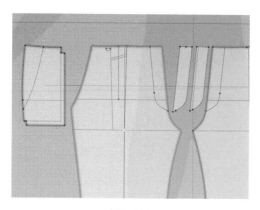

图2-332

（7）选中褶中间的线，在右侧属性编辑器中，设置折叠角度值为360（图2-333）。

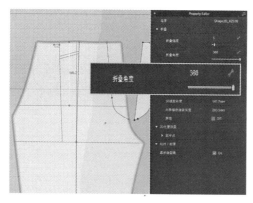

图2-333

（8）选中褶的边线及烫迹线，在属性编辑器中设置折叠角度值为0（图2-334）。

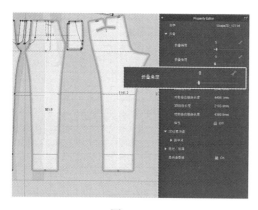

图2-334

五、成衣试穿

1. 模拟试穿

（1）在3D视窗中按"Ctrl+A"进行全选，在选中板片上单击鼠标右键选择硬化（图2-335）。

图2-335

（2）运用 ◢ "调整板片"选中腰头，在右侧属性编辑器中点开"粘衬/削薄"，在粘衬右侧的方框内点击左键添加粘衬（图2-336）。

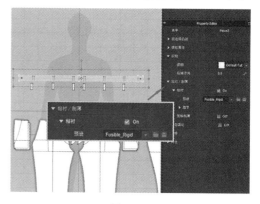

图2-336

（3）在3D视窗左上角点击 ▥ "显示粘衬/削薄"取消显示粘衬（图2-337）。

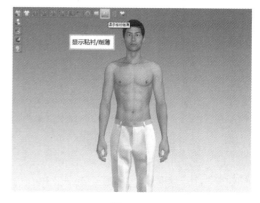

图2-337

（4）点开 "模拟"状态，男西裤实时根据重力和缝纫关系进行着装，完成基础试穿（图2-338）。

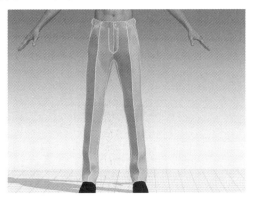

图2-338

2. 设置层次

（1）运用 "设定层次"在2D视窗中先后点击前片和口袋布，将前片设置在口袋布的上面（图2-339）。

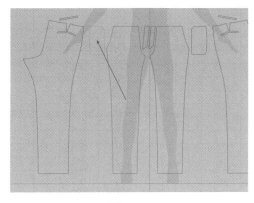

图2-339

（2）另一边以同样方式设置层次（图2-340）。

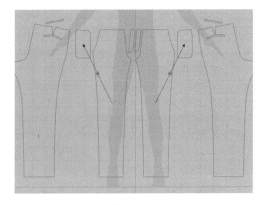

图2-340

（3）在2D视窗中，运用 "熨烫"点击门襟（图2-341）。

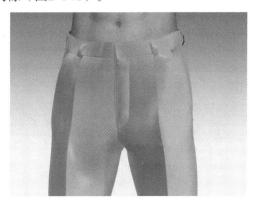

图2-341

（4）门襟自动隐藏后，点击前片完成熨烫，全选板片右键解除硬化，整理平服（图2-342）。

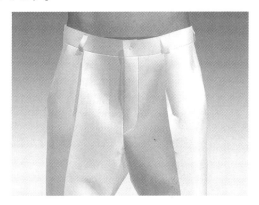

图2-342

六、设置面料

1. 设置面料物理属性

（1）选择右侧物体窗口织物栏中对应的面料，在物理属性预设中设置面料属性为Cotton Twill（图2-343）。

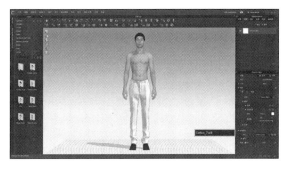

图2-343

2. 设置面料纹理

（1）纹理对应Diffuse贴图，法线贴图对应Normal贴图，Map对应Displacement贴图进行面料设置（图2-344）。

（2）面料放置完成效果图（图2-345）。

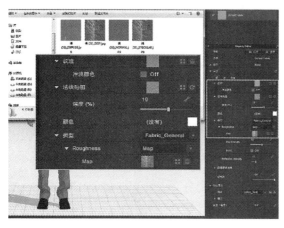

图2-344

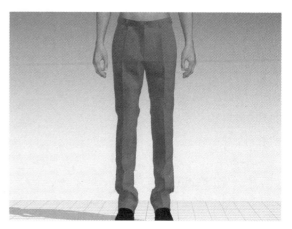

图2-345

七、成品展示（图2-346）

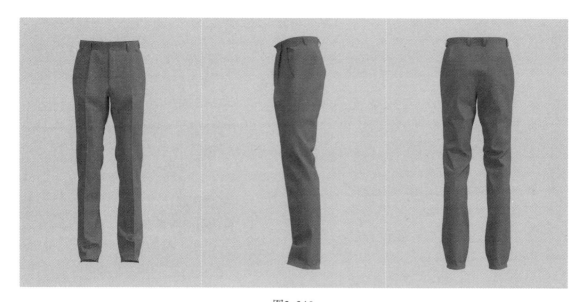

图2-346

八、工作任务

在CAD中完成一款男西裤的制板，输出为ASTM格式文件后导入CLO，完成虚拟缝制及着装。

任务三　中山装试衣

任务目标：

1. 掌握3D中山装的缝制及着装。

2. 掌握贴袋上纽扣制作方法。

3. 掌握收省的不同方法。

任务内容：

根据款式图要求，通过3D服装设计软件，学习虚拟缝纫、省道制作、明线设置、纽扣设计、面料更换。

任务要求：

通过本次课程学习，使学生掌握中山装虚拟样衣的制作流程，培养学生对中山装款式的理解能力，掌握中山装类服装的虚拟缝合方法。

任务重点：

1. 中山装的缝制及着装。

2. M：N缝纫方法在两片袖缝合中的运用。

任务难点：

中山装口袋的制作。

课前准备：

中山装款式图、DXF格式板片文件、3D面料文件。

一、板片准备

1. 中山装款式图

较宽松型衣身，单排五粒扣，翻立领，较贴体型袖山和较弯袖身型（图2-347）。

图2-347

2. 中山装板片图

根据净样板的轮廓线进行板片拾取，注意板片为净样，包含剪口、扣位、标记线等信息（图2-348）。

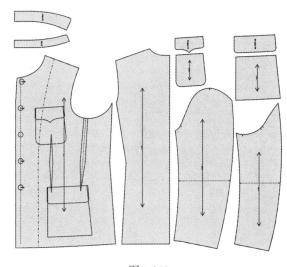

图2-348

二、板片导入及校对

1. 板片导入

在图库窗口中选择avatar，并在栏目中选择一名男性模特。点击软件视窗左上角文件→导入→DXF（AAMA/ASTM）。导入设置时根据制板单位确定导入单位比例，选项中选择板片自动排列、优化所有曲线点（图2-349）。

2. 板片校对

（1）运用 "调整板片"，根据3D虚拟模特剪影的位置对应移动放置板片（图2-350）。

（2）对准小袖片点击右键，选择 "水平反"（图2-351）。

三、安排板片

1. 板片补齐

（1）复制板片，运用 "调整板片"按住鼠标左键框选所有板片（图2-352）。

（2）在选中的板片上单击鼠标右键，选择 "对称板片（板片和缝纫线）"，平行放置在左侧（图2-353）。

（3）运用 "编辑板片"选择领子上如图2-354所示中线，对准选中的线点击右键，选择合并。

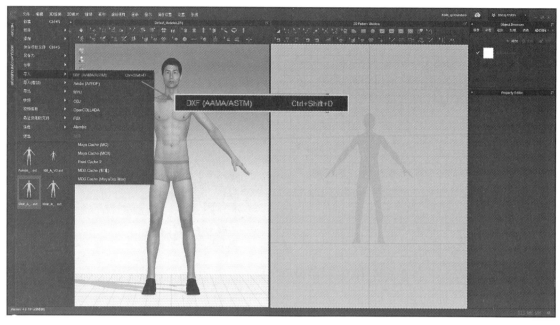

图2-349

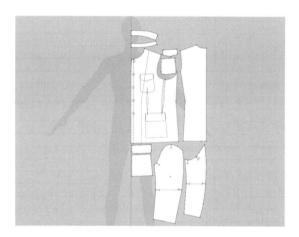

图2-350

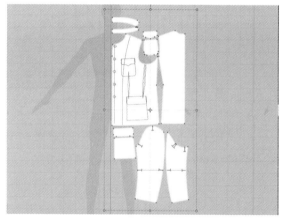

图2-352

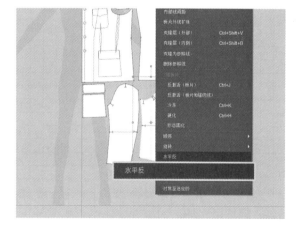

图2-351

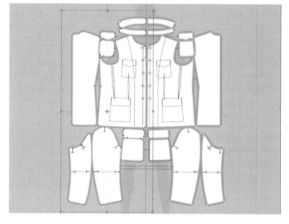

图2-353

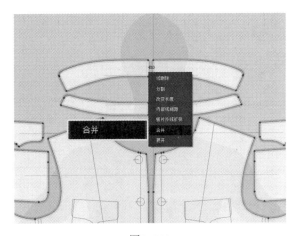

图2-354

（4）领座及后片采用同样的方法（图2-355）。

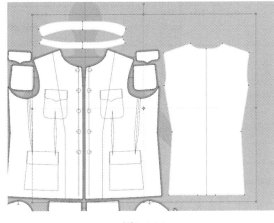

图2-355

2. **安排位置**

（1）在3D视窗左上角　"显示虚拟模特"中选择　"显示安排点"（图2-356）。

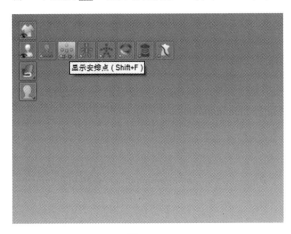

图2-356

（2）运用安排点及定位球，将所有的板片放置于对应的位置，可在属性编辑器中安排部分进行调整（图2-357）。

图2-357

四、缝合板片

1. **缝合基础部位**

运用　"自由缝纫"和　"线缝纫"进行板片的基础部位缝合（图2-358）。

2. **收省**

（1）运用　"勾勒轮廓"按住左键框选省位，对准选中的线点击右键，选择"勾勒为内部图形"（图2-359）。

（2）运用　"调整板片"对生成内部图形的省位线点击右键，选择"转换为洞"（图2-360）。

（3）运用　"勾勒轮廓"按住"Shift"选中腋下省的省位线后，对选中的线点击鼠标右键，选择切断（图2-361）。

（4）运用　"调整板片"选中切下来的板片，按"Delete"删除（图2-362）。

（5）运用　"自由缝纫"将省道两边缝合起来，收省（图2-363）。

（6）腋下省也采用同样的方法进行缝合（图2-364）。

3. **缝合袖子及装领**

（1）长按　"自由缝纫"，在下方弹出选项中选择　"M:N缝纫"，将M段缝

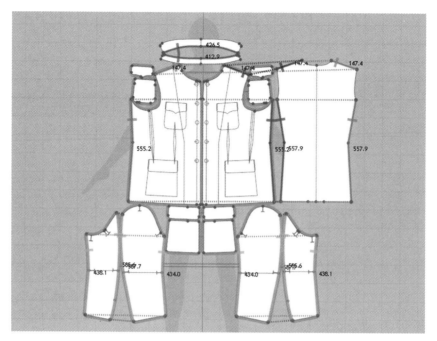

图2-358

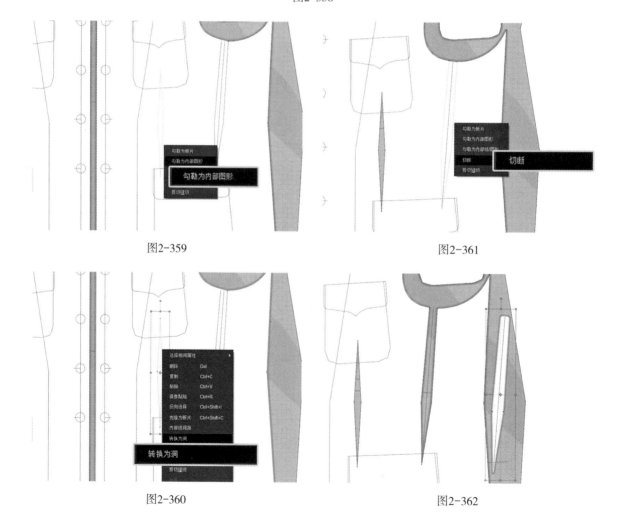

图2-359

图2-361

图2-360

图2-362

纫线和N段缝纫线进行缝合，每段缝纫线以"Enter"键来完成选择（图2-363）。

窿一圈到后片袖窿顶点缝合三个板片，按下"Enter"结束"M"缝纫（图2-366）。

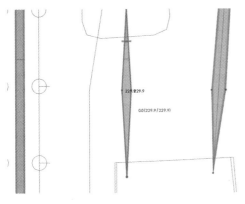

图2-363

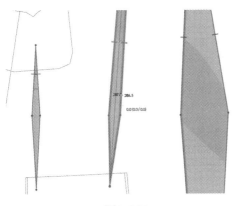

图2-364

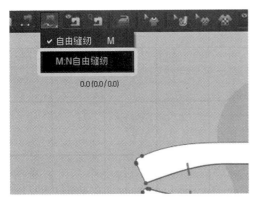

图2-365

（2）在前片袖窿顶点单击左键开始设置"M"的缝纫，向下移动至袖窿深点再次单击左键，在腋下片袖窿深处单击左键，向右移动至端点再次单击左键，后片同上；绕袖

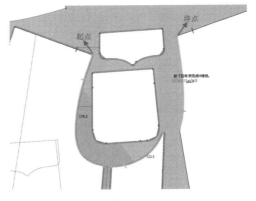

图2-366

（3）在袖山顶点单击左键开始设置"N"缝纫，先往左下移动鼠标并在端点单击设置一条缝纫线（图2-367）。

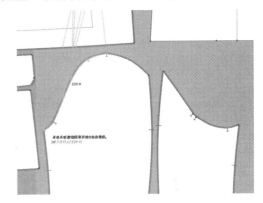

图2-367

（4）在小袖的右端点单击左键，往左移动设置第二条缝纫线，再在大袖上设置第三段缝纫线，到袖山顶点结束，按下"Enter"完成"M：N缝纫"（图2-368）。

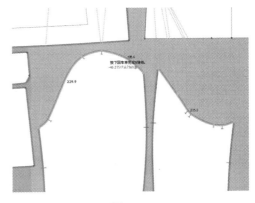

图2-368

（5）将另一条袖子与后片未缝合的地方补齐（图2-369）。

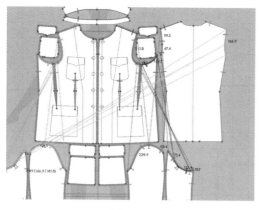

图2-369

（6）运用 ▧ "自由缝纫"先在领座底边从左至右设置一条缝纫线（图2-370）。

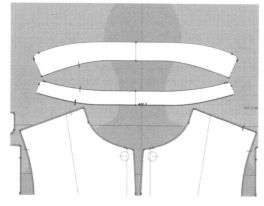

图2-370

（7）按住"Shift"，从右侧前片上领圈左边的点，从左至右开始设置缝纫线（图2-371）。

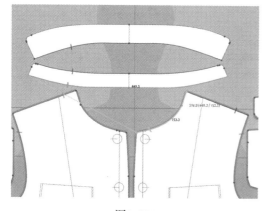

图2-371

（8）从左往右经过后领圈，过左边的前领圈，回到前中处结束（图2-372）。

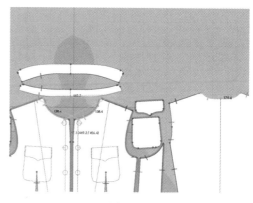

图2-372

4. 设置纽扣

（1）运用 ◉ "纽扣" ▬ "扣眼"在2D视窗中前片上对应位置单击左键设置纽扣及扣眼（图2-373）。

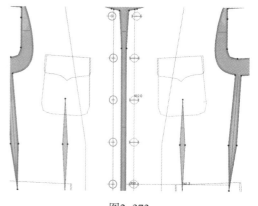

图2-373

（2）运用 ▣ "系纽扣"按住鼠标左键框选所有纽扣，指定到第一个扣眼位置，将所有纽扣系上（图2-374）。

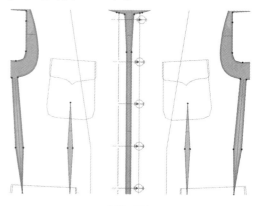

图2-374

5．中山装口袋的制作

（1）运用 "调整板片"对袋盖点击右键，选择旋转X-轴，将板片水平补正（图2-375）。

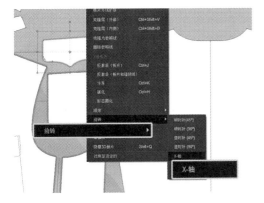

图2-375

（2）将所有口袋板片进行上述操作（图2-376）。

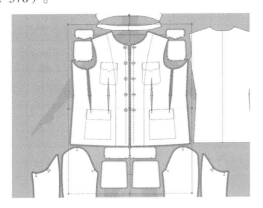

图2-376

（3）运用 "勾勒轮廓"选中一边所有口袋的缝合线，对准点击鼠标右键，选择"勾勒为内部线/图形"（图2-377）。

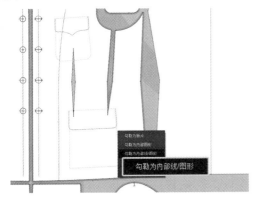

图2-377

（4）运用 "自由缝纫"将袋盖与前片缝合（图2-378）。

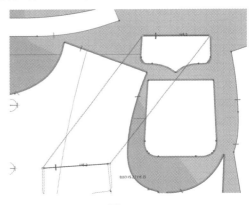

图2-378

（5）在前贴袋对位点上从下向上设置一条缝纫线，在前片对应位置从下向上设置一条等长缝纫线，蓝色指引点处为和第一条缝纫线等长位置（图2-379）。

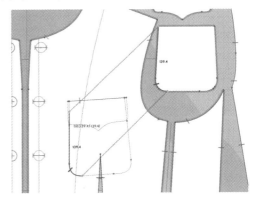

图2-379

（6）在前贴袋底部从左至右转而向上，设置一条缝纫线，将剩下部位缝合（图2-380）。

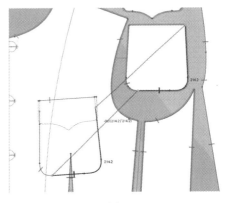

图2-380

（7）将大袋盖与前片缝合（图2-381）。

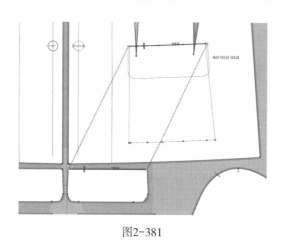

图2-381

（8）在大袋左边从下向上设置一条缝纫线与前片对应位置等长缝合（图2-382）。

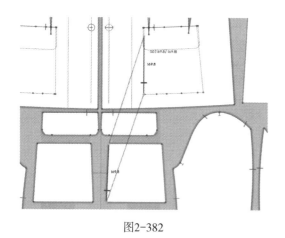

图2-382

（9）将大袋下方与前片对应位置缝合（图2-383）。

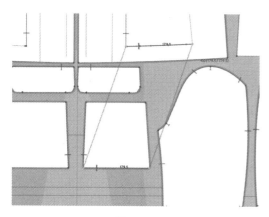

图2-383

（10）在大袋右边从下向上设置一条缝纫线与前片对应位置等长缝合（图2-384）。

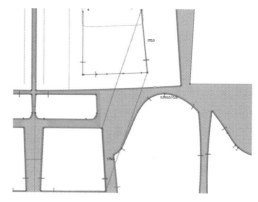

图2-384

（11）运用▬"扣眼"在袋盖上点击右键，设置定位为距左右59mm，距上方35mm，距下方24.7mm，点击确认（图2-385）。

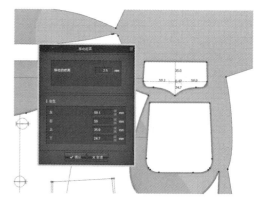

图2-385

（12）运用▣"选择/移动纽扣"鼠标左键点击袋盖上的扣眼，在右侧属性编辑器中设置角度值为90（图2-386）。

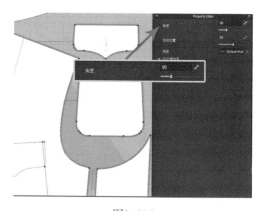

图2-386

（13）运用 ⊙ "纽扣"在前贴袋上点击右键，设置定位为距左右56.4mm，距上方15mm，点击确认（图2-387）。

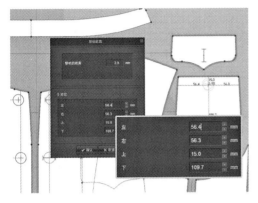

图2-387

（14）运用 ▭ "扣眼"在大袋盖上点击右键，设置定位为距左右为84mm，距上方35mm，点击确定（图2-388）。

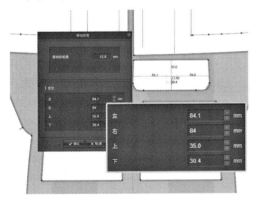

图2-388

（15）运用 ⊙ "纽扣"在大袋上点击右键，设置定位为距左右81.5mm，距上方15mm（图2-389）。

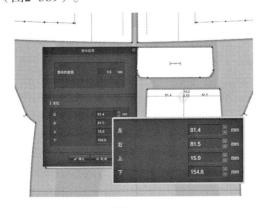

图2-389

（16）另一边的袋布及袋盖采用同样的方法设置纽扣和扣眼，运用 ▣ "系纽扣"将纽扣和扣眼系在一起（图2-390）。

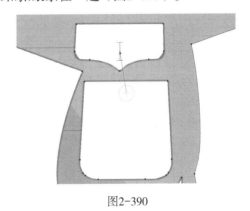

图2-390

五、成衣试穿

1. 模拟试穿

（1）在3D视窗中按"Ctrl+A"进行全选，在选中板片上单击鼠标右键选择硬化（图2-391）。

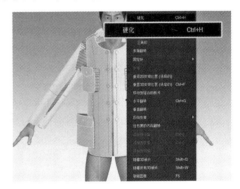

图2-391

（2）点开 ▣ "模拟"状态，中山装实时根据重力和缝纫关系进行着装，完成基础试穿（图2-392）。

图2-392

2. 翻折领子

（1）运用 "编辑缝纫线" 在2D视窗中选择领面与领座的缝合线（图2-393）。

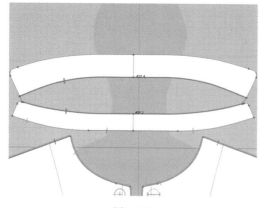

图2-393

（2）在右侧属性编辑器中设置折叠角度值为360（图2-394）。

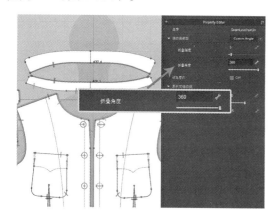

图2-394

（3）打开 "模拟" 运用 "选择/移动" 拖动鼠标左键将领子翻折（图2-395）。

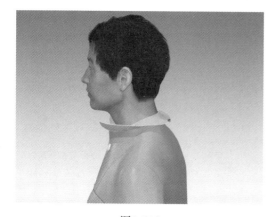

图2-395

（4）运用 "调整板片" 选中领面和领座，在右侧属性编辑器中点开 "粘衬/削薄"，在粘衬右侧的方框内点击左键添加粘衬（图2-396）。

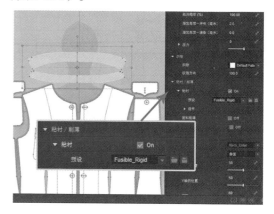

图2-396

（5）在3D视窗左上角点击 "显示粘衬/削薄" 取消显示粘衬（图2-397）。

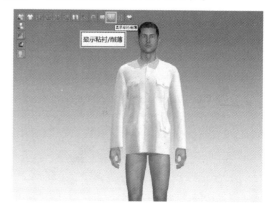

图2-397

（6）按下 "Alt+A" 全选板片点击右键，选择解除硬化，翻立领效果如图2-398所示。

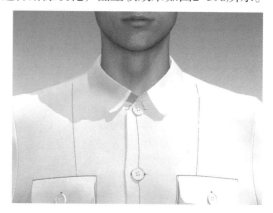

图2-398

六、设置面料

1. 设置面料物理属性

选择右侧物体窗口织物栏中对应的面料，在物理属性预设中设置面料属性为Wool_Melton（图2-399）。

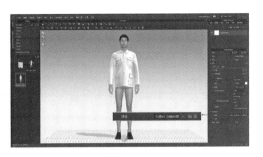

图2-399

2. 设置面料纹理

（1）纹理对应Color贴图，法线贴图对应Normal贴图，Map对应Displacement贴图（图2-400）。

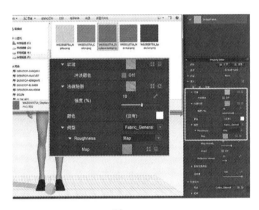

图2-400

（2）在右侧物体窗口中选择纽扣，然后在下方设置纽扣颜色为黑色，类型为Plastic（图2-401）。

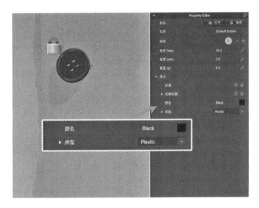

图2-401

（3）面料放置完成效果图（图2-402）。

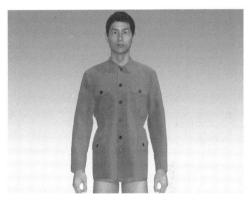

图2-402

七、成品展示（图2-403）

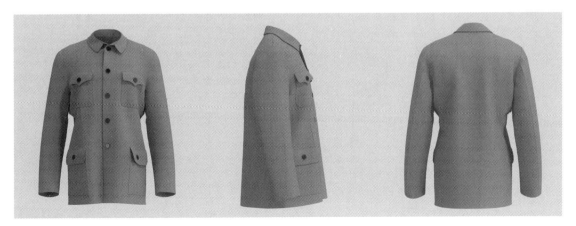

图2-403

八、工作任务

在CAD中完成一款中山装的制板,输出为ASTM格式文件后导入CLO,完成虚拟缝制及着装。

任务四 六开身西服试衣

任务目标:

1. 掌握3D西服的缝制及着装。
2. 掌握西服领缝制方法。
3. 掌握添加垫肩的方法。

任务内容:

根据款式图要求,通过3D服装设计软件,学习六开身西服虚拟缝纫、省道制作、明线设置、层次设定、面料更换。

任务要求:

通过本次课程学习,使学生掌握西服虚拟样衣的制作流程,培养学生对西服款式的理解能力,掌握西服类服装的虚拟缝合方法。

任务重点:

西装翻折领的缝纫与折叠。

任务难点:

西装袖的缝合。

课前准备:

西服款式图、DXF格式板片文件、3D面料文件。

一、板片准备

1. 六开身西服款式图

较贴体型衣身,单排二粒扣,平驳翻折领。合体型二片弯身袖(图2-404)。

2. 六开身西服板片图

根据净样板的轮廓线进行板片拾取,注意板片为净样,包含剪口、扣位、标记线等信息(图2-405)。

图2-404

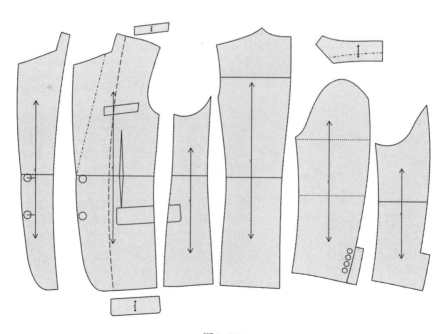

图2-405

二、板片导入及校对

1. 板片导入

在图库窗口中选择一名男性模特。导入DXF（AAMA/ASTM）格式六开身西服板片（图2-406）。

2. 板片校对

（1）运用▟"调整板片"，根据3D虚拟模特剪影的位置对应移动放置板片（图2-407）。

（2）对小袖板片点击右键，选择"水平反"（图2-408）。

（3）运用♥"勾勒轮廓"左键框选省位，对准选中的线点击右键，选择"勾勒为内部图形"（图2-409）。

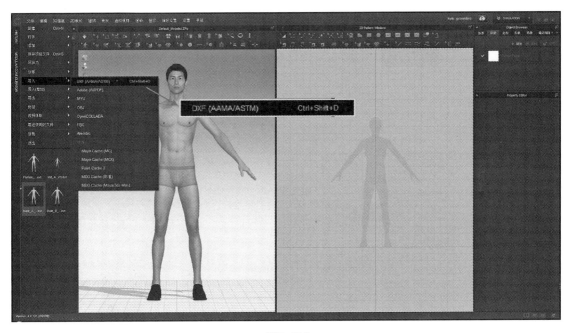

图2-406

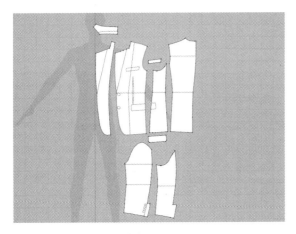

图2-407

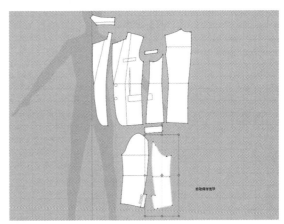

图2-408

（4）运用▟"调整板片"在选中的图形上点击右键，选择"转换为洞"（图2-410）。

三、安排板片

1. 板片补齐

（1）复制板片，运用▟"调整板片"按

住"Shift"，选择除手巾袋外的其他所有板片（图2-411）。

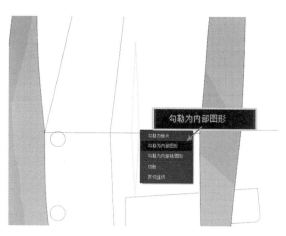

图2-409

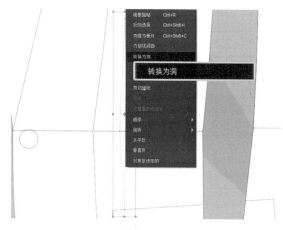

图2-410

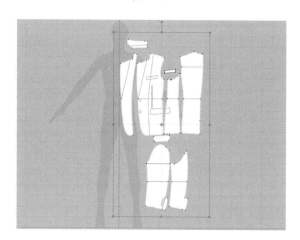

图2-411

（2）在选中的板片上单击鼠标右键，选择克隆"对称板片（板片和缝纫线）"，平行放置在左侧（图2-412）。

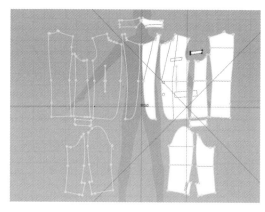

图2-412

（3）运用 ![icon] "编辑板片"选择领子上如图所示的线，对准选中的线点击右键，选择合并（图2-413）。

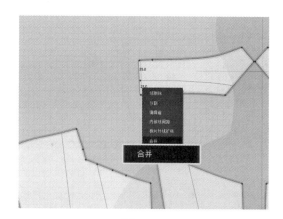

图2-413

（4）移动合并好的领子板片至合适位置（图2-414）。

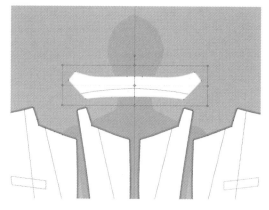

图2-414

（5）运用"勾勒轮廓"按住"Shift"，将领子的翻折线及口袋的缝合线选中，按回车键或对这些线点击右键，选择"勾勒为内部线/图形"（图2-415）。

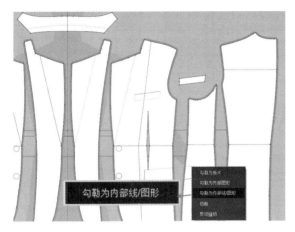

图2-415

2. 安排位置

（1）在3D视窗左上角"显示虚拟模特"中选择"显示安排点"（图2-416）。

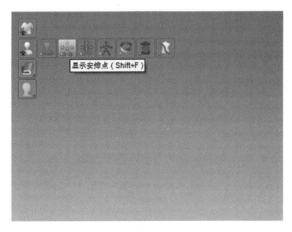

图2-416

（2）运用"选择/移动"在前片点击鼠标左键，在模特前片对应安排点单击左键安排板片（图2-417）。

（3）使用定位球将挂面放在前片的内侧（图2-418）。

（4）将所有板片放在对应的位置上（图2-419）。

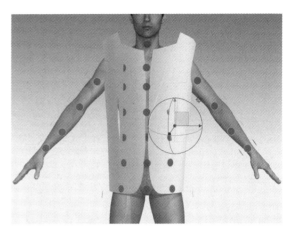

图2-417

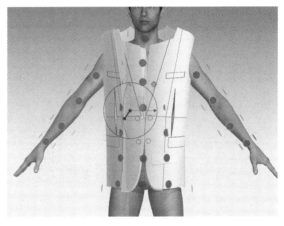

图2-418

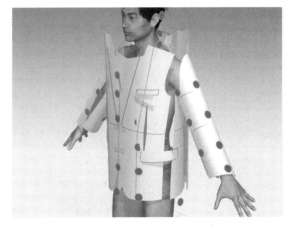

图2-419

四、缝合板片

1. 缝合基础部位

运用"自由缝纫"和"线缝纫"进行板片的基础部位的缝合（图2-420）。

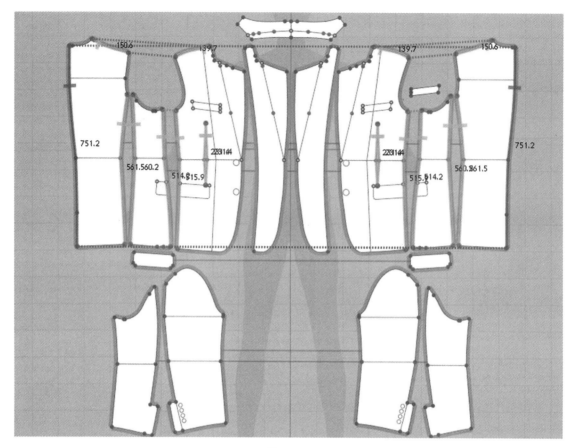

图2-420

2. 缝合口袋

（1）运用 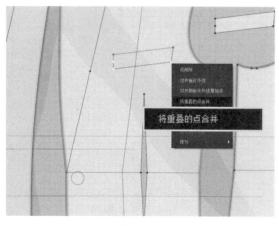 "编辑板片" 按住 "Shift" 键，鼠标左键依次选择如图2-421所示的点，松开左键，对选好的点单击右键，选择 "将重叠的点合并"。

（2）运用 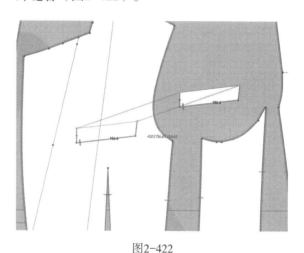 "自由缝纫" 将手巾袋与前片缝合（图2-422）。

图2-421

图2-422

（3）在大袋盖上方从左至右设置一条缝纫线，然后按住 "Shift"，将它与前片和侧片对应位置进行"1∶N缝纫"（图2-423）。

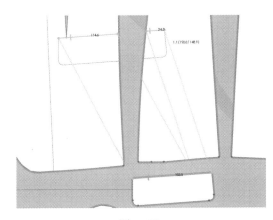

图2-423

3. 西装袖的缝合

（1）长按 "自由缝纫"，在下方选项中选择 "M∶N缝纫"（图2-424）。

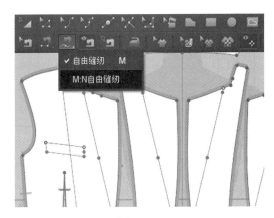

图2-424

（2）从前片上如图2-425所示的点开始设置"M"段缝纫线。

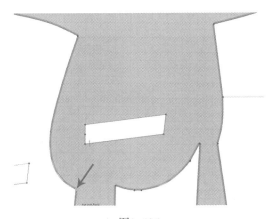

图2-425

（3）到侧片上左端的点结束，缝纫线方向如图2-426所示，完成后按下"Enter"结束"M"段缝纫。

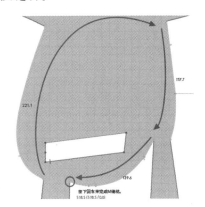

图2-426

（4）从大袖上如图2-427所示的左端的点开始设置"N"段缝纫。

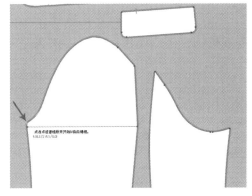

图2-427

（5）到小袖上最右端的点结束，缝纫线方向如图2-428所示，完成后按下"Enter"结束"M∶N缝纫"。

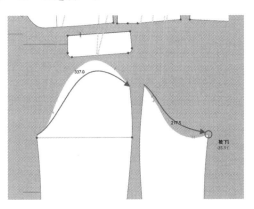

图2-428

（6）运用 "自由缝纫"完成袖片侧缝的缝合（图2-429）。

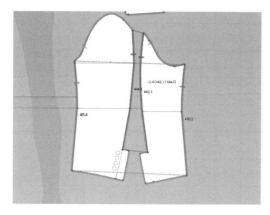

图2-429

（7）运用 "勾勒轮廓"选中大袖衩上如图2-430所示的线，点击右键，选择"勾勒为内部线/图形"。

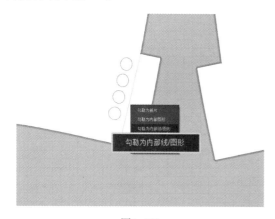

图2-430

（8）选择这条线，在右侧属性编辑器中调整折叠角度值为0（图2-431）。

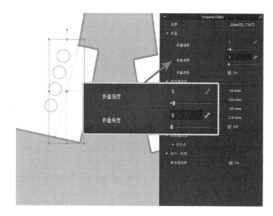

图2-431

（9）运用 "自由缝纫"，从靠近袖身的一边向外将如图2-432所示的两条线进行等长缝合。

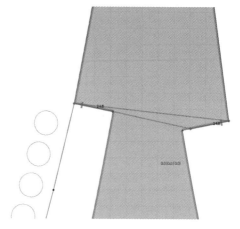

图2-432

（10）将如图所示的两条线段缝合在一起（图2-433）。

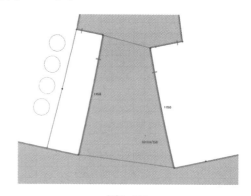

图2-433

（11）运用 "编辑缝纫线"，按住"Shift"选中如图2-434所示这两条缝纫线，在右侧属性编辑器中，调整折叠角度值为360。

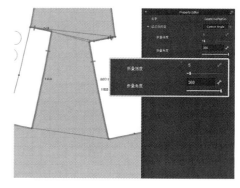

图2-434

4．缝合挂面

（1）运用 "自由缝纫"从外向内将挂面上端与前片上端进行等长缝合（图2-435）。

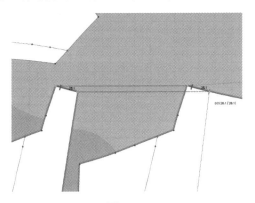

图2-435

（2）从上往下将挂面和前片进行等长缝合，另一边的挂面也以同样方式进行缝合（图2-436）。

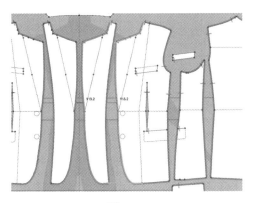

图2-436

5．缝合领子

（1）运用 "自由缝纫"在领底下端从左至右设置一条缝纫线（图2-437）。

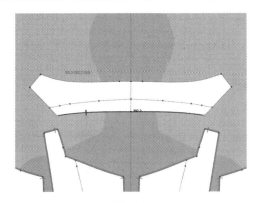

图2-437

（2）按住"Shift"，以图2-438中前片上标记的转折点为起点。

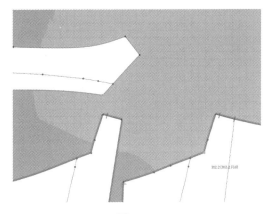

图2-438

（3）缝制顺序为，右边的前片—右边的后片—左边的后片—左边的前片，每段按从左至右的方向（图2-439）。

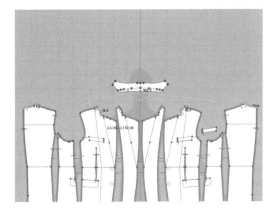

图2-439

（4）到如图2-440所示的前片转折点松开"Shift"键结束缝纫。

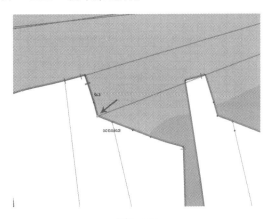

图2-440

（5）在领子右边从下向上，对应左边的前片从左向右设置缝纫线（图2-441）。

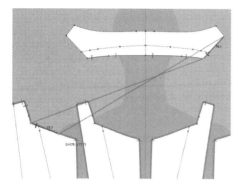

图2-441

（6）在领子左边从下向上，对应右边的前片从右向左设置缝纫线（图2-442）。

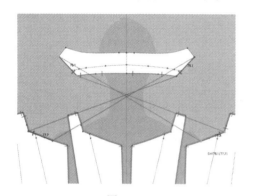

图2-442

五、成衣试穿

1. 模拟试穿

（1）在3D视窗中，按"Ctrl+A"进行全选，在选中板片上单击鼠标右键选择硬化（图2-443）。

图2-443

（2）点开 "模拟"状态，西装实时根据重力和缝纫关系进行着装，完成基础试穿（图2-444）。

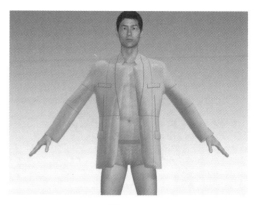

图2-444

2. 整理熨烫

（1）运用3D服装菜单栏中 "熨烫"单击右侧前片（图2-445）。

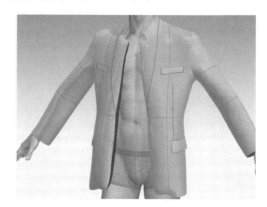

图2-445

（2）前片自动隐藏后，单击对应挂面，将服装熨烫平服（图2-446）。

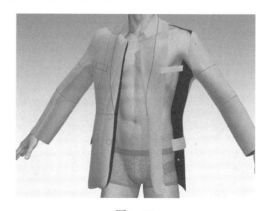

图2-446

（3）左边也使用同样的方法，将前片与挂面熨烫平服（图2-447）。

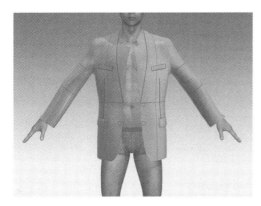

图2-447

（4）运用 ▣＋ "选择/移动"左键按住服装拖动，将服装整理至理想状态（图2-448）。

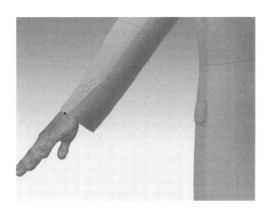

图2-448

2. 翻折领子

（1）运用 ▣ "调整板片"，在2D视窗中选择领子、前片、挂面上的翻折线（图2-449）。

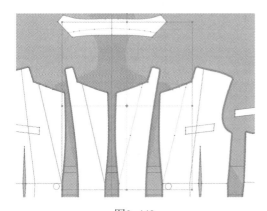

图2-449

（2）在右侧属性编辑器中设置折叠角度值为360（图2-450）。

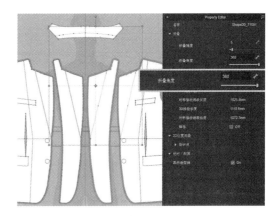

图2-450

（3）点开 ▣ "模拟"状态，运用 ▣＋ "选择/移动"拖动鼠标左键将领子翻折（图2-451）。

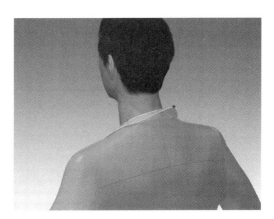

图2-451

（4）翻驳领效果如图（图2-452）。

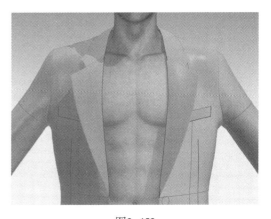

图2-452

3. 放置纽扣

（1）运用 ◎ "纽扣"在2D视窗中前片上对应的纽扣位放置纽扣（图2-453）。

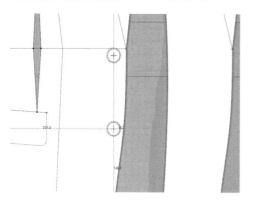

图2-453

（2）运用 ━ "扣眼"在2D视窗中另一边的前片上对应的扣眼位放置扣眼（图2-454）。

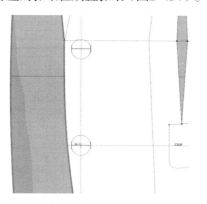

图2-454

（3）运用 ◎ "系纽扣"在2D视窗中左键框选所有的纽扣，将所有纽扣指定到第一个扣眼的位置，将框选的纽扣同时系在对应扣眼上（图2-455）。

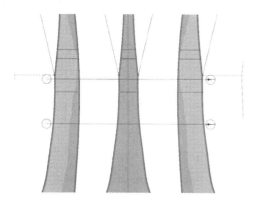

图2-455

（4）运用 ◎ "纽扣"在2D视窗中大袖上纽扣位放置纽扣（图2-456）。

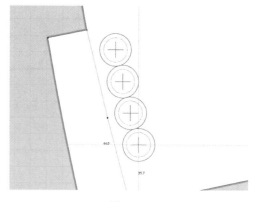

图2-456

（5）点开 ⬇ "模拟"状态，在3D视窗中将纽扣系在一起（图2-457）。

图2-457

（6）全选板片，右键解除硬化，整理服装至理想状态（图2-458）。

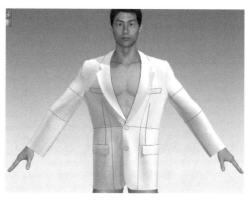

图2-458

4. 放置垫肩

（1）在图库窗口双击"Hardware and Trims"（图2-459）。

图2-459

（2）双击文件夹"Shoulder_Pads"，对如图4-460所示的垫肩的图形点击右键，选择"增加到工作区"。

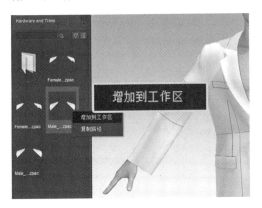

图2-460

（3）在3D视窗中弹出的窗口上点击确认（图2-461）。

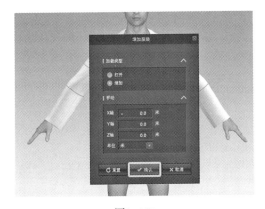

图2-461

（4）用定位球将垫肩移至衣服内侧对应位置（图2-462）。

图2-462

5. 粘衬

（1）运用 "调整板片"在2D视窗中选中所有需要粘衬的板片（图2-463）。

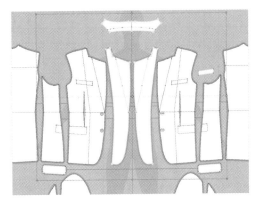

图2-463

（2）在右侧属性编辑器中点开"粘衬/削薄"，在粘衬右侧的方框内点击左键添加粘衬（图2-464）。

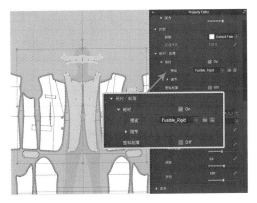

图2-464

（3）运用 "粘衬条"工具，在2D视窗中点击左键选择需要粘衬条的线，完成粘衬条（图2-465）。

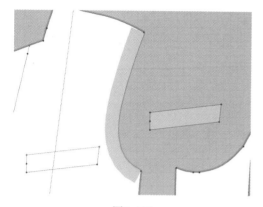

图2-465

（4）以同样的方式在所有需要粘衬条的板片上粘衬条（图2-466）。

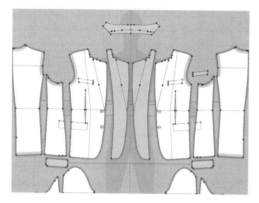

图2-466

6. **模拟完成。**

点开"模拟"状态，使垫肩与粘衬效果在3D视窗中表现出来（图2-467）。

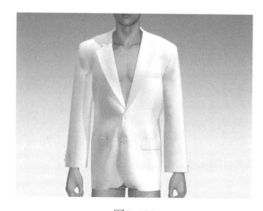

图2-467

六、设置面料

1. 设置面料物理属性

选择右侧物体窗口织物栏中对应的面料，在物理属性预设中设置面料属性为Wool_Coatweight（图2-468）。

图2-468

2. 设置面料纹理

（1）纹理对应Color贴图，法线贴图对应Normal贴图，Map对应Displacement贴图选择面料（图2-469）。

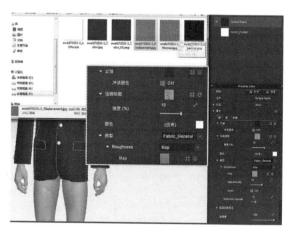

图2-469

（2）在右侧物体窗口中选择纽扣，在下方设置纽扣颜色为衣服的相近色，类型为Metal（图2-470）。

（3）面料放置完成效果图（图2-471）。

七、成品展示（图2-472）

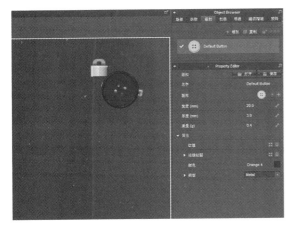

图2-470

图2-471

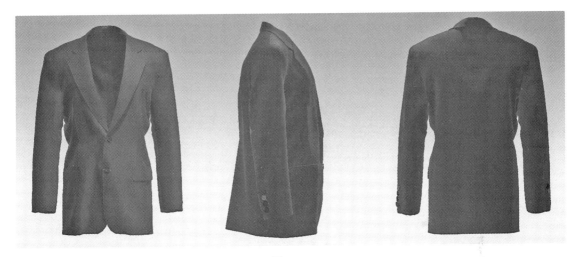

图2-472

八、工作任务

在CAD中完成一款男西服的制板，输出为ASTM格式文件后导入CLO，完成虚拟缝制及着装。

任务五　套装组合试衣

任务目标：

1. 能够完成一套男士套装组合试衣。

2. 掌握多套服装组合方法。

3. 掌握使用设定层等辅助功能。

任务内容：

使用男衬衫、西服、西裤，通过3D服装设计软件，学习如何组合多件服装，熟练使用设定层、经/纬向缩率、反激活、冷冻等辅助功能。

任务要求：

通过本次课程学习，使学生掌握套装组合虚拟样衣的制作流程，增强学生对多款式组合的理解，掌握套装组合的虚拟制作方法。

任务重点：

1. 套装的着装。

2. 走秀功能的应用。

任务难点：

将衬衫调整在西裤内侧进行着装。

课前准备：

衬衫虚拟样衣、西服虚拟样衣、西裤虚拟

样衣。

一、服装准备

1. 套装款式图（图2-473）。

2. 虚拟样衣文件

使用男衬衫、男西裤、男西服进行套装组合制作（图2-474）。

二、添加服装及校对

1. 服装打开

点击软件视窗左上角文件→打开→项目。选择前面做好的衬衫文件打开，弹出窗口加载类型选择打开，目标选择服装及虚拟模特，点击确认（图2-475）。

2. 服装添加

点击软件视窗左上角文件→添加→项目。选择前面做好的西裤文件打开，弹出窗口加载类型选择增加，目标选择服装，移动X轴、Y轴、Z轴均为0，点击确认（图2-476）。

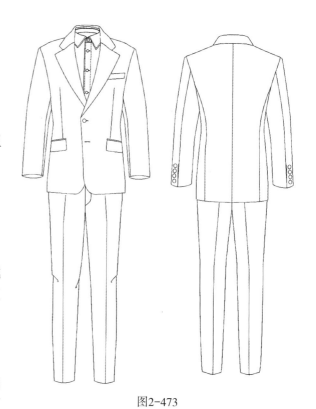

图2-473

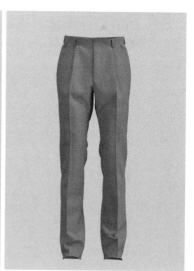

图2-474

3. 板片校对

（1）运用 "调整板片"，选中西裤的所有板片（图2-477）。

（2）将它们移动至衬衫板片下方，使板片之间没有互相重合，上下关系明了（图2-478）。

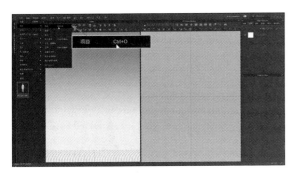

图2-475

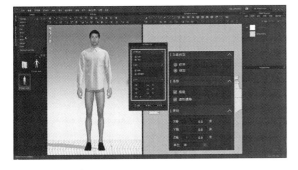

图2-476

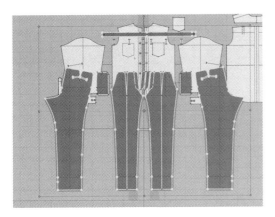

图2-477

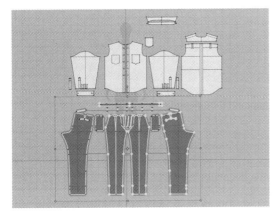

图2-478

三、调整服装

1．设定层

（1）运用■"调整板片"按住鼠标左键框选衬衫的所有板片（图2-479）。

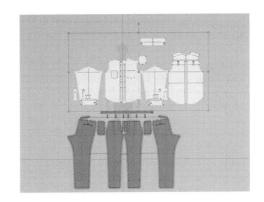

图2-479

（2）在右侧属性编辑器中模拟属性下方设置层为1（图2-480）。

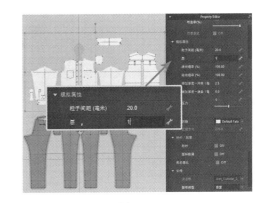

图2-480

（3）在弹出窗口中勾选不再显示，点击确认（图2-481）。

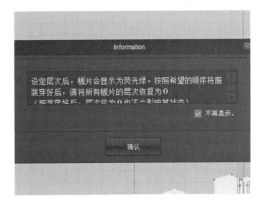

图2-481

2. 模拟着装

（1）点开 ⬇ "模拟"状态，衬衫将保持在西裤的外侧进行着装（图2-482）。

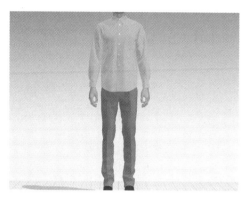

图2-482

（2）运用 ◢ "调整板片"再次选中衬衫的所有板片，在属性编辑器中将层改为0（图2-483）。

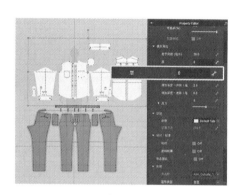

图2-483

3. 将衬衫调整在西裤内侧进行着装

（1）运用 ◢ "调整板片"在2D视窗中按住鼠标左键框选西裤的所有板片（图2-484）。

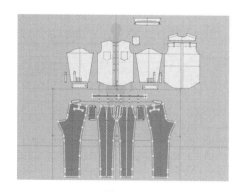

图2-484

（2）运用 ➕ "选择/移动"在3D视窗中西裤板片上点击右键，选择"反激活（板片）"（图2-485）。

图2-485

（3）西裤反激活效果如图（图2-486）。

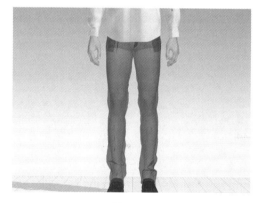

图2-486

（4）运用 ◢ "调整板片"在2D视窗中按住鼠标左键框选衬衫的所有板片（图2-487）。

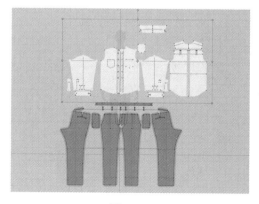

图2-487

（5）在右侧属性编辑器中调整纬向缩率为80%（图2-488）。

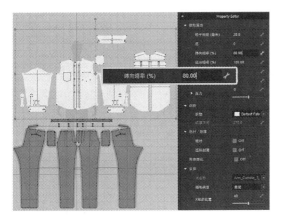

图2-488

（6）打开 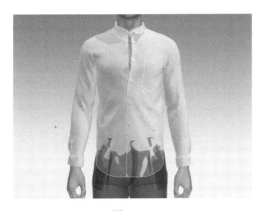 "模拟"使衬衫紧贴人体着装（图2-489）。

图2-489

（7）运用 "选择/移动"在3D视窗中对选中的衬衫板片点击右键，选择"冷冻"（图2-490）。

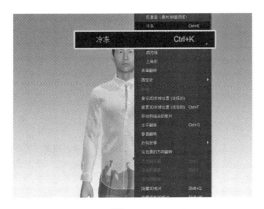

图2-490

（8）运用 "调整板片"在2D视窗中选中西裤所有的板片，设置西裤的层为1（图2-491）。

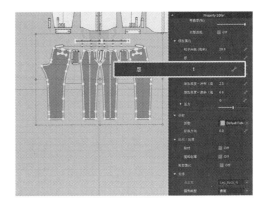

图2-491

（9）运用 "选择/移动"在3D视窗中对选中的西裤点击右键，选择激活（图2-492）。

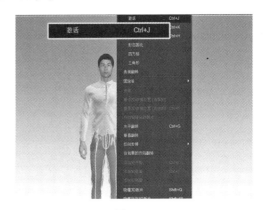

图2-492

（10）点开 "模拟"状态，西裤将着装在衬衫外侧（图2-493）。

图2-493

（11）运用 ◢ "调整板片"在2D视窗中选中衬衫的所有板片（图2-494）。

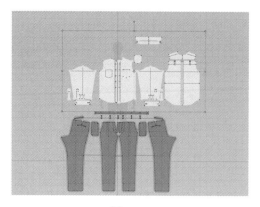

图2-494

（12）运用 ⊹ "选择/移动"在3D视窗中对选中的衬衫点击右键，选择"解冻"（图2-495）。

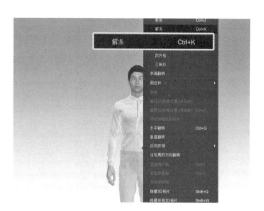

图2-495

（13）运用 ◢ "调整板片"在2D视窗选中西裤的所有板片（图2-496）。

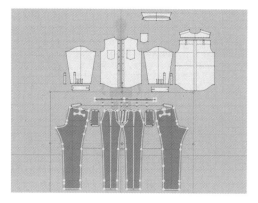

图2-496

（14）在右侧属性编辑器中将西裤的层改回为0（图2-497）。

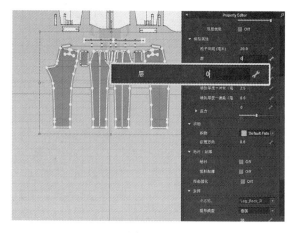

图2-497

四、添加服装

（1）点击软件视窗左上角文件→添加→项目。选择前面做好的西服文件打开，弹出窗口加载类型选择增加，目标选择服装，移动X轴、Y轴、Z轴均为0，点击确认（图2-498）。

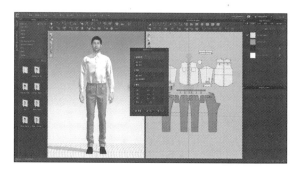

图2-498

（2）运用 ◢ "调整板片"在2D视窗中选中西服的所有板片，将它们移动到衬衫的上方（图2-499）。

（3）在右侧属性编辑器中设置西服的层为1（图2-500）。

（4）在3D视窗中对西服点右键选择"硬化"（图2-501）。

（5）打开 ▼ "模拟"，西服将覆盖在衬衫外侧（图2-502）。

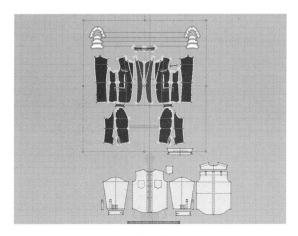

图2-499

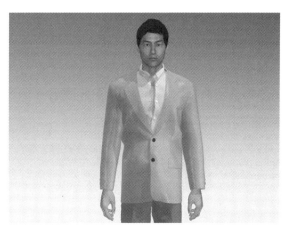

图2-502

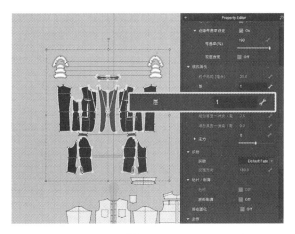

图2-500

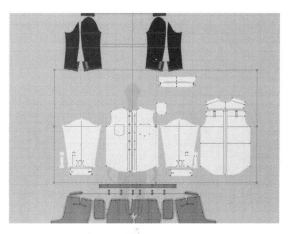

图2-503

图2-501

（2）在右侧属性编辑器中将衬衫的缩率按每次5％递增逐渐调整至100％，即85％→90％→95％→100％，每调整一次，点开模拟状态使服装稳定着装（图2-504）。

五、整理服装

（1）运用 "调整板片"在2D视窗中选中衬衫的所有板片（图2-503）。

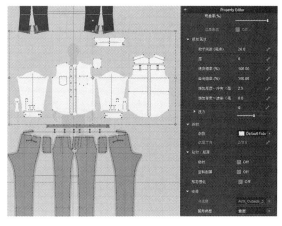

图2-504

（3）运用 "选择/移动"在3D视窗中按住鼠标左键整理服装至理想状态（图2-505）。

（4）运用 "调整板片"在2D视窗中选中西服的所有板片，在3D视窗中西服上点击鼠标右键，选择解除硬化（图2-506）。

图2-505

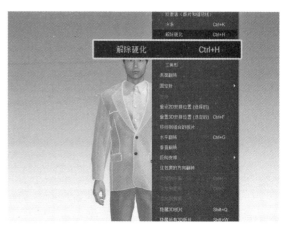

图2-506

六、成品展示（图2-507）

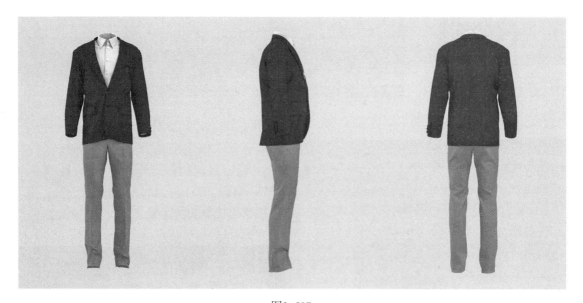

图2-507

项目三　3D配饰试衣应用

课题名称：

3D配饰试衣应用。

课题内容：

1. 帽子试衣。

2. 手套试衣。

课题时间：

6课时。

教学目标：

1. 了解3D配饰的板型和工艺。

2. 熟悉3D配饰的缝合制作及渲染。

3. 掌握3D配饰的虚拟制作及应用。

教学方法：

讲解演示法、模拟教学法、操作练习法。

教学要求：

根据本项目所学内容，学生可独立完成3D配饰缝制。

图2-508

任务一 帽子试衣

任务目标：

1. 掌握3D帽子缝制及着装。

2. 掌握装饰扣方法。

任务内容：

根据款式图要求，通过3D帽子服装设计软件，讲解虚拟缝纫、立体制作、明线设置、面料更换。

任务要求：

通过本次课程学习，掌握3D帽子的制作流程，培养学生对帽子款式的理解能力，掌握帽子类配饰的虚拟缝合方法。

任务重点：

1. 帽子板片的安排。

2. 帽子板片的缝制。

任务难点：

帽檐的设置。

课前准备：

帽子款式图、DXF格式板片文件、3D面料文件。

一、板片准备

1. 帽子款式图

此款帽子为六片棒球帽，帽片接缝处有明线（图2-508）。

2. 帽子板片图

根据净样板的轮廓线进行板片拾取，注意板片为净样，包含剪口、扣位、标记线等信息（图2-509）。

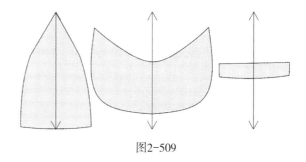

图2-509

二、板片导入及校对

1. 板片导入

点击软件视窗左上角文件→导入→DXF（AAMA/ASTM）。导入设置时根据制板单位确定导入单位比例，选项中选择板片自动排列、优化所有曲线点（图2-510）。

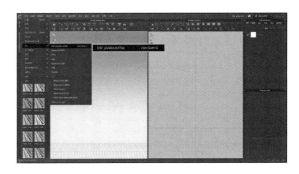

图2-510

2. 板片校对

（1）运用▧"调整板片"，根据帽子板片图进行样板的移动放置（图2-511）。

图2-511

（2）运用"编辑板片"在样片多余的点上点击右键选择"转换为自由曲线点"（图2-512）。

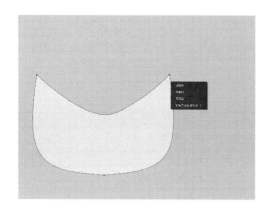

图2-512

三、安排板片

1. 板片补齐

运用"调整板片"，根据帽子款式图进行复制粘贴，将板片补齐（图2-513）。

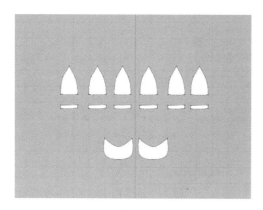

图2-513

2. 安排位置

（1）在"图库"中选择一名男性虚拟模特（图2-514）。

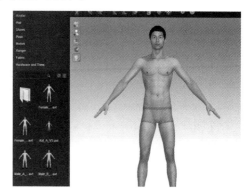

图2-514

（2）点击显示安排点，并围绕头部放置样片（图2-515）。

图2-515

四、缝合板片

1. 缝合基础部位

（1）运用"自由缝纫"缝合帽片之间侧缝与底眉，完成帽身缝合（图2-516）。

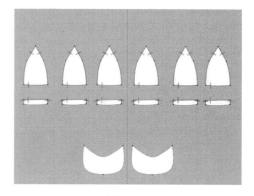

图2-516

（2）运用  "自由缝纫"将两层帽檐进行缝合（图2-517）。

图2-517

（3）运用 "自由缝纫"，将帽檐与两片相邻帽片进行缝合（图2-518）。

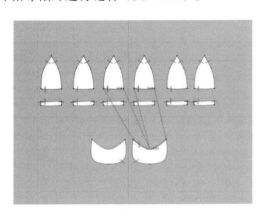

图2-518

（4）运用 "编辑缝纫线"点击帽檐缝合线，在属性编辑器中将折叠角度设置为220（图2-519）。

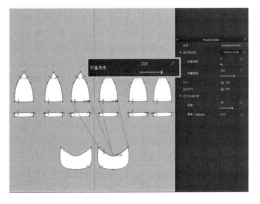

图2-519

2. 帽檐的设置

（1）运用 "选择/移动"选择全部板片，在选中板片上单击右键选择"硬化"（图2-520）。

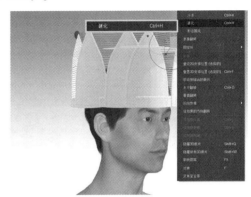

图2-520

（2）运用 "选择/移动"选择帽檐下层，在选中板片单击右键选择"表面反转"（图2-521）。

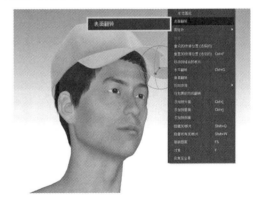

图2-521

（3）运用 "熨烫"依次点选帽片上层、下层进行熨烫（图2-522）。

图2-522

（4）运用 ![] "编辑缝纫线"选中全部底眉与帽身缝合线，在属性编辑器设置翻折角度值为0（图2-523）。

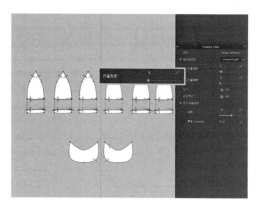

图2-523

（5）运用 ![] "选择/移动"拖动调整底眉，使其翻折到内侧（图2-524）。

图2-524

（6）运用 ![] "缝纫线明线"点击帽片缝纫线与底眉缝纫线，生成缝纫线明线（图2-525）。

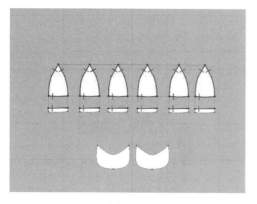

图2-525

（7）运用 ![] "编辑板片"选择猫眼外侧右键选择"内部线间距"，设置间距3mm扩张数量为6（图2-526）。

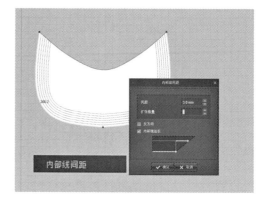

图2-526

（8）运用 ![] "自由缝纫"选择所有扩张的内部线（图2-527）。

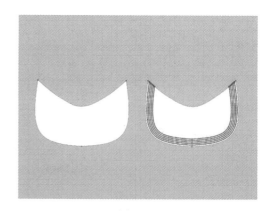

图2-527

（9）在物体窗口明线栏点击增加，增加一款明线，属性设置如图2-528所示。

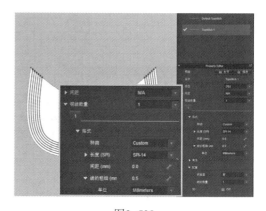

图2-528

（10）运用 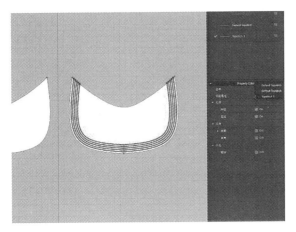 "编辑板片"选择帽檐所有内部线，点击 将新明线属性应用于内部线上（图2-529）。

图2-529

五、成品调整

1. 设置粒子间距

运用 "选择移动"全选所有板片，在属性编辑器中设置粒子间距为5.0，提高帽子品质（图2-530）。

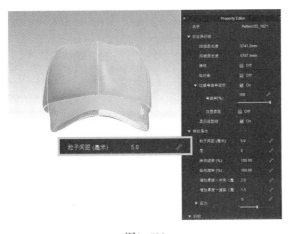

图2-530

2. 设置顶扣

运用 "纽扣"点击帽片顶端交点放置纽扣，设置厚度为8mm（图2-531）。

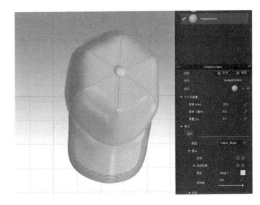

图2-531

六、设置面料

1. 设置面料物理属性

（1）点击物体窗口织物栏中对应面料，在属性编辑器中设置物理属性，点开细节调整面料（图2-532）。

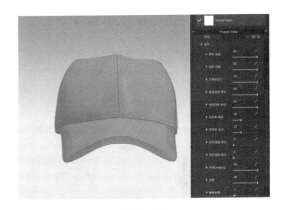

图2-532

（2）点开 "模拟"状态，运用 "选择移动"全选帽子板片，在板片上单击右键选择"解除硬化"（图2-533）。

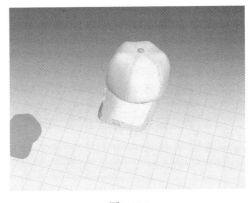

图2-533

（3）全选帽子板片，在属性编辑器中调整增加厚度—渲染为1.5，增加粘衬条、粘衬（图2-534）。

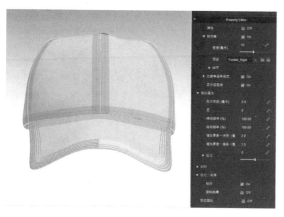

图2-534

2. 设置面料纹理

（1）在属性编辑器中对应织物设置纹理、法线贴图和Map高光贴图（图2-535）。

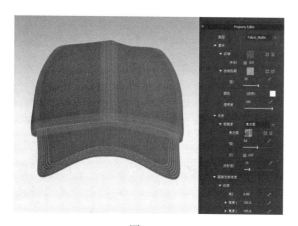

图2-535

（2）在3D视窗界面中选择显示3D服装→显示粘衬/削薄，取消显示粘衬（图2-536）。

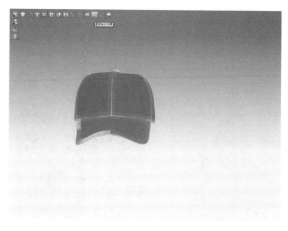

图2-536

（3）选择纽扣，颜色设置中使用吸管工具提取帽片颜色，点击确定（图2-537）。

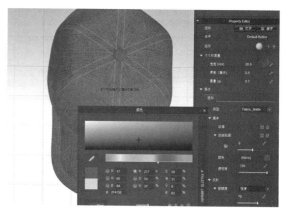

图2-537

七、成品展示（图2-538）

图2-538

八、工作任务

在CAD中完成一款帽子的制板，输出为ASTM格式文件后导入CLO，完成虚拟缝制及着装。

任务二　手套试衣

任务目标：

1. 掌握3D手套缝制及着装。

2. 掌握面料拼接方法。

3. 掌握松紧口设定。

任务内容：

根据款式图要求，通过3D服装设计软件，讲解虚拟缝纫、立体制作、明线设置、层次设定、面料更换。

任务要求：

通过本次课程学习，使学生掌握3D手套的制作流程，培养学生对手套款式的理解能力，掌握手套类配饰的虚拟缝合方法。

任务重点：

手套的缝制。

任务难点：

松紧口的制作。

课前准备：

3D手模模型、手套款式图、DXF格式板片文件、3D面料文件。

一、板片准备

1. 手套款式图

此款拼接款机车手套，有松紧口设计（图2-539）。

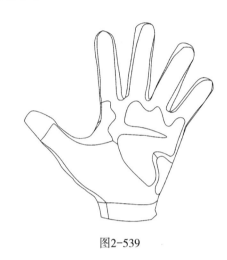

图2-539

2. 手套板片图

根据净样板的轮廓线进行板片拾取，注意板片为净样，包含剪口、扣位、标记线等信息（图2-540）。

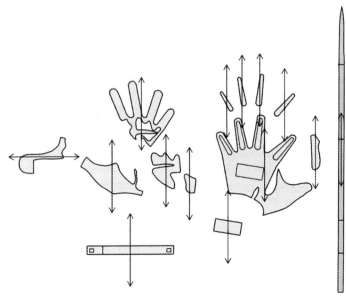

图2-540

二、板片导入及校对

1. 板片导入

点击软件视窗左上角文件→导入→DXF（AAMA/ASTM）。导入设置时根据制板单位确定导入单位比例，选项中选择板片自动排列、优化所有曲线点、将基础线勾勒成内部线（图2-541）。

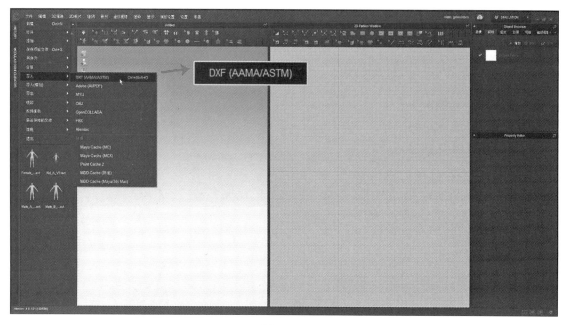

图2-541

2. 板片校对

（1）运用 "调整板片"，根据手套板片图进行样板的移动放置（图2-542）。

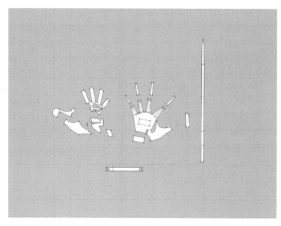

图2-542

（2）在菜单栏选择文件→导入→OBJ，导入手部模型（图2-543）。

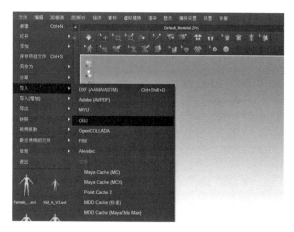

图2-543

三、安排板片

（1）运用 "选择/移动"左键选择手指前片，运用定位球将其放置于手模手指（图2-544）。

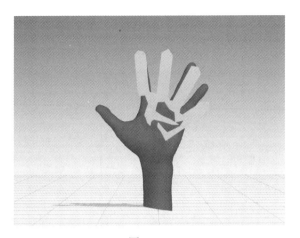

图2-544

（2）运用 ![icon] "选择/移动" 左键选择拇指前片及手掌部分放置于合适位置（图2-545）。

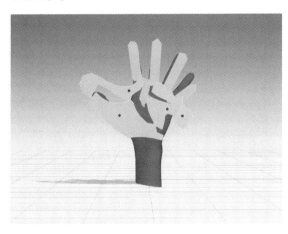

图2-545

（3）运用 ![icon] "选择/移动" 左键选择手背板片放置在手模后方（图2-546）。

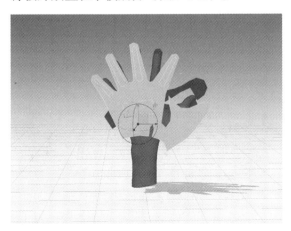

图2-546

（4）运用 ![icon] "选择/移动" 左键选择手背装饰条放置于手背缝合位置（图2-547）。

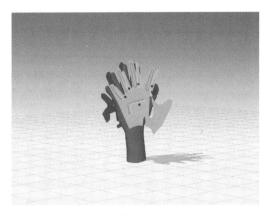

图2-547

（5）运用 "选择/移动" 左键选择手指缝板片，移动至合适位置（图2-548）。

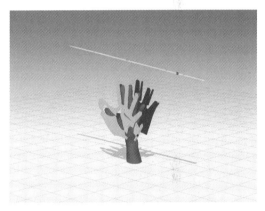

图2-548

（6）运用 "选择/移动" 左键选择弹性束口放置于手腕部分（图2-549）。

图2-549

四、缝合板片

1. 缝合手掌

（1）运用 ![] "调整板片"按住"Shift"进行多选，将手掌板片外其余板片右键点击"冷冻"（图2-550）。

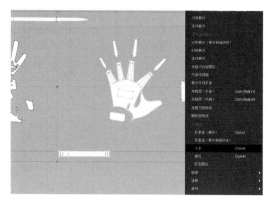

图2-550

（2）运用 ![] "自由缝纫"缝合大拇指拼接部位（图2-551）。

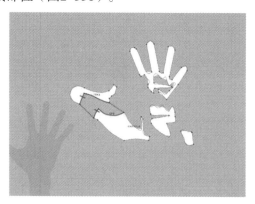

图2-551

（3）运用 ![] "自由缝纫"缝合手掌内部线（图2-552）。

图2-552

（4）运用 ![] "自由缝纫"缝合拇指与手掌（图2-553）。

图2-553

2. 缝合指缝

（1）运用 ![] "自由缝纫"缝合指缝与前片（图2-554）。

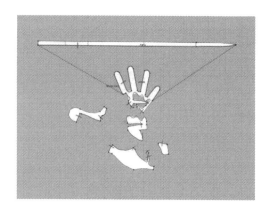

图2-554

（2）运用 ![] "自由缝纫"缝合前后片侧缝（图2-555）。

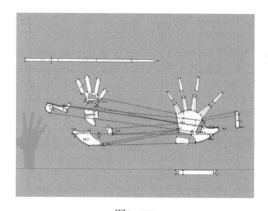

图2-555

3. 缝合手背

（1）运用 "自由缝纫"将手背与指缝缝合（图2-556）。

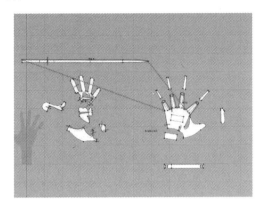

图2-556

（2）运用 "自由缝纫"缝合装饰条（图2-557）。

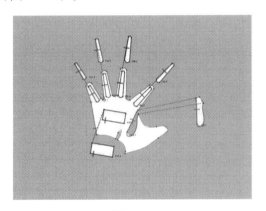

图2-557

4. 缝合弹性束口

（1）运用 "自由缝纫"缝合弹性束口与手掌（图2-558）。

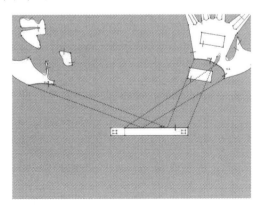

图2-558

（2）运用 "自由缝纫"固定弹性束口（图2-559）。

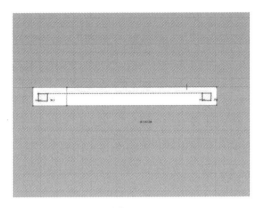

图2-559

5. 松紧口的制作

（1）打开 "模拟"状态，全选手套板片进行硬化，模拟手套试戴（图2-560）。

图2-560

（2）运用 "设定层次"选定装饰片再选中手背板片叠压层次（图2-561）。

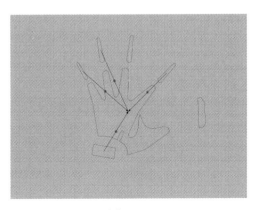

图2-561

（3）使装饰板片位于手背外侧（图2-562）。

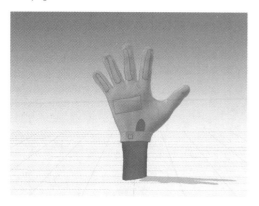

图2-562

（4）运用 "牵条"在手背开口位生成牵条（图2-563）。

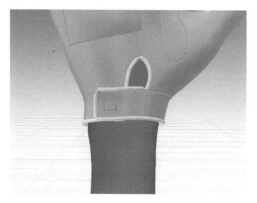

图2-563

五、成品调整

1. 运用 "选择/移动"按"Ctrl+A"全选板片，设定粒子间距3，增加厚度—冲突为1.5，增加厚度—渲染为1（图2-564）。

图2-564

2. 运用 "选择/移动"点击"Ctrl+A"全选板片，右键选择"解除硬化"（图2-565）。

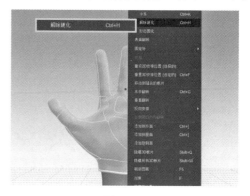

图2-565

六、设置面料

1. **设置面料物理属性**

（1）点击物体窗口织物栏，在织物菜单栏中增加三款面料（图2-566）。

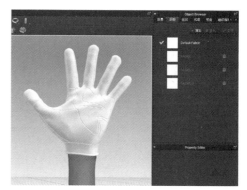

图2-566

（2）在属性编辑器中，将三款面料的物理属性在预设中选择Leather_Cowhide（牛皮），如图2-567所示。

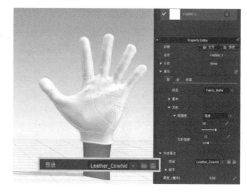

图2-567

2. 设置面料纹理

（1）三款面料颜色分别设置为黑#000000，橘红#F66200，灰#D1D1D1（图2-568）。

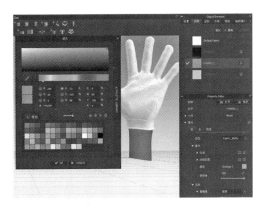

图2-568

（2）打开面料属性编辑器→法线贴图，选择Fabric_norma_ap中的Leather贴图（图2-569）。

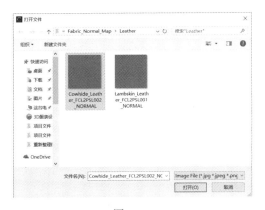

图2-569

（3）分别拖动织物属性到手套手掌板片、手背板片、装饰条板片进行应用（图2-570）。

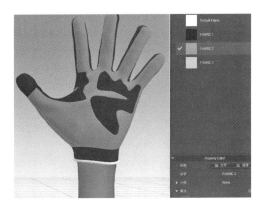

图2-570

（4）运用 "选择/移动"选择包边，属性视窗设置织物为橘红色织物（图2-571）。

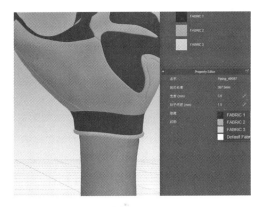

图2-571

七、成品展示（图2-572）

八、工作任务

在CAD中完成一款手套的制板，输出为ASTM格式文件后导入CLO，完成虚拟缝制及着装。

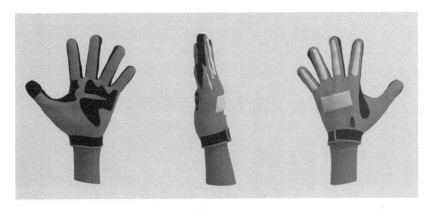

图2-572

第三章　3D服装设计综合应用

项目一　3D立体裁剪设计应用

　　任务一　女上装原型立体裁剪设计

　　任务二　男上装变款立体裁剪设计

项目二　3D创意设计应用

　　任务一　女外套模块化设计

　　任务二　男衬衫模块化设计

项目一　3D立体裁剪设计应用

课题名称：

3D立体裁剪设计应用。

课题内容：

1. 女上装原型立体裁剪设计。

2. 男上装原型立体裁剪设计。

课题时间：

6课时。

教学目标：

1. 熟悉3D服装设计软件立体裁剪的操作方法

2. 掌握虚拟模特胶带等立体裁剪工具。

教学方式：

讲解演示法、模拟教学法、操作练习法。

教学要求：

根据本项目所学内容，学生可独立完成3D立体裁剪设计。

任务一　女上装原型立体裁剪设计

任务目标：

1. 立体裁剪创样女上装衣身原型。

2. 缝制女上装衣身原型。

任务描述：

通过本次课程学习，使学生能够独立完成女上装衣身原型立体裁剪创样的操作，掌握3D服装设计软件的立体裁剪方法，培养学生3D立体裁剪的理解。

任务要求：

能够正确的绘制3D板片，可以运用3D服装设计软件进行女上装衣身原型立体裁剪操作，能够进行板片缝制、调整操作。

任务重点：

女上装原型的制作。

任务难点：

虚拟模特胶带的使用。

一、绘制虚拟模特基础线

1. 绘制横向基础线

（1）运用■ "虚拟模特圆周胶带"单击虚拟模特BP点，按下"Shift"键在水平辅助线上选择两点单击左键，绘制胸围线（图3-1）。

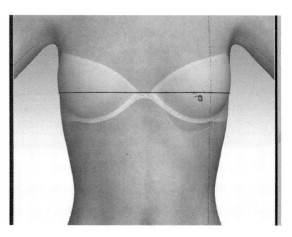

图 3 -1

（2）运用■ "虚拟模特圆周胶带"单击虚拟模特腰围最细点，按下"Shift"键在水平辅助线上选择两点单击左键，绘制腰围线（图3-2）。

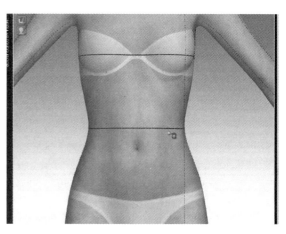

图3-2

（3）以同样方式单击虚拟模特侧颈点，按下"Shift"在辅助线上两点单击左键，绘制颈围线（图3-3）。

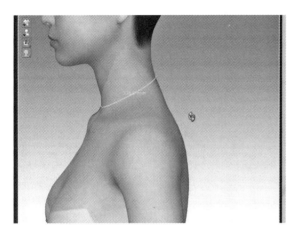

图3-3

（4）以同样方式单击虚拟模特腋下，按下"Shift"键在辅助线上两点单击，绘制辅助线（图3-4）。

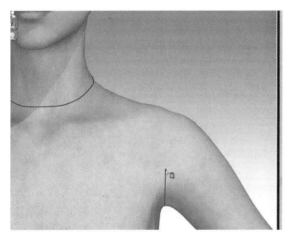

图3-4

2. 绘制纵向基础线

（1）运用■■"线段虚拟模特胶带"按下"Shift"键，在后中辅助线上点击，双击完成背长线绘制（图3-5）。

（2）运用■■"线段虚拟模特胶带"按下"Shift"键在前中辅助线上点击，双击完成前中线绘制（图3-6）。

（3）运用■■"线段虚拟模特胶带"按下"Shift"在侧缝辅助线上点击，双击完成侧缝线绘制（图3-7）。

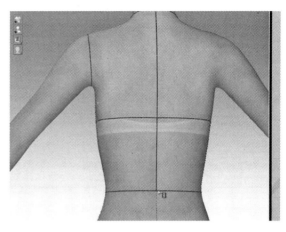

图3-5

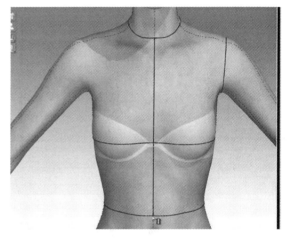

图3-6

图3-7

（4）运用■■"线段虚拟模特胶带"按下"Shift"在虚拟模特肩部辅助线上绘制肩线，双击完成（图3-8）。

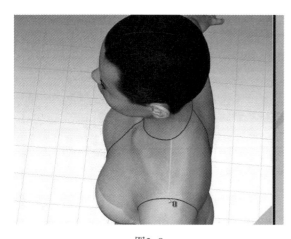

图3-8

二、前片制作

1. 绘制前片

（1）运用■"长方形"在2D视窗人体剪影上绘制一个适当大小的长方形（图3-9）。

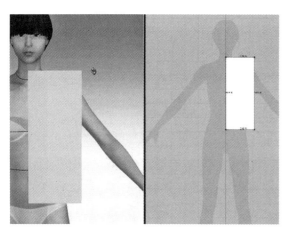

图3-9

（2）运用■"内部多边形/线"绘制一条胸围辅助线（图3-10）。

2. 调整前片

（1）运用■"贴覆到虚拟模特胶带"点击板片前中线，再点击虚拟模特前中线胶带，将板片前中线贴覆到虚拟模特前中胶带上。前中线、胸围线、肩线、侧缝线以同样的方式进行操作（图3-11）。

（2）运用■"3D笔（服装）"在板片上绘制领弧线辅助线，按住"Ctrl"进行曲线绘

制，双击结束（图3-12）。

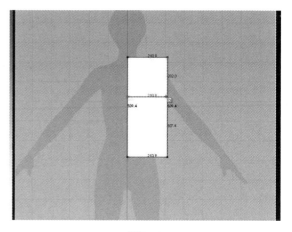

图3-10

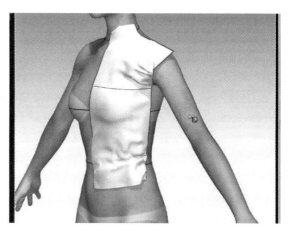

图3-11

图3-12

（3）运用■"加点/分点"按照辅助线在板片边缘单击，增加板片边缘控制点（图3-13）。

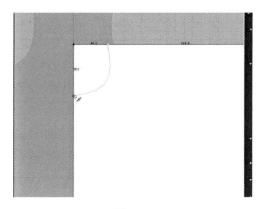

图3-13

（4）运用 "编辑板片"选中边缘控制点之间的点按 "Delete" 进行删除（图3-14）。

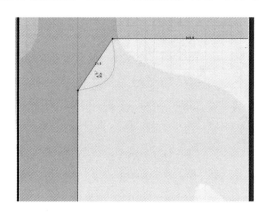

图3-14

（5）运用 "编辑圆弧"左键拖动线段，调整到领弧线辅助线位置（图3-15）。

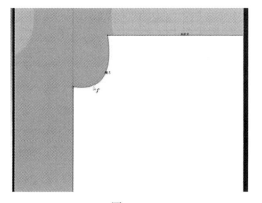

图3-15

（6）运用 "贴覆到虚拟模特胶带"将前中线、胸围线、肩线、侧缝线贴覆至虚拟模特对应胶带（图3-16）。

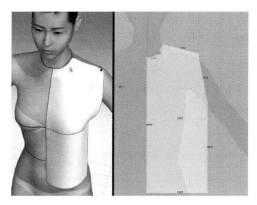

图3-16

（7）运用 "编辑板片"在胸围线段上点击，按住 "Shift" 垂直调整胸围线，使之与虚拟模特保持帖服状态（图3-17）。

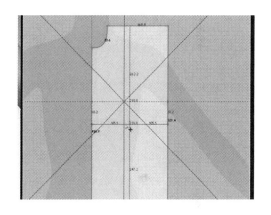

图3-17

（8）运用 "编辑板片"点击板片右上角端点，按住 "Shift" 垂直拖动降低肩点，调整至合适位置（图3-18）。

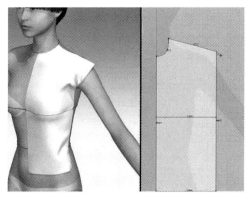

图3-18

（9）运用 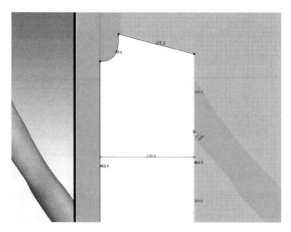 "加点/分点"在侧缝线合适位置点击左键，增加腋下控制点（图3-19）。

图3-19

（10）运用 "编辑板片"点击肩点，拖动状态下按下"Ctrl"按照肩斜方向进行调整（图3-20）。

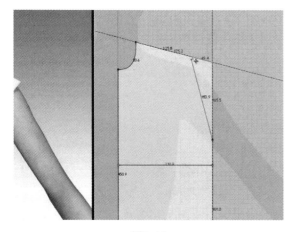

图3-20

（11）运用 "编辑圆弧"左键拖动线段，调整前袖窿弧线形状（图3-21）。

（12）运用 "编辑板片"点击板片下平线，按住"Shift"垂直调整底摆到虚拟模特腰围线位置（图3-22）。

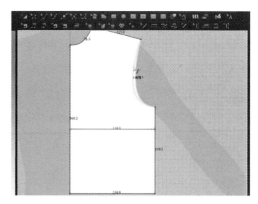

图3-21

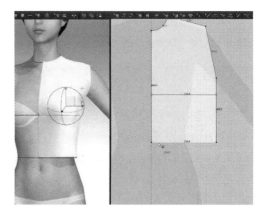

图3-22

（13）打开 "应力图❶"视图查看服装效果，根据效果调整板片（图3-23）。

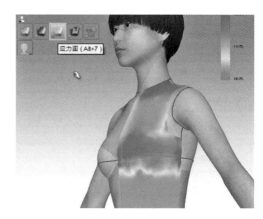

图3-23

---

❶ 应力图显示服装由于外部压力导致的变形程度，拉伸程度以渐变颜色进行表示。红色表示面料达到120%或以上的拉伸程度，绿色表示无拉伸变形，中间拉伸程度以红色到绿色中间渐变色进行呈现。

（14）重点调整胸围线、侧缝线，袖窿弧线位置，至应力显示处于舒适状态（图3-24）。

图3-24

（15）运用 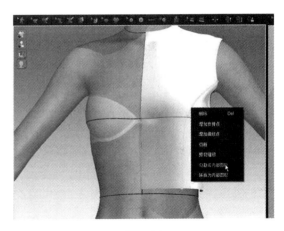"3D笔（服装）"在3D视窗绘制板片省位线，按"Ctrl"可绘制曲线，双击结束（图3-25）。

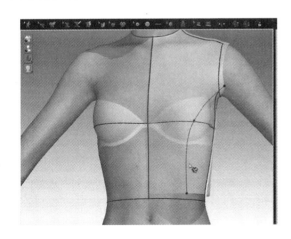

图3-25

（16）运用 "编辑3D笔（服装）"右键选中绘制的省位线，选择"勾勒成内部图形"（图3-26）。

（17）运用 "编辑板片"按住"Shift"选择省位线和胸围线，在线段上单击右键选择"在交叉点增加点"（图3-27）。

（18）运用 "内部多边形/线"绘制内部省道，定腋下省2cm胸腰省3cm，按"Ctrl"

图3-26

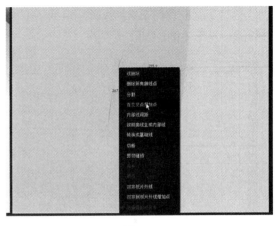

图3-27

经过省位线和胸围线交点绘制曲线，双击结束（图3-28）。

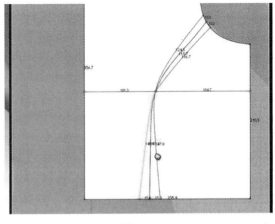

图3-28

（19）运用 "编辑板片"在两条省边

线上单击右键，选择"切断"（图3-29）。

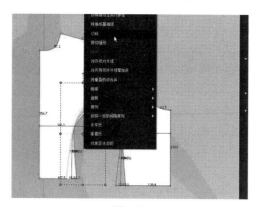

图3-29

（20）运用 ![icon] "自由缝纫"将两条省边进行缝合操作（图3-30）。

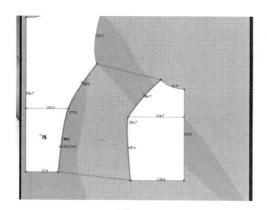

图3-30

三、后片制作

（1）运用 ![icon] "调整板片"选择所有板片右键选择"复制"（图3-31）。

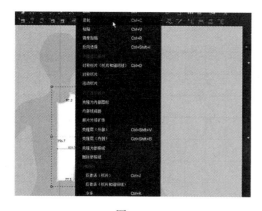

图3-31

（2）运用 ![icon] "调整板片"选择空白区域右键选择"镜像粘贴"（图3-32）。

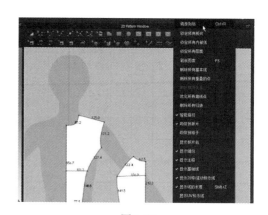

图3-32

（3）运用 ![icon] "编辑板片"选择省边上的点进行拖动，调整为后片侧缝线和腰线（图3-33）。

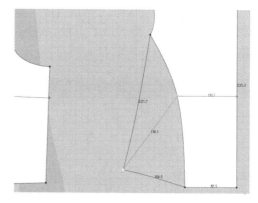

图3-33

（4）运用 ![icon] "编辑板片"选择侧缝线及腰部弧线，单击右键选择"删除所有曲线点"（图3-34）。

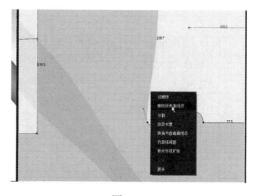

图3-34

（5）运用 ![] "编辑板片"选择领围后中点，按住"Shift"垂直向上拖动8cm，调整平顺领窝弧线（图3-35）。

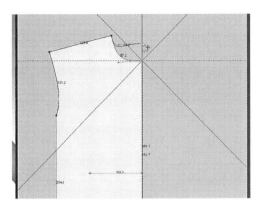

图3-35

（6）运用 ![] "编辑板片"选择侧缝线，按住"Shift"水平向左拖动4cm（图3-36）。

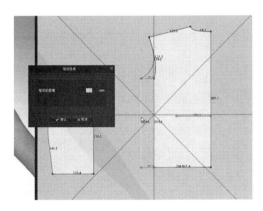

图3-36

（7）显示安排点，运用 ![] "选择移动"将后片放置在对应位置的安排点上（图3-37）。

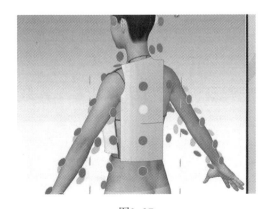

图3-37

（8）运用 ![] "贴覆到虚拟模特胶带"将后片侧缝、胸围、后中、肩线、领线贴附至对应胶带上（图3-38）。

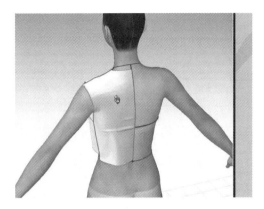

图3-38

（9）运用 ![] "编辑板片"选择后片胸围线，单击右键选择"对齐板片外线"（图3-39）。

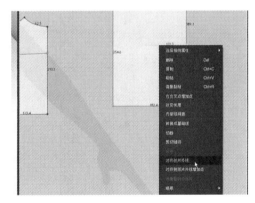

图3-39

（10）运用 ![] "3D笔（服装）"在后片绘制省位线，双击完成绘制（图3-40）。

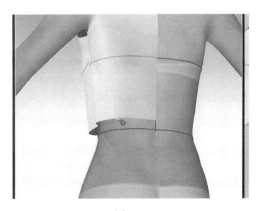

图3-40

（11）运用 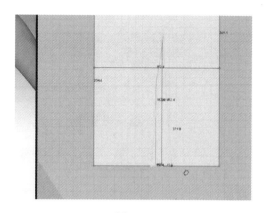 "内部多边形/线"工具在后片标记位置绘制省位线（图3-41）。

图3-41

（12）运用 "编辑板片"选择省线，单击右键选择"切断"（图3-42）。

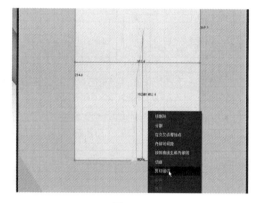

图3-42

（13）运用 "自由缝纫"缝合后腰省（图3-43）。

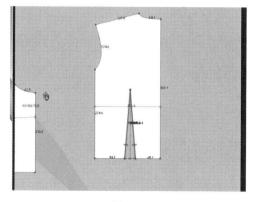

图3-43

（14）运用 "编辑圆弧"调整后袖窿弧线（图3-44）。

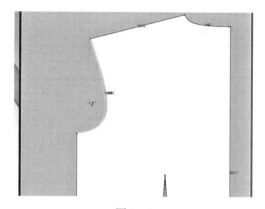

图3-44

（15）运用 "自由缝纫"缝合前后片肩线、侧缝线（图3-45）。

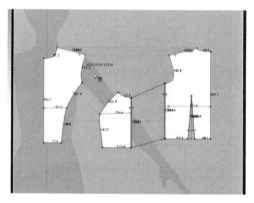

图3-45

（16）运用 "调整板片"全选板片，选择"克隆连动板片→对称板片（板片和缝纫线）"（图3-46）。

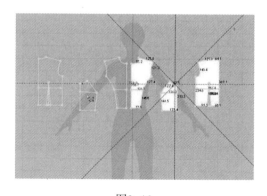

图3-46

（17）运用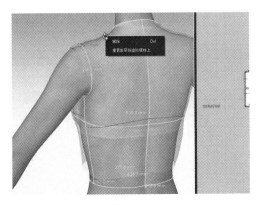"编辑虚拟模特胶带"全选所有胶带，右键单击选择"删除"（图3-47）。

图3-47

（18）运用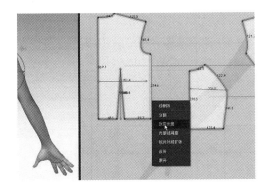"编辑板片"选择后片侧缝线，右键选择"改变长度"，更改为前片侧缝线长度（图3-48）。

图3-48

（19）运用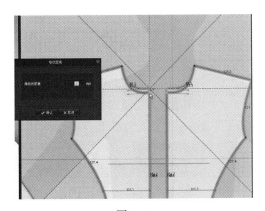"编辑板片"选择前领窝中点，向下拖动状态下单击右键，输入数值7.5mm移动量（图3-49）。

图3-49

（20）运用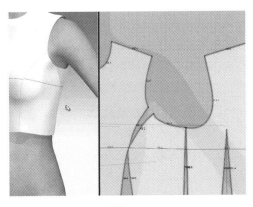"编辑板片"调整修正胸围线与内部线对位（图3-50）。

图3-50

四、成品展示（图3-51）

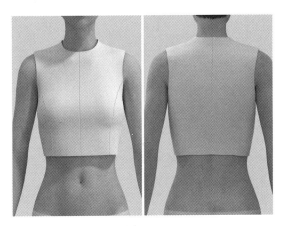

图3-51

任务二 男上装变款立体裁剪设计

任务目标：

1. 立体裁剪创样男上装变款。

2. 缝制男上装变款。

任务描述：

通过本次课程学习，使学生能够独立完成男上装变款立体裁剪创样的操作，掌握3D服装设计软件男上装变款立体裁剪的方法，培养学生3D立体裁剪的理解。

任务要求：

能够正确的绘制3D板片，可以运用3D服

装设计软件进行男上装变款的立体裁剪操作，能够进行板片缝制、调整操作。

任务重点：

男上装变款的立体裁剪设计。

任务难点：

虚拟模特胶带的使用。

一、绘制虚拟模特基础线

1. 绘制横向基础线

（1）运用■"虚拟模特圆周胶带"点选虚拟模特BP点，按下"Shift"在水平辅助线上单击两点绘制胸围线（图3-52）。

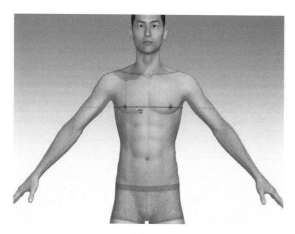

图3-52

（2）运用■"虚拟模特圆周胶带"选虚拟模特腰围最细点，按下"Shift"在水平辅助线上单击两点绘制腰围线（图3-53）。

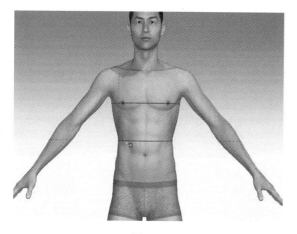

图3-53

（3）运用■"虚拟模特圆周胶带"点选虚拟模特侧颈点，按下"Shift"在辅助线上单击两点绘制颈围线（图3-54）。

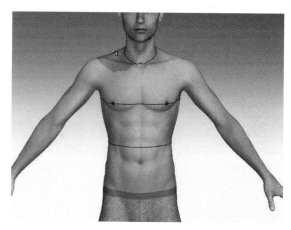

图3-54

2. 绘制纵向基础线

（1）运用■"线段虚拟模特胶带"按下"Shift"键在前中辅助线上点击，双击完成前中线绘制（图3-55）。

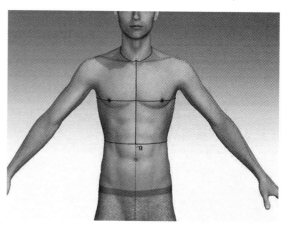

图3-55

（2）运用■"线段虚拟模特胶带"按下"Shift"键在后中辅助线上点击，双击完成背长线绘制（图3-56）。

（3）运用■"线段虚拟模特胶带"按下"Shift"在虚拟模特肩部辅助线上绘制肩线，双击完成（图3-57）。

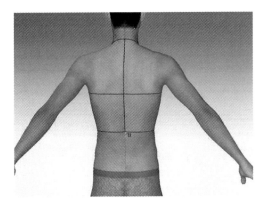

图3-56

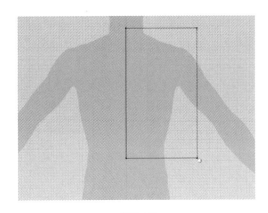

图3-59

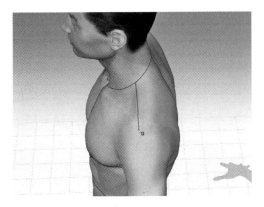

图3-57

（4）运用 ▦ "线段虚拟模特胶带"按下
"Shift"在侧缝辅助线上点击，双击完成侧缝
线绘制（图3-58）。

（2）运用 ▦ "内部多边形/线"在板片上
绘制胸围辅助线（图3-60）。

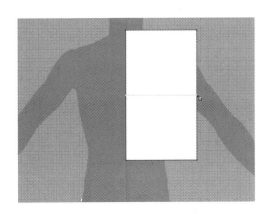

图3-60

2. 调整前片

（1）运用 ▦ "贴覆到虚拟模特胶带"将
前中线和胸围线贴覆到虚拟模特对应位置胶带
上（图3-61）。

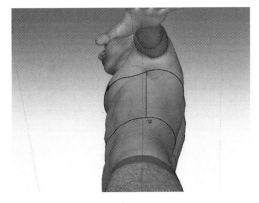

图3-58

二、前片制作

1. 绘制前片

（1）运用 ▦ "长方形"在2D视窗对应人
体剪影绘制长方形（图3-59）。

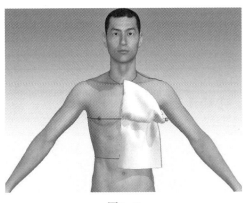

图3-61

（2）运用 "选择移动"选中左前片右键选择"硬化（Ctrl+H）"（图3-62）。

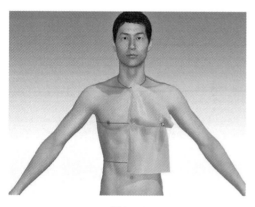

图3-62

（3）运用 "选择移动"拖动调整前片，使前片放置平整（图3-63）。

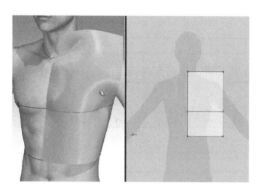

图3-63

（4）运用 "加点/分点"在板片上平线处增加侧颈点模拟点，运用 "贴覆到虚拟模特胶带"将板片上平线右侧部分贴覆到虚拟模特肩线处（图3-64）。

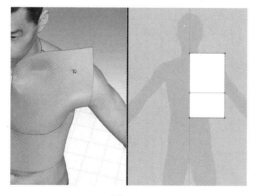

图3-64

（5）运用 "编辑板片"选择肩点，按住"Shift"左键垂直向下拖动至合适位置（图3-65）。

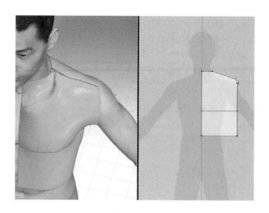

图3-65

（6）打开应力图显示，运用 "编辑圆弧"调整前领口弧线至舒适状态（图3-66）。

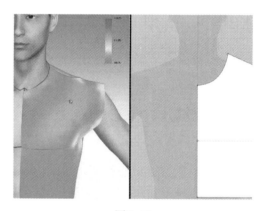

图3-66

（7）打开应力图显示，运用 "编辑圆弧"调整前袖窿弧线至舒适状态（图3-67）。

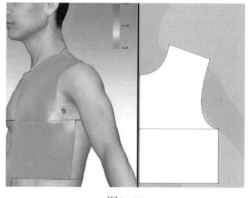

图3-67

（8）运用■ "编辑板片"点击肩点，拖动状态下按下"Ctrl"按照肩斜方向进行调整（图3-68）。

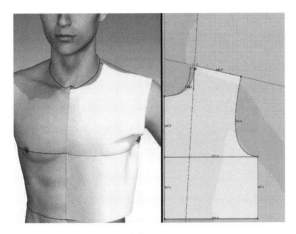

图3-68

（9）运用■ "编辑板片"点击腋下点，进行拖动调整（图3-69）。

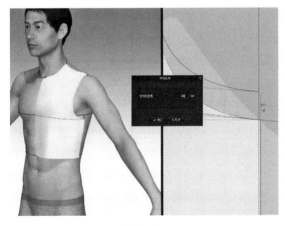

图3-69

三、后片制作

1. 绘制前片

（1）运用■ "调整板片"选择前片右键选择"复制"，再在空白区域右键选择"镜像粘贴"（图3-70）。

（2）显示安排点，运用■ "选择移动"将后片放置在对应位置的安排点上（图3-71）。

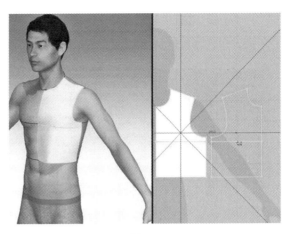

图3-70

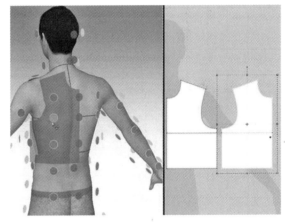

图3-71

（3）运用■ "贴覆到虚拟模特胶带"将后片侧缝、胸围、后中、肩线贴附至对应胶带上（图3-72）。

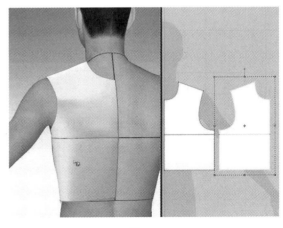

图3-72

（4）运用 "编辑板片"选择领围后中点，拖动调整至合适位置（图3-73）。

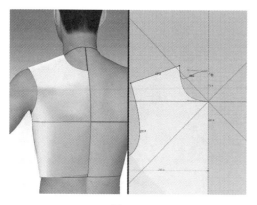

图3-73

（5）运用 "编辑板片"选择领围线，右键选择"删除所有曲线点"（图3-74）。

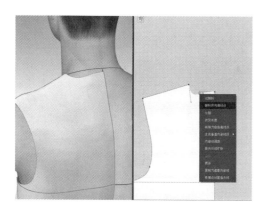

图3-74

（6）运用 "编辑圆弧"调整后领弧线（图3-75）。

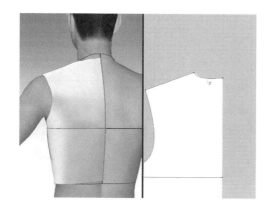

图3-75

（7）运用 "贴覆到虚拟模特胶带"贴覆后片肩线（图3-76）。

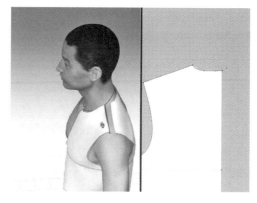

图3-76

（8）运用 "编辑板片"按住"Ctrl"拖动调整侧颈点位置（图3-77）。

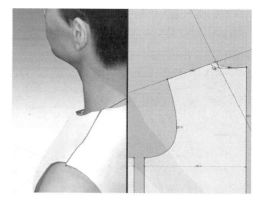

图3-77

（9）运用 "编辑板片"按住"Ctrl"拖动调整肩点（图3-78）。

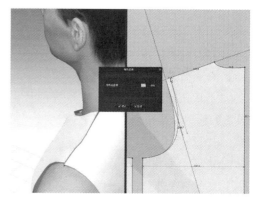

图3-78

（10）运用 "编辑板片"按住"Ctrl"拖动调整后肩线（图3-79）。

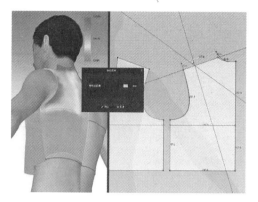

图3-79

四、板片调整

1. 缝合板片

（1）运用 "自由缝纫"缝合肩线（图3-80）。

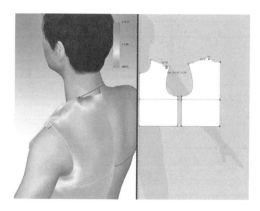

图3-80

（2）运用 "自由缝纫"缝合侧缝线（图3-81）。

（3）运用 "编辑虚拟模特胶带"选择侧缝线、肩线、胸围线处胶带，右键单击选择"删除"（图3-82）。

（4）运用 "编辑圆弧"调整前后袖窿弧线（图3-83）。

（5）运用 "编辑圆弧"调整前后领窝弧线（图3-84）。

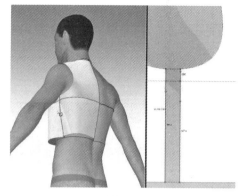

图3-81

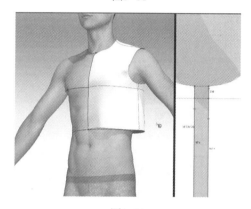

图3-82

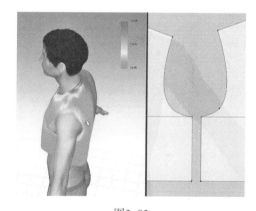

图3-83

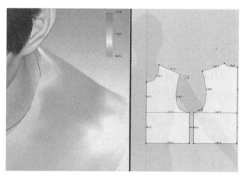

图3-84

（6）运用■ "自由缝纫" 缝合前、后中线（图3-85）。

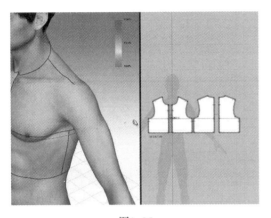

图3-85

2. 调整板片

（1）运用■ "编辑虚拟模特胶带" 选择前、后中线处胶带，右键单击选择 "删除"（图3-86）。

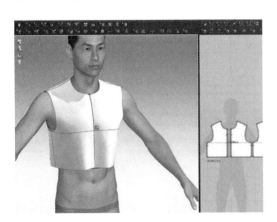

图3-86

（2）点开■ "模拟" 状态，打开应力视图查看服装整体效果（图3-87）。

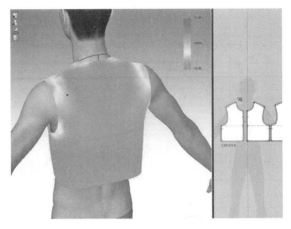

图3-87

五、成品展示（图3-88）

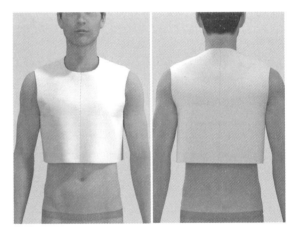

图3-88

项目二　3D创意设计应用

课题名称：

3D创意设计应用。

课题内容：

1. 女外套模块化设计。

2. 男衬衫模块化设计。

课题时间：

20～26课时。

教学目标：

通过模块化设计练习，进行缝合制作及渲染，使学生在模块化设计制作中进行思考，从而学习虚拟样衣的制作及应用，增强学生的板型理解能力，提高学生的工艺缝制能力。

教学方式：

讲解演示法、模拟教学法、操作练习法。

教学要求：

根据本项目所学内容，学生可独立完成3D模块化设计。

任务一 女外套模块化设计

任务目标：

1. 完成一款女外套模块化设计。
2. 掌握模块化工具使用方法。
3. 准确设置板片与模块框缝合。

任务描述：

在模块化模式下，根据板片选择模块，通过设置板片与模块间的缝合，完成虚拟试衣。

任务要求：

通过本次课程学习，使学生掌握女外套模块化的制作流程，培养学生对模块化缝合的理解能力，掌握女外套模块化的虚拟缝合方法。

任务重点：

板片与模块的缝合。

任务难点：

板片与模块的缝合。

课前准备：

女装外套款式图、DXF格式板片文件、3D面料文件。

一、板片准备

1. 女外套款式图

较合体型衣身，单排三粒扣，翻驳领，合体型二片弯身袖（图3-89）。

2. 女外套板片图

根据净样板的轮廓线进行板片拾取，注意板片为净样，包含剪口、扣位、标记线等信息（图3-90）。

二、板片导入及校对

1. 板片导入

在图库窗口中选择Avatar，并在目录中双击选择一名女性模特。点击软件视窗左上角文件→导入→DXF（AAMA/ASTM）。导入设置时根据制板单位确定导入单位比例，选项中选择板片自动排列、优化所有曲线点（图3-91）。

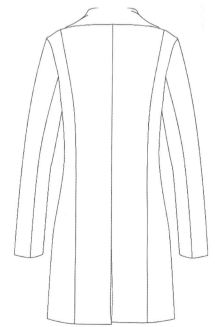

图3-89

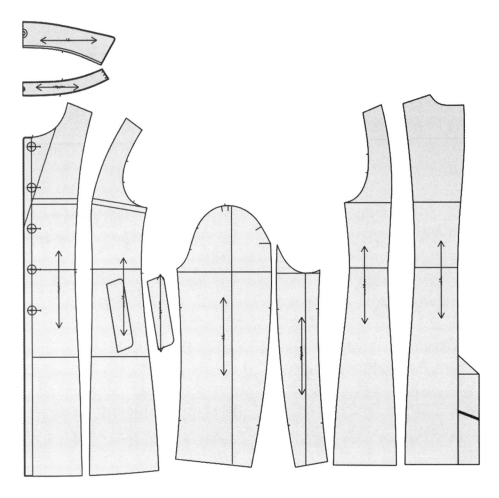

图3-90

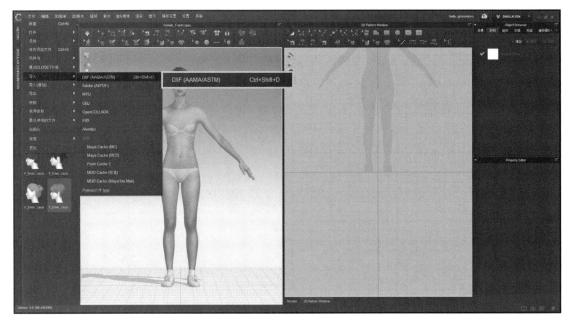

图3-91

2.板片校对

（1）运用 ■ "调整板片"，根据3D虚拟模特剪影的位置对应移动放置板片（图3-92）。

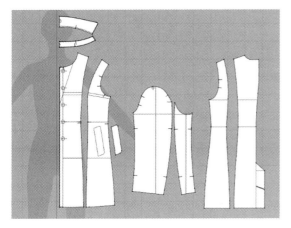

图3-92

（2）在板片上右键选择"复制"及"镜像粘贴"，补齐板片，并按如图所示方法进行放置（图3-93）。

图3-93

三、安排板片

（1）在3D视窗左上角 ■ "显示虚拟模特"中选择 ■ "显示安排点"（图3-94）。

（2）运用 ■ "选择/移动"将所有板片放置在合适的安排点位置（图3-95）。

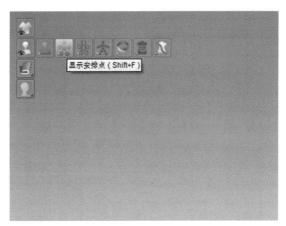

图3-94

图3-95

四、模块化设置

1.导入模块

（1）点击软件右上角模式选择，在选项中选择"MODULAR"模式（图3-96）。

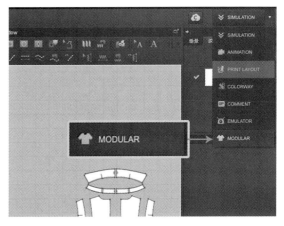

图3-96

（2）在模板编辑器中点击"模块模板预设值"在弹出窗口中选择Coats→Basic（图3-97）。

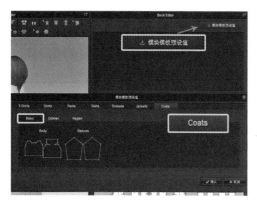

图3-97

2. 放置模块

（1）运用 "调整板片"框选后片及领子板片，按住鼠标左键将其拖动至右方的模块框内（图3-98）。

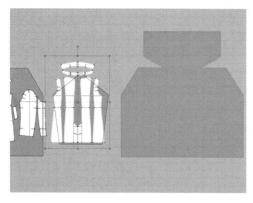

图3-98

（2）放置完成效果如图（图3-99）。

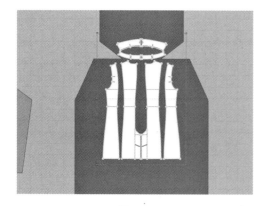

图3-99

（3）采用同样的方法按住鼠标左键框选前片及口袋，拖动至对应模板框内（图3-100）。

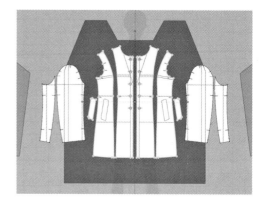

图3-100

（4）将袖子板片分别放入如图所示的模板框内（图3-101）。

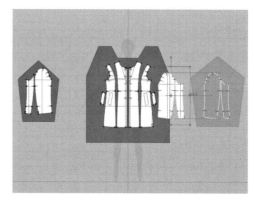

图3-101

五、模块内部缝合

1. 缝合基础部位

（1）运用 ![]"自由缝纫"将模块框内部袖子如图3-102所示的侧缝缝合，另一边的袖子同理。

（2）运用 ![]"自由缝纫"将前片的大身与小身缝合（图3-103）。

（3）运用 ![]"自由缝纫"缝合后中（图3-104）。

（4）运用 ![]"自由缝纫"缝合后片分割线（图3-105）。

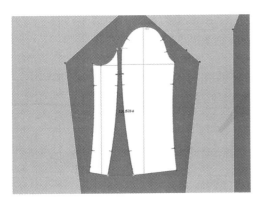

图3-102

图3-103

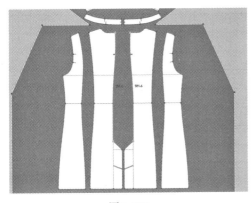

图3-104

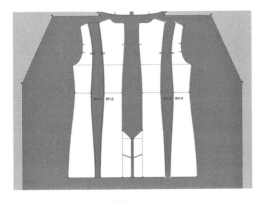

图3-105

2. 缝合后衩

（1）运用 "自由缝纫"缝合后衩（图3-106）。

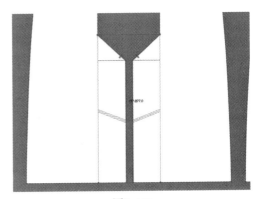

图3-106

（2）运用 "编辑缝纫线"选中后衩缝纫线，在右侧属性编辑器中设置折叠角度为360°（图3-107）。

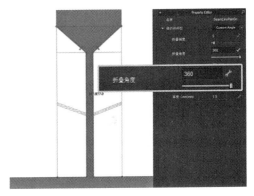

图3-107

（3）运用 "勾勒轮廓"选中左边的翻折线，在线上点击右键选择"勾勒为内部线/图形"（图3-108）。

图3-108

（4）在右侧属性编辑器中设置其折叠角度值为0（图3-109）。

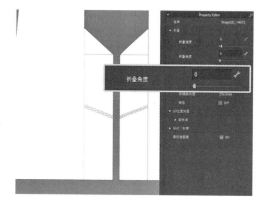

图3-109

3. 缝合后领

（1）运用 "线缝纫"将后领圈与领座对应位置相缝合（图3-110）。

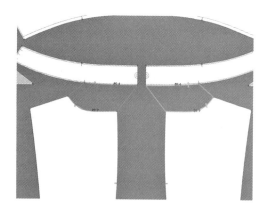

图3-110

（2）运用 "自由缝纫"将领子和领座中间两两相缝合（图3-111）。

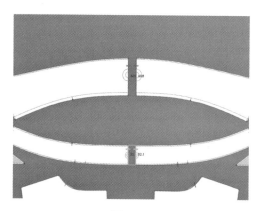

图3-111

（3）运用 "自由缝纫"将领子与领座缝合（图3-112）。

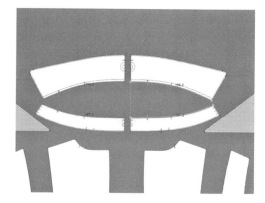

图3-112

4. 缝合口袋

（1）运用 "勾勒轮廓"选中口袋缝合线，点击右键选择"勾勒为内部图形"（图3-113）。

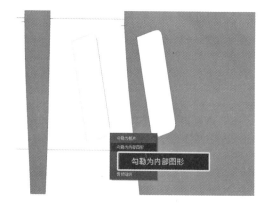

图3-113

（2）运用 "自由缝纫"，将口袋对应位置与其缝合（图3-114）。

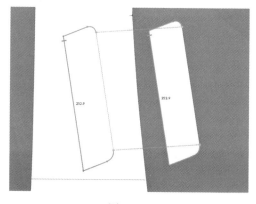

图3-114

（3）另一边的口袋以同样方式进行缝合（图3-115）。

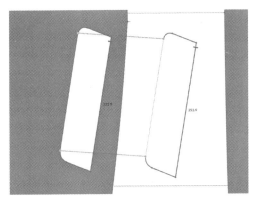

图3-115

5．板片与模块的缝合

（1）袖子板片与模块的缝合。

①运用 ![icon] "自由缝纫"从右至左将小袖左边与模块框右上方线段缝合（图3-116）。

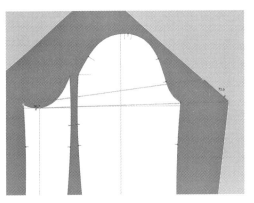

图3-116

②缝合完成效果（图3-117）。

图3-117

③运用 ![icon] "自由缝纫"将大袖前袖山与模块框对应位置缝合，缝合时注意缝纫方向（图3-118）。

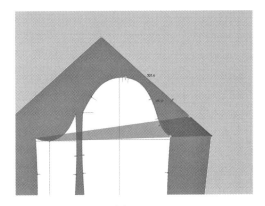

图3-118

④运用 ![icon] "自由缝纫"在模块框左上方从上至下设置缝纫线（图3-119）。

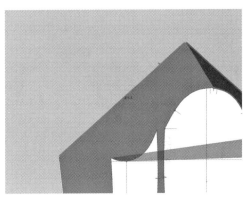

图3-119

⑤按住"Shift"从袖山顶点向下设置缝纫线，先缝合大袖部分（图3-120）。

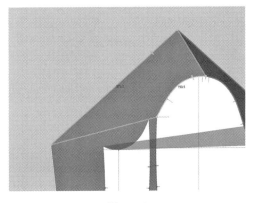

图3-120

⑥持续按住"Shift"键，继续向下与小袖部分缝合，缝合完成后松开"Shift"键（图3-121）。

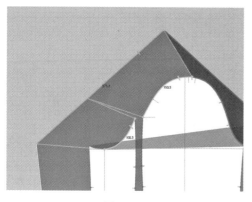

图3-121

⑦缝合完成效果（图3-122）。

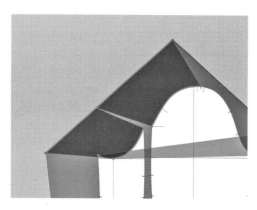

图3-122

⑧运用 ■ "自由缝纫"将袖子侧缝与模块框对应位置缝合（图3-123）。

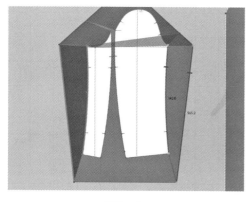

图3-123

⑨另一袖子以同样方式与模块框进行缝合（图3-124）。

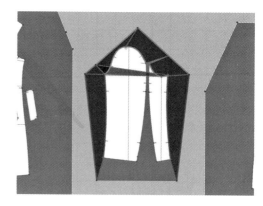

图3-124

（2）前片与模块的缝合。

①运用 ■ "自由缝纫"将前片侧缝与模块框对应位置缝合（图3-125）。

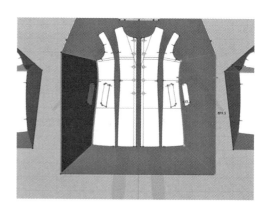

图3-125

②运用 ■ "自由缝纫"将前片袖窿部分与模块框对应位置相缝合（图3-126）。

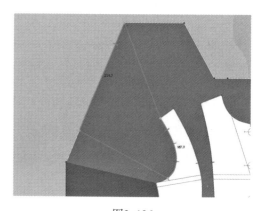

图3-126

③将袖窿剩余部分与模块框对应位置缝合（图3-127）。

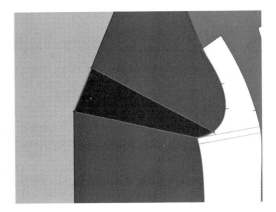

图3-127

④在模块框肩线对应位置设置缝纫线（图3-128）。

图3-128

⑤按住"Shift"将它与前片肩线分段缝合（图3-129）。

图3-129

⑥在前片领圈上设置缝纫线至刀口位置（图3-130）。

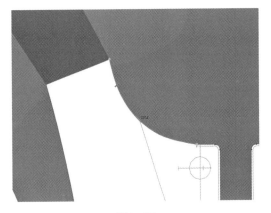

图3-130

⑦将它与模块框对应位置缝合（图3-131）。

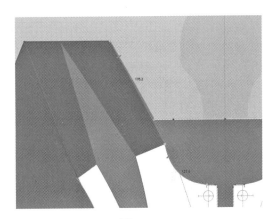

图3-131

⑧缝合完成效果（图3-132）。

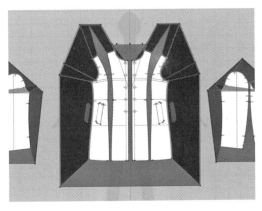

图3-132

（3）后片与模块的缝合。

①运用 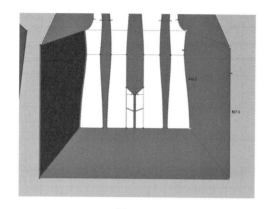 "自由缝纫"将后片侧缝与模块框对应位置相缝合（图3-133）。

图3-133

②运用 "自由缝纫"将袖窿与模块框对应位置相缝合（图3-134）。

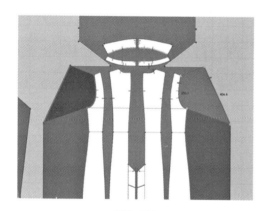

图3-134

③肩线与模块框对应位置相缝合（图3-135）。

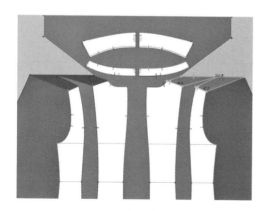

图3-135

（4）领子与模块框的缝合。

①运用 "自由缝纫"在模块框如图3-136所示的位置从上向下设置缝纫线。

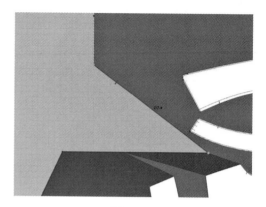

图3-136

②按如图3-137所示方法将模块框与领座对应位置相缝合，另一侧领座以同样方式与模块框缝合。

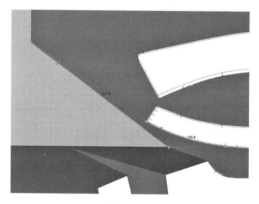

图3-137

③模块缝合完成效果（图3-138）。

图3-138

六、成衣试穿

1. 模拟试穿

（1）按"Ctrl+A"全选板片，在选中板片上单击鼠标右键选择"硬化"（图3-139）。

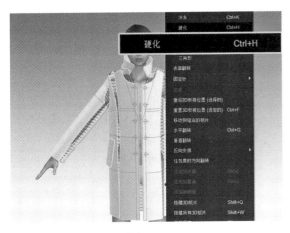

图3-139

（2）点开"模拟"状态，服装实时根据重力和缝纫关系进行着装，完成基础试穿（图3-140）。

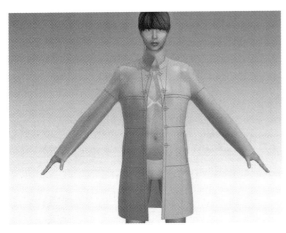

图3-140

2. 翻折领子

（1）在2D视窗中，运用"勾勒轮廓"按住"Shift"选中领子的翻折线（图3-141）。

（2）在翻折线上点击右键选择"勾勒为内部线/图形"（图3-142）。

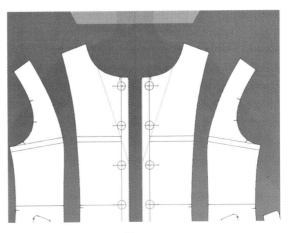

图3-141

图3-142

（3）按住"Shift"选中两条翻折内部线，在右侧属性编辑器中调整折叠角度值为360（图3-143）。

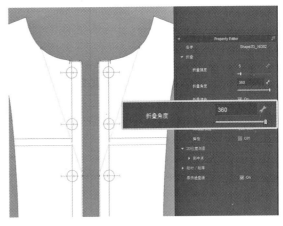

图3-143

（4）运用"编辑缝纫线"按住

"Shift"选中领子与领座之间的缝纫线（图3-144）。

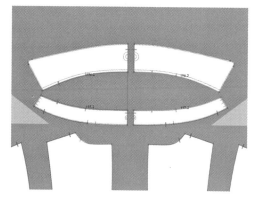

图3-144

（5）在右侧属性编辑器中设置折叠角度值为360（图3-145）。

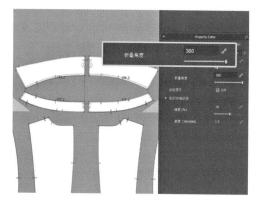

图3-145

（6）点开 ⬇ "模拟"状态，运用 ✛ "选择/移动"按住鼠标左键拖动领子，将其翻折（图3-146）。

图3-146

3．设置纽扣

（1）运用 ⦿ "纽扣"在2D视窗中左前片大身上标记位置设置纽扣（图3-147）。

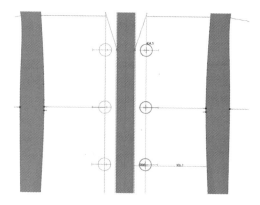

图3-147

（2）运用"扣眼"在另一边前片上标记位置设置扣眼（图3-148）。

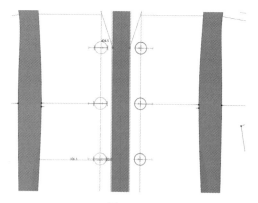

图3-148

（3）运用 ⦿ "系纽扣"按住左键框选纽扣，松开左键，点击第一个扣眼，完成系纽扣操作（图3-149）。

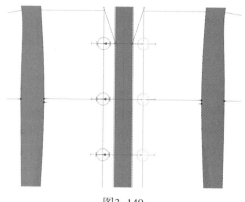

图3-149

（4）打开  "模拟"状态，全选板片解除硬化，运用 "选择/移动"整理服装至理想状态（图3-150）。

七、设置面料

1. 设置面料物理属性

（1）选择右侧物体窗口织物栏中对应的面料，在物理属性预设中设置面料属性为Cotton_Gabardine（图3-151）。

图3-150

图3-151

2. 设置面料纹理

（1）选择3D面料，纹理对应Color贴图，法线贴图对应Normal贴图，Map对应Displacement贴图（图3-152）。

（2）在物体窗口中选择对应纽扣，在属性编辑器中设置纽扣颜色为Black，类型为Metal（图3-153）。

（3）面料设置完成效果（图3-154）。

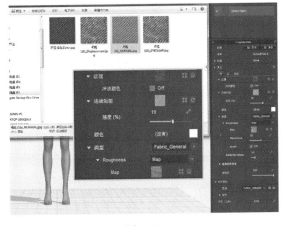

图3-152

图3-153

图3-154

八、成品展示（图3-155）

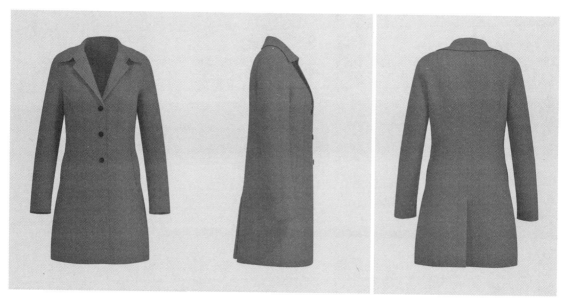

图3-155

任务二 男衬衫模块化设计

任务目标：

1. 完成一款男衬衫模块化设计。
2. 掌握模块化工具使用方法。
3. 准确设置板片与模块框缝合。

任务描述：

在模块化模式下，根据板片选择模块，通过设置板片与模块间的缝合，完成虚拟试衣。

任务要求：

通过本次课程学习，使学生掌握男衬衫模块化的制作流程，培养学生对模块化缝合的理解能力，掌握男衬衫模块化的虚拟缝合方法。

任务重点：

袖子与模块框的缝合。

任务难点：

袖子与模块框的缝合。

课前准备：

衬衫款式图、DXF格式板片文件、3D面料文件。

一、板片准备

1. 男衬衫款式图

这是一款宽松型男士衬衫，侧缝下摆处为圆角，翻立领，直身一片袖，宝箭头袖衩（图3-156）。

2. 男衬衫板片图

根据净样板的轮廓线进行板片拾取，注意板片为净样，包含剪口、扣位、标记线等信息（图3-157）。

图3-156

图3-157

二、板片导入及校对

1. 板片导入

在图库窗口中选择Avatar，并在目录中双击选择一名男性模特。点击软件视窗左上角文件→导入→DXF（AAMA/ASTM）。导入设置时根据制板单位确定导入单位比例，选项中选择板片自动排列、优化所有曲线点（图3-158）。

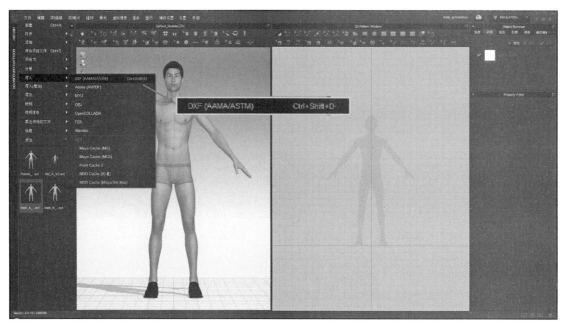

图3-158

2. 板片校对

（1）运用 "调整板片"，根据3D虚拟模特剪影的位置对应移动放置板片（图3-159）。

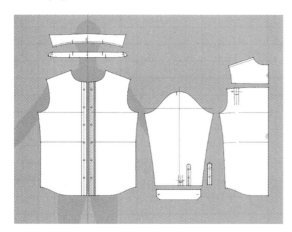

图3-159

（2）在板片上右键选择"复制"及"镜像粘贴"补齐板片，并按如图3-160所示方法放置。

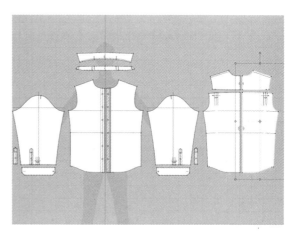

图3-160

（3）运用 "编辑板片"按住"Shift"选中后片上后中线，点击右键选择"合并"（图3-161）。

（4）育克以同样方式进行合并（图3-162）。

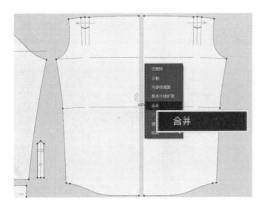

图3-161

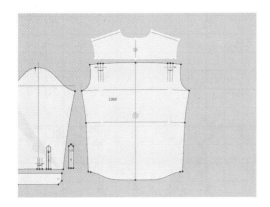

图3-162

三、安排板片

（1）在3D视窗左上角 "显示虚拟模特"中选择 "显示安排点"（图3-163）。

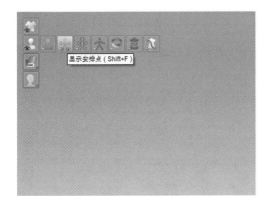

图3-163

（2）运用 "选择/移动"将所有板片放置在合适的安排点位置（图3-164）。

图3-164

四、模块化设置

1. 导入模块

（1）点击软件右上角模式选择，在选项中选择"MODULAR"（图3-165）。

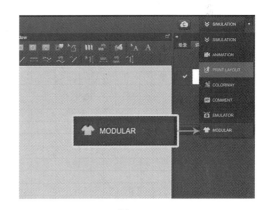

图3-165

（2）在模板编辑器中点击"模块模板预设值"在弹出窗口中选择Shirts→Basic（图3-166）。

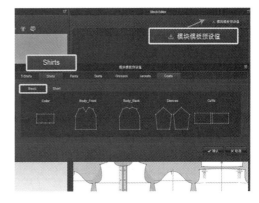

图3-166

2. 放置模块

（1）运用▨"调整板片"框选后片及育克，按住鼠标左键将其拖动至右方的模块框内（图3-167）。

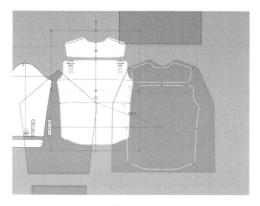

图3-167

（2）放置完成效果如图3-168所示。

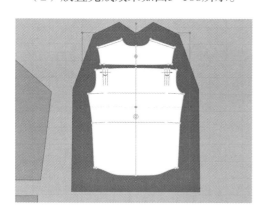

图3-168

（3）采用同样的方法按住鼠标左键框选前片，拖动至对应模块框内（图3-169）。

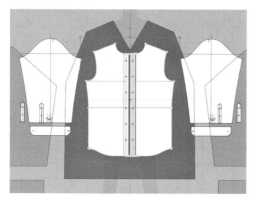

图3-169

（4）将袖子板片分别放入如图3-170所示的模块框内。

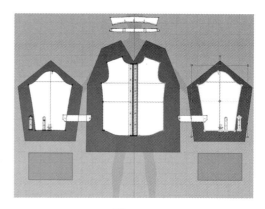

图3-170

（5）将袖口板片放入袖子下方的模块框内（图3-171）。

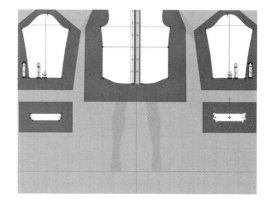

图3-171

（6）将领子板片放入如图3-172所示的模块框内。

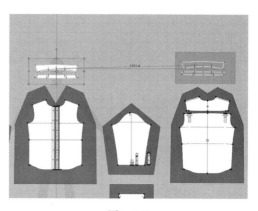

图3-172

五、模块内部缝合

1. 缝合基础部位

（1）运用"线缝纫"将门襟与前片缝合（图3-173）。

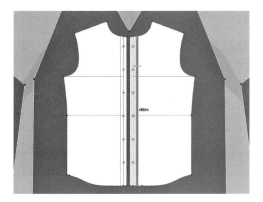

图3-173

（2）运用"自由缝纫"按住"Shift"跳过褶将育克与后片缝合（图3-174）。

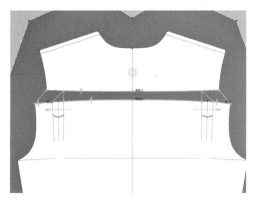

图3-174

（3）运用"自由缝纫"将领子与领座对应缝合（图3-175）。

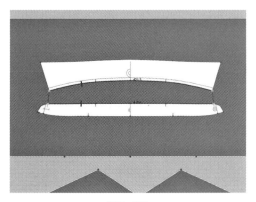

图3-175

2. 缝合褶裥

（1）运用"勾勒轮廓"选中制作褶裥需要翻折的线（图3-176）。

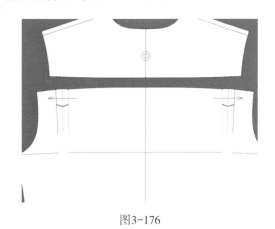

图3-176

（2）在翻折线上点击右键选择"勾勒为内部线/图形"（图3-177）。

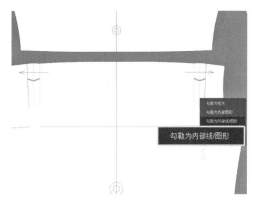

图3-177

（3）选中如图3-178所示的两条线，在右侧属性编辑器中设置折叠角度值为360。

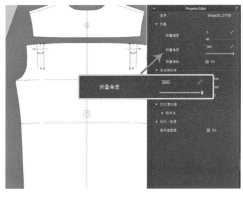

图3-178

（4）选中靠近后中的两条内部线，在右侧属性编辑器中设置折叠角度值为0（图3-179）。

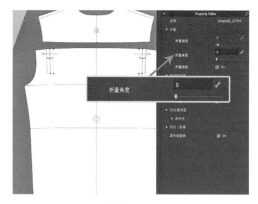

图3-179

（5）运用 "自由缝纫"以褶中间的端点为中心，向左右两边进行缝纫（图3-180）。

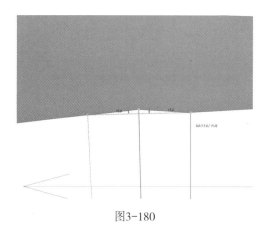

图3-180

（6）再以靠近后中的点为中心，向左右两侧进行等长缝合，另一侧的褶以同样方式进行缝纫（图3-181）。

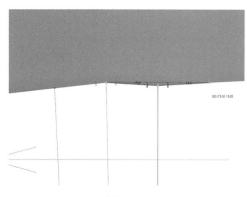

图3-181

3．缝合后领

（1）运用 "线缝纫"将后领圈与领座对应位置相缝合（图3-182）。

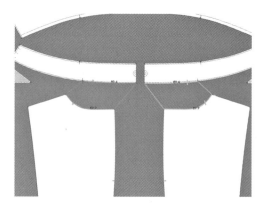

图3-182

（2）运用 "线缝纫"将领面和领座中间两两相缝合（图3-183）。

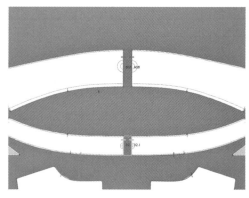

图3-183

（3）运用 "自由缝纫"将领面与领座相缝合（图3-184）。

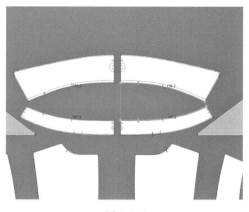

图3-184

六、板片与模块框缝合

1. 前片与模块框的缝合

（1）运用■"自由缝纫"将前领圈与模块框对应位置缝合（图3-185）。

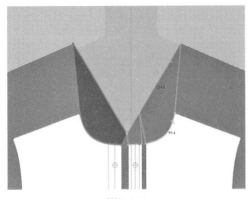

图3-185

（2）运用■"线缝纫"将前片肩线与模块框对应位置缝合（图3-186）。

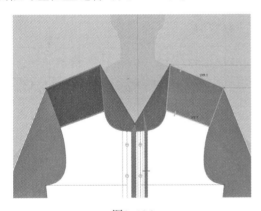

图3-186

（3）运用■"线缝纫"将前片袖窿弧与模块框对应位置缝合（图3-187）。

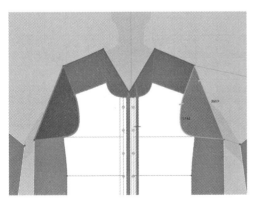

图3-187

（4）运用■"自由缝纫"将前片侧缝与模块框对应位置缝合（图3-188）。

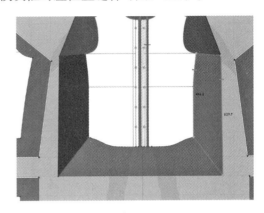

图3-188

2. 后片与模块的缝合

（1）运用■"线缝纫"将后领圈与模块对应位置缝合（图3-189）。

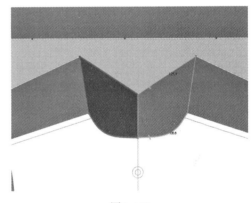

图3-189

（2）将肩缝与模块对应位置缝合（图3-190）。

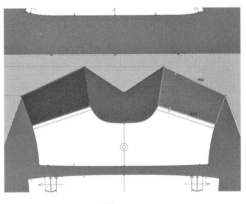

图3-190

（3）运用 ▓ "自由缝纫"将后袖窿与模块框对应位置缝合（图3-191）。

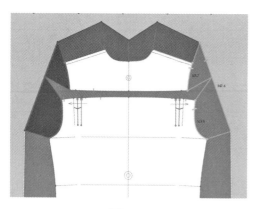

图3-191

（4）运用 ▓ "自由缝纫"将后片侧缝与模块框对应位置缝合（图3-192）。

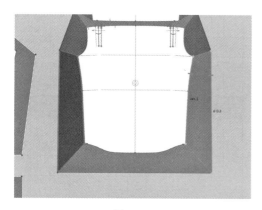

图3-192

3. 领子与模块的缝合

（1）运用 ▓ "自由缝纫"在领座下方从左至右设置缝纫线至刀口处（图3-193）。

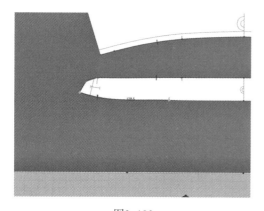

图3-193

（2）在领子模块框下方四分之一处设置缝纫线，使之与领座对应部分缝合（图3-194）。

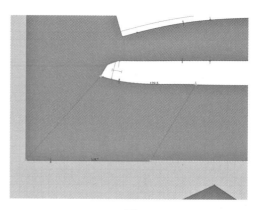

图3-194

（3）在领座上接之前位置设置缝纫线到领座中点，与模块框对应位置缝合（图3-195）。

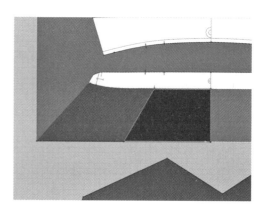

图3-195

（4）领座另一侧以同样方式与模块框缝合（图3-196）。

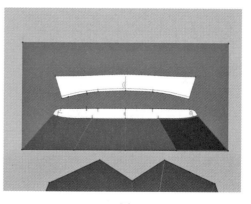

图3-196

4. 袖子与模块的缝合

（1）运用 ![icon] "线缝纫"将前袖山弧线与模块框上对应位置缝合（图3-197）。

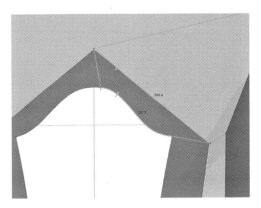

图3-197

（2）运用 ![icon] "线缝纫"将后袖山与模块框对应位置缝合（图3-198）。

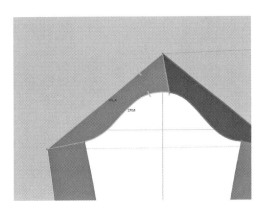

图3-198

（3）运用 ![icon] "线缝纫"将两边袖侧缝与模块框对应位置缝合（图3-199）。

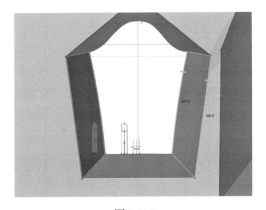

图3-199

（4）运用 ![icon] "勾勒轮廓"按住"Shift"选中制作袖衩需要用到的基础线（图3-200）。

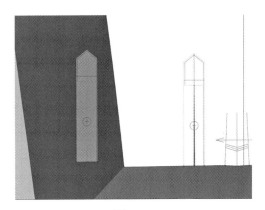

图3-200

（5）在选中的基础线上点击右键选择"勾勒为内部线/图形"（图3-201）。

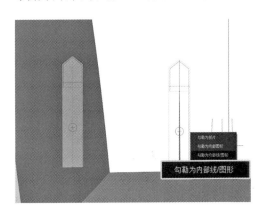

图3-201

（6）运用 ![icon] "自由缝纫"在袖衩左边从上向下设置长为27mm的缝纫线，与袖片上对应位置缝合（图3-202）。

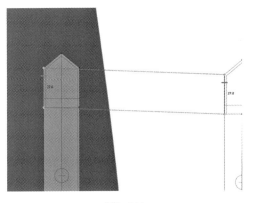

图3-202

（7）运用 ⬛ "自由缝纫"将袖衩上端及右侧与袖子对应位置缝合（图3-203）。

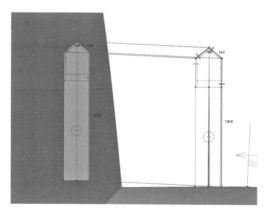

图3-203

（8）运用 ⬛ "自由缝纫"将袖衩中线与袖子对应位置缝合（图3-204）。

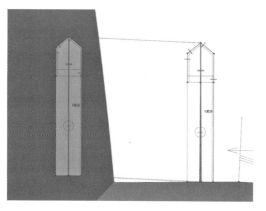

图3-204

（9）运用 ⬛ "自由缝纫"将袖衩上如图3-205所示位置水平线与袖片对应位置缝合。

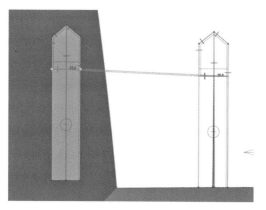

图3-205

（10）运用 ⬛ "自由缝纫"将袖衩下端右半部分与袖子对应位置缝合（图3-206）。

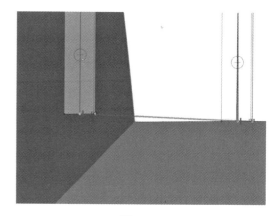

图3-206

（11）在袖子模块框下端从左至右设置缝纫线（图3-207）。

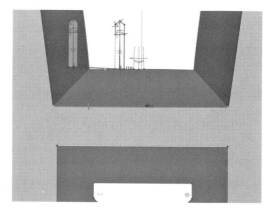

图3-207

（12）按住"Shift"键从左至右与袖衩缝合（图3-208）。

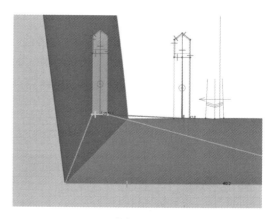

图3-208

（13）不松开"Shift"键，继续与大袖上袖衩位右侧缝合，缝合时跳过褶裥（图3-209）。

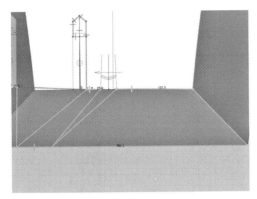

图3-209

（14）从袖子下方左端点处向右缝合，到袖衩位中点，松开"Shift"键完成缝纫（图3-210）。

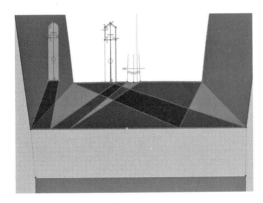

图3-210

（15）运用 "勾勒轮廓"选中袖子上褶裥的翻折线，点击右键选择"勾勒为内部线/图形"（图3-211）。

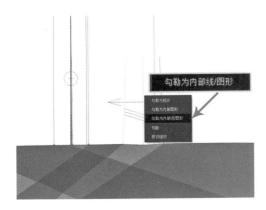

图3-211

（16）选中左侧翻折线，在右侧属性编辑器中设置折叠角度值为360（图3-212）。

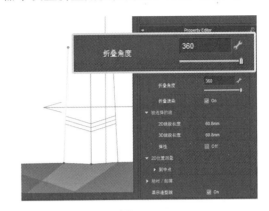

图3-212

（17）设置右侧翻折线折叠角度值为0（图3-213）。

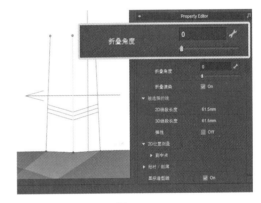

图3-213

（18）运用 "自由缝纫"以折叠角度值为0的线段端点为中心向左右两侧缝合（图3-214）。

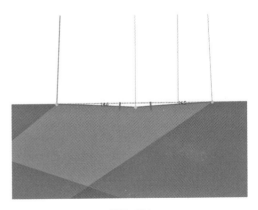

图3-214

（19）以折叠角度值为360的线段端点为中心向左右两侧等长缝合（图3-215）。

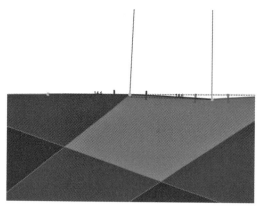

图3-215

（20）运用 ![icon] "线缝纫"将袖克夫与对应的模块框上方缝合（图3-216）。

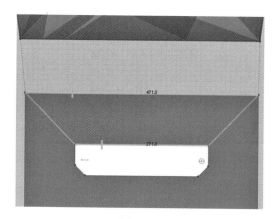

图3-216

（21）另一侧袖子采用同样的方法进行缝合（图3-217）。

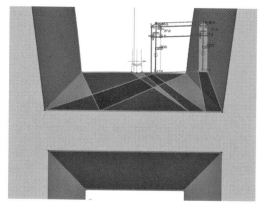

图3-217

七、成衣试穿

1. 模拟试穿

（1）按"Ctrl+A"进行全选，在选中板片上单击鼠标右键选择"硬化"（图3-218）。

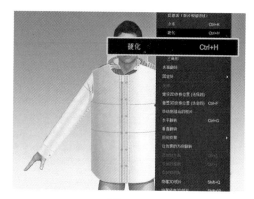

图3-218

（2）打开 ![icon] "模拟"状态，使衬衫实时根据重力和缝纫关系进行着装，完成基础试穿（图3-219）。

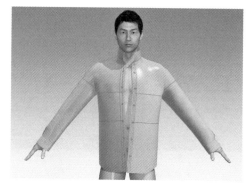

图3-219

2. 翻折领子

（1）在2D视窗中，运用 ![icon] "勾勒轮廓"按住"Shift"选中领面上的翻折线（图3-220）。

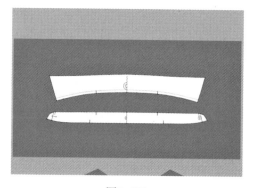

图3-220

（2）在翻折线上点击右键选择"勾勒为内部线/图形"（图3-221）。

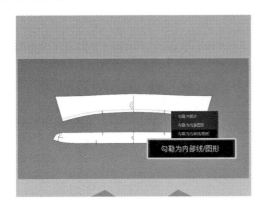

图3-221

（3）运用 ◢ "调整板片"选中领面翻折线，在右侧属性编辑器中调整折叠角度值为360（图3-222）。

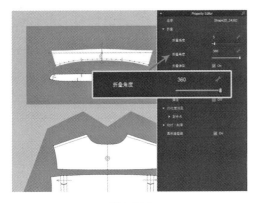

图3-222

（4）打开 ⬇ "模拟"状态，运用 ✛ "选择/移动"，按住鼠标左键拖动领子，将其翻折（图3-223）。

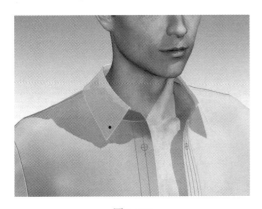

图3-223

3. 设置纽扣

（1）运用 ● "纽扣"在2D视窗中右边前片门襟上标记位置设置纽扣（图3-224）。

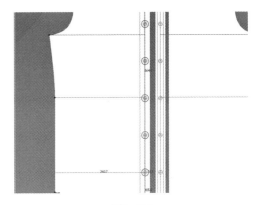

图3-224

（2）运用 ▦ "扣眼"在门襟板片上标记位置设置扣眼（图3-225）。

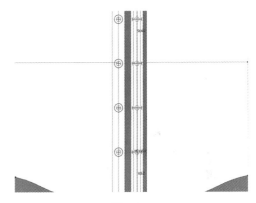

图3-225

（3）运用 ◉ "系纽扣"左键框选纽扣，点击第一个扣眼，完成系纽扣操作（图3-226）。

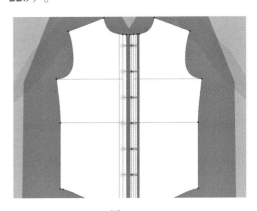

图3-226

（4）领座与袖口处以同样方法系纽扣
（图3-227）。

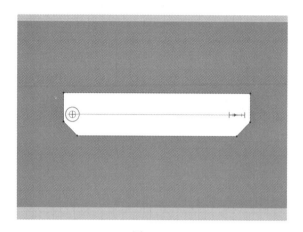

图3-227

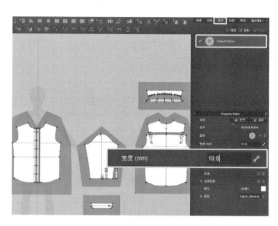

图3-229

（5）运用 "选择/移动纽扣"选中领
座上的扣眼，在右侧属性编辑器中设置角度值
为170（图3-228）。

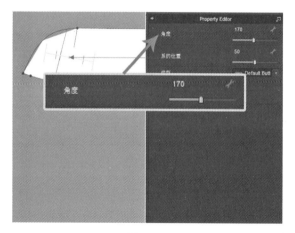

图3-228

（6）在右上角物体窗口中选中纽扣，在
下方属性编辑器中设置纽扣宽度为10mm（图
3-229）。

（7）在右上角物体窗口中选中扣眼，在
下方属性编辑器中设置扣眼宽度为12mm（图
3-230）。

（8）打开 "模拟"状态，全选板片解
除硬化，运用 "选择/移动"及 "设定层
次"整理服装至理想状态（图3-231）。

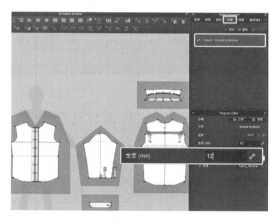

图3-230

图3-231

八、设置面料

1. 设置面料物理属性

选择右侧物体窗口织物栏中对应的面料，
在物理属性预设中设置面料属性为Cotton_Twill
（图3-232）。

图3-232

2. 设置面料纹理

（1）选择3D面料，选择时分别对应，纹理对应Color贴图，法线贴图对应Normal贴图，Map对应Displacement贴图（图3-233）。

（2）面料设置完成效果图（图3-234）。

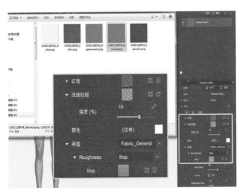

图3-233

图3-234

九、成品展示（图3-235）

图3-235

第四章　3D服装拓展综合应用

项目一　民族服装

　　任务一　苗族服装

　　任务二　彝族服装

　　任务三　蒙古族服装

　　任务四　朝鲜族服装

项目二　历史服装

　　任务一　汉代服装

　　任务二　唐代服装

　　任务三　明代服装

　　任务四　清代服装

项目一　民族服装

课题名称：

民族服装。

课题内容：

1．苗族服装。

2．彝族服装。

3．蒙古族服装。

4．朝鲜族服装。

课题时间：

12课时。

教学目标：

1．了解软件功能多样化。

2．熟悉运用典型民族服装软件进行特殊操作。

3．掌握民族服装制作方法。

教学方式：

讲解演示法、模拟教学法、操作练习法。

教学要求：

3D服装设计软件。

任务一　苗族服装

任务目标：

1．掌握一款苗族服装缝制及着装。

2．掌握苗族服装穿着方法。

3．熟悉苗族服装配色。

任务内容：

根据苗族服装要求，通过3D服装设计软件，学习服装缝制、图案配色。

任务要求：

通过本次课程学习，使学生掌握苗族服装缝制方法，培养学生对民族服装的理解能力，掌握民族类服装虚拟穿着的整个流程。

任务重点：

苗族服装缝制及着装。

任务难点：

苗族服装配色。

课前准备：

苗族服装款式图、DXF格式板片文件、3D面料文件。

一、板片准备

1．苗族服装款式图

X廓型，上装左襟交领，前片有胸省和腰省，后中断开，前后袖片上都带民族花纹织锦（图4-1）。

图4-1

2．苗族服装板片图

根据净样板的轮廓线进行板片拾取，注意板片为净样，包含剪口、扣位、标记线等信息（图4-2）。

二、板片导入及校对

1．板片导入

在图库窗口中选择Avatar，并在目录中双击选择一名女性模特。点击软件视窗左上角文件→导入→DXF（AAMA/ASTM）。导入设置时根据制板单位确定导入单位比例，选项中选择板片自动排列、优化所有曲线点（图4-3）。

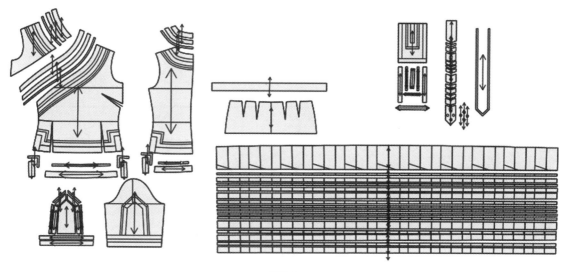

图4-2

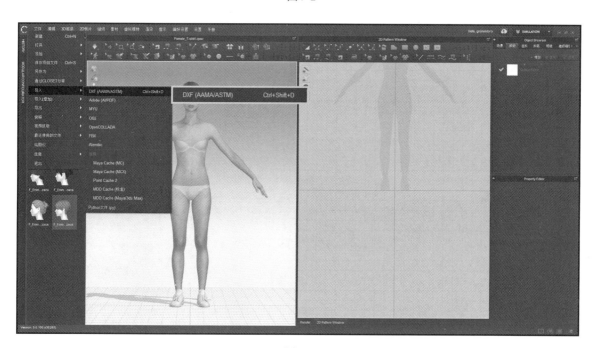

图4-3

2. 板片校对

（1）运用 ⬛ "调整板片"，根据3D虚拟模特剪影的位置对应移动放置板片（图4-4）。

（2）前片上身与剪影的上身对应，后片上身放置位置与前片平行放置在右侧，袖片放至前后片下方，裙片按上下顺序放置在上装右侧（图4-5）。

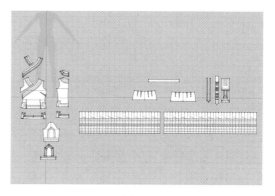

图4-4

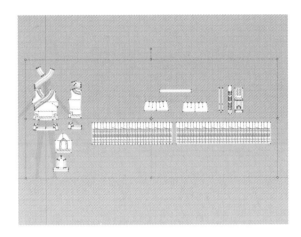

图4-5

3. 制作内部结构

（1）运用 "勾勒轮廓"，按住 "Shift" 多选内部线，单击右键选择 "勾勒为内部线/图形"（图4-6）。

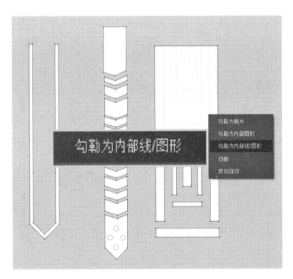

图4-6

（2）运用 "勾勒轮廓"，勾勒出所需进行操作的内部线，褶裥勾勒出褶中心线和左边线（图4-7）。

（3）运用 "勾勒轮廓"，选择中衣襟上的圆圈，右键单击选择 "剪切缝纫"（图4-8）。

（4）运用 "勾勒轮廓"，选择中衣襟上所有的圆圈，右键单击选择 "剪切缝纫"完成（图4-9）。

4. 板片补齐

（1）运用 "调整板片"，按住 "Shift" 选择后片、袖片、左衣襟，右键选择克隆连动板片-"对称板片（板片和缝纫线）"（图4-10）。

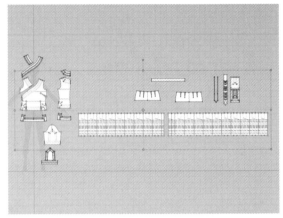

图4-7

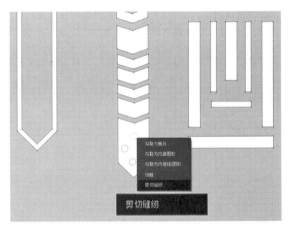

图4-8

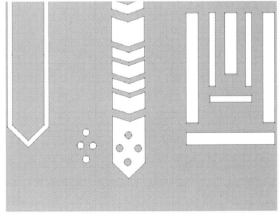

图4-9

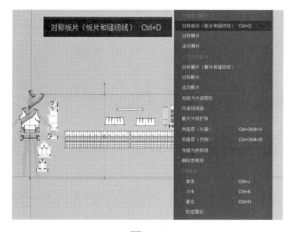

图4-10

（2）按住"Shift"水平放置在另一侧对应位置（图4-11）。

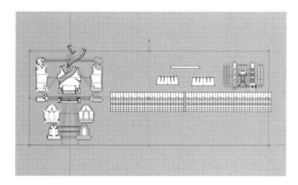

图4-11

5. 设置褶的折叠

（1）运用 ◢ "调整板片"，按住"Shift"选择所有褶中心线，在属性编辑器窗口中设置折叠强度值为100，折叠角度值为360（图4-12）。

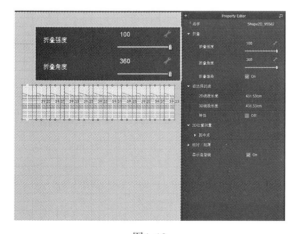

图4-12

（2）运用 ◢ "调整板片"，按住"Shift"选择所有褶左边线，在属性编辑器窗口中设置折叠强度值为100，折叠角度值为0（图4-13）。

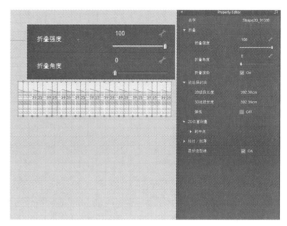

图4-13

三、虚拟缝制

（1）运用 ▦ "自由缝纫"双击前左衣襟贴片上方端点（图4-14）。

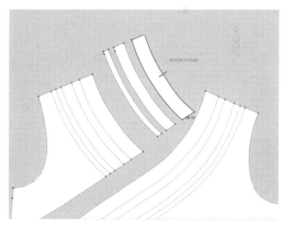

图4-14

（2）按住"Shift"选择与之相对应前左衣襟进行对应缝合（图4-15）。

（3）松开"Shift"完成缝合（图4-16）。

（4）运用 ▦ "自由缝纫"，鼠标左键单击后片腋下点，鼠标移动至下摆再次单击左键（图4-17）。

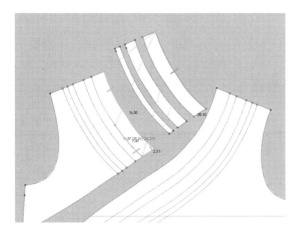

图4-15

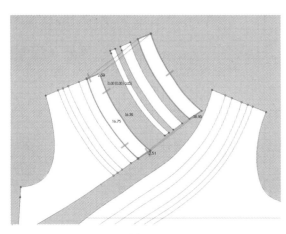

图4-16

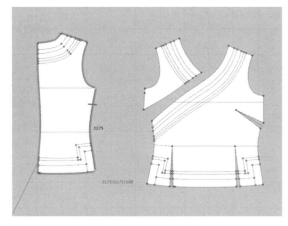

图4-17

（5）按住"Shift"，鼠标左键单击与之相对应前片腋下点至分割点，接着点击大片分割点至下摆，松开"Shift"完成侧缝缝合（图4-18）。

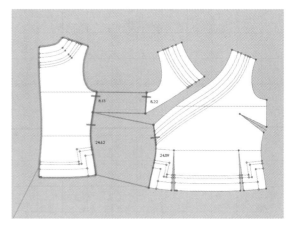

图4-18

（6）褶裥缝制，运用 "线缝纫"靠褶中心点偏左位置鼠标左键单击（图4-19）。

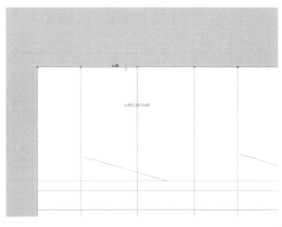

图4-19

（7）与之相对应靠褶中心点偏右位置单击鼠标左键（图4-20）。

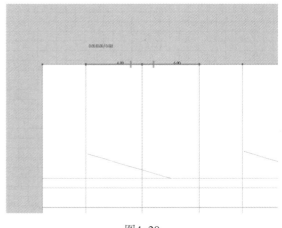

图4-20

（8）运用 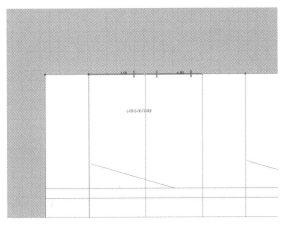"自由缝纫"左键单击褶右边点至褶中心点。下图缝纫为橙色部分，在制作过程中颜色随机变化（图4-21）。

（9）按住"Shift"对应点击褶左边点，至左侧边点，接着点击右侧端点至自动对应等长位置。除侧边位置，无须按住"Shift"键（图4-22）。

（10）运用 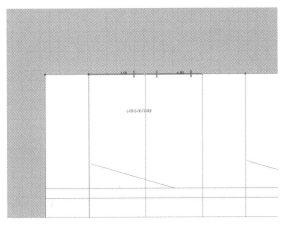"自由缝纫"和 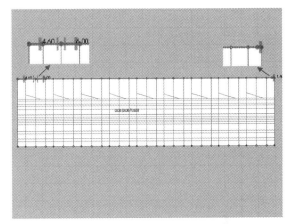"线缝纫"对所有板片进行缝合（图4-23）。

图4-21

图4-22

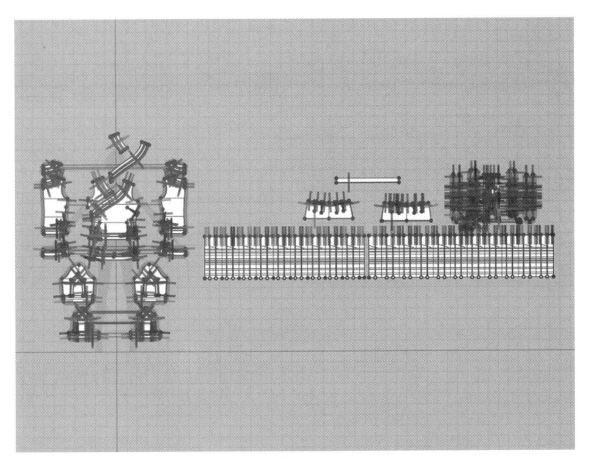

图4-23

四、服装试穿

1. 制作安排板

（1）在3D视窗左上角 ![icon] "显示虚拟模特"中选择 ![icon] "显示安排板"（图4-24）。

图4-24

（2）在3D视窗左上角 ![icon] "显示虚拟模特"中选择 ![icon] "显示安排点"（图4-25）。

图4-25

（3）在菜单栏"虚拟模特"中选择"虚拟模特编辑器"（图4-26）。

（4）在"虚拟模特编辑器"安排板板块点击增加，即增加一个安排板（图4-27）。

图4-26

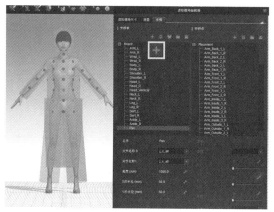

图4-27

（5）在"虚拟模特编辑器"安排点板块点击增加，即增加一个安排点（图4-28）。

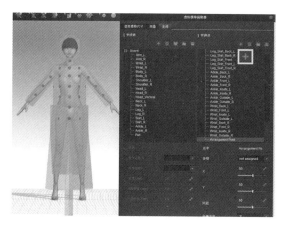

图4-28

（6）在"安排板"选择"Pan"，编辑X的半径（cm）为"50"，Y的半径（cm）为"50"（图4-29）。

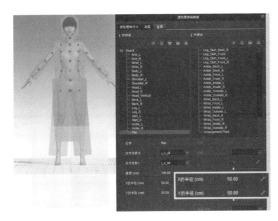

图4-29

（7）在"安排点"选择第一个"Arrangement Point"，安排点选择"Pan"编辑X为"50"，Y为"50"（图4-30）。

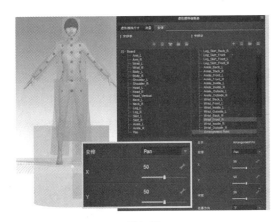

图4-30

（8）在"安排点"选择第二个"Arrangement Point"，安排点选择"Pan"编辑X为"100"，Y为"50"（图4-31）。

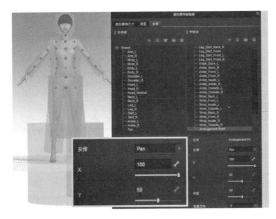

图4-31

（9）运用 "选择/移动"将新建的安排板向上拖动至臀部位置（图4-32）。

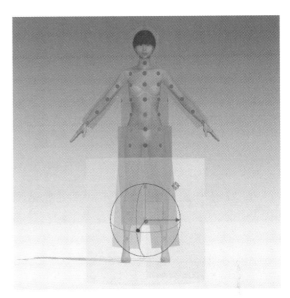

图4-32

（10）在3D视窗左上角 "显示虚拟模特"中选择 "显示安排板"对安排板进行隐藏（图4-33）。

图4-33

2. 安排板片及试穿

（1）运用 "调整板片"框选上装、衣襟，右键单击选择"反激活（板片和缝纫线）"（图4-34）。

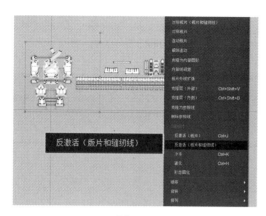

图4-34

（2）运用 ◢"调整板片"左键点击腰头，在模特侧腰安排点上再次点击鼠标左键安排板片（图4-35）。

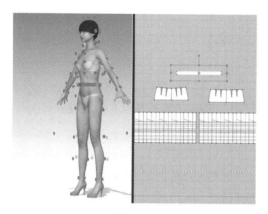

图4-35

（3）运用 ◢"调整板片"左键点击前裙片，在模特腹部中间安排点上再次点击鼠标左键安排板片，后裙片以同样方式放置在臀位置（图4-36）。

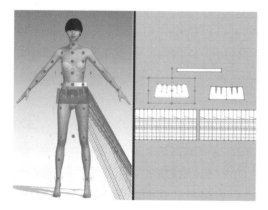

图4-36

（4）运用 ◢"调整板片"左键点击前裙摆，在模特前裆新建的安排点上再次点击左键安排板片，后裙摆也放置在后裆新建的安排点上（图4-37）。

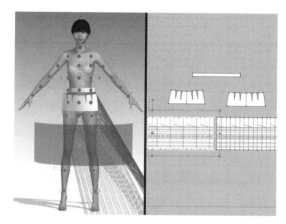

图4-37

（5）运用 ◢"调整板片"选择裙腰头、前后裙片、前后裙摆，右键单击选择"硬化"（图4-38）。

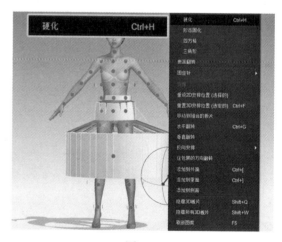

图4-38

（6）点开 ▾"模拟"状态，服装实时根据重力和缝纫关系进行着装，完成基础试穿（图4-39）。

（7）打开安排点，运用 ◢"调整板片"左键框选衣襟，在模特腹部中间安排点上，再次点击鼠标左键安排板片（图4-40）。

（8）在全选衣襟的情况下，在衣襟上点击鼠标右键选择"激活"（图4-41）。

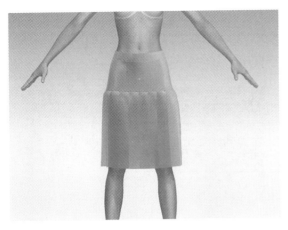

图4-39

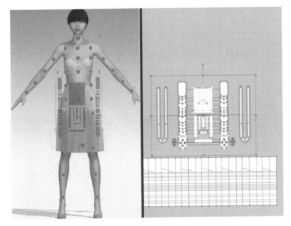

图4-40

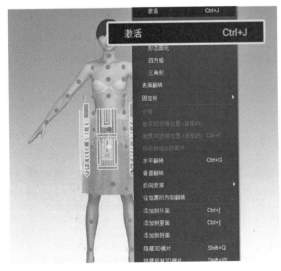

图4-41

（9）在全选衣襟的情况下，在衣襟上点击鼠标右键选择"硬化"（图4-42）。

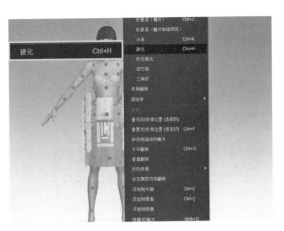

图4-42

（10）打开 "模拟"，使衣襟和裙子进行着装模拟，缝合着装到模特身上，完成裙片试穿（图4-43）。

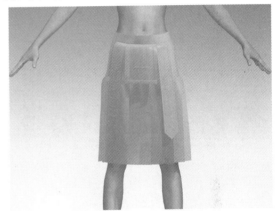

图4-43

（11）运用 "调整板片"框选裙片，在裙片上点击鼠标右键选择"解除硬化"（图4-44）。

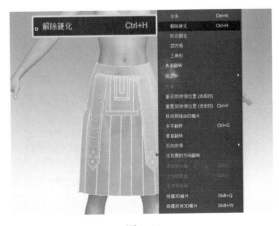

图4-44

（12）运用 "调整板片"框选裙片，在裙片上点击鼠标右键选择"冷冻"（图4-45）。

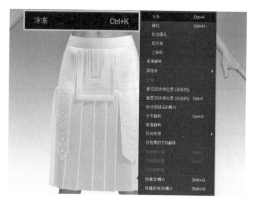

图4-45

（13）运用 "调整板片"框选前左衣襟，在模特前胸安排点上，点击鼠标左键安排板片（图4-46）。

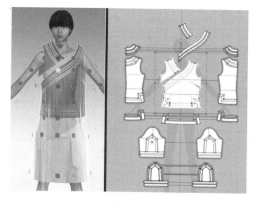

图4-46

（14）运用 "调整板片"框选右袖片，在模特手臂外侧手肘位置，点击左键安排板片（图4-47）。

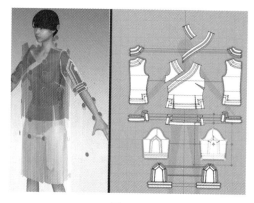

图4-47

（15）运用 "调整板片"框选前衣片贴片，在模特前胸安排点上，点击鼠标左键安排板片（图4-48）。

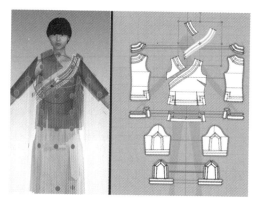

图4-48

（16）上装板片安排好后，运用 "调整板片"框选上装，在选中板片上右键单击，选择"激活"（图4-49）。

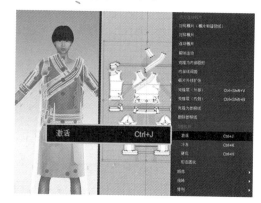

图4-49

（17）运用 "调整板片"左键框选上衣片，在衣片上点击鼠标右键选择"硬化"（图4-50）。

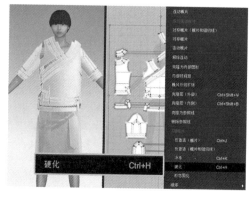

图4-50

（18）打开↓"模拟"，使上装板片着装到模特身上，完成上衣试穿（图4-51）。

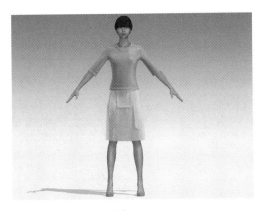

图4-51

（19）运用◢"调整板片"框选所有板片，在选中的上衣板片上，右键单击选择"解除硬化"（图4-52）。

图4-52

（20）运用◢"调整板片"在选中的裙装板片上，右键单击选择"解冻"（图4-53）。

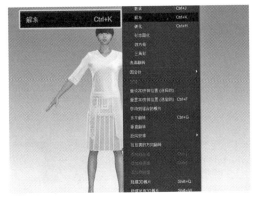

图4-53

（21）运用◉"勾勒轮廓"按住"Shift"，点击多选蓝色基础线，在所选基础线上，右键单击选择"剪切缝纫"（图4-54）。

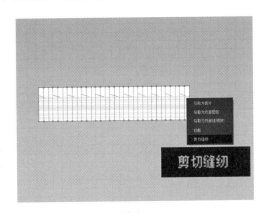

图4-54

（22）选择虚拟模特相对应的Pose文件夹，选择第二个，服装着装完成（图4-55）。

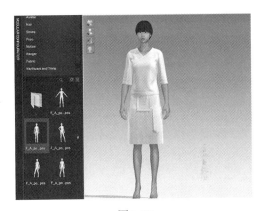

图4-55

五、设置面料

1. 设置面料物理属性

（1）在右侧物体窗口中"织物"属性窗口点击"增加"，增加一种织物（图4-56）。

（2）选择新增的织物，物理属性预设右侧点击小三角，选择面料物理属性为"Knit_Terry"（图4-57）。

2. 设置3D面料

（1）选择新增的织物，属性编辑窗口分别对应文件夹中面料，纹理对应Color贴图，法线贴图对应Normal贴图，颜色为红色（图4-58）。

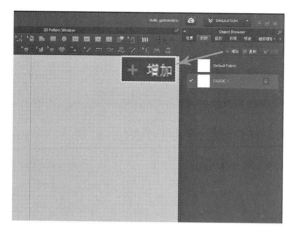

图4-56

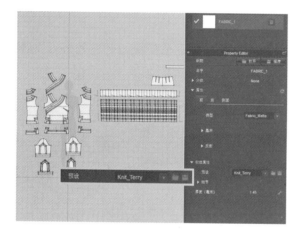

图4-57

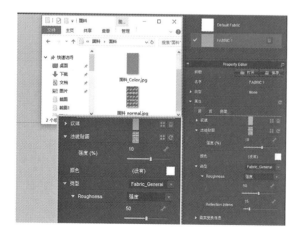

图4-58

（2）按照款式图，运用 ◢ "调整板片"按住"Shift"框选红色面料的板片，在织物窗口点击"应用于选择的板片上"按钮，对面料进行应用（图4-59）。

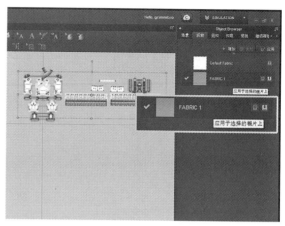

图4-59

（3）在属性窗口织物栏增加新的织物，运用 ◢ "调整板片"按住"Shift"框选为花型面料的板片，在织物窗口点击"应用于选择的板片上"按钮，对预设面料进行应用（图4-60）。

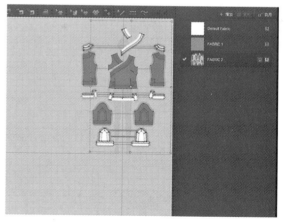

图4-60

（4）运用 🖼 "编辑纹理"，鼠标左键单击花纹，单击45°定位线拖动，使花纹放大到合适大小，在衣片上单击花纹进行移动（图4-61）。

（5）3D面料放置完成效果图（图4-62）。

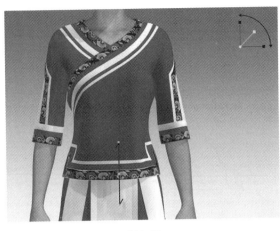 

图4-61　　　　　　　　　　图4-62

六、成品展示（图4-63）

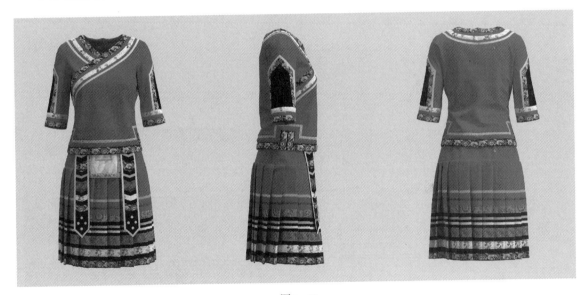

图4-63

任务二　彝族服装

任务目标：

1. 掌握一款彝族服装的缝制与着装。

2. 掌握彝族服装穿着方法。

3. 熟悉彝族服装配色。

任务内容：

根据彝族服装要求，通过3D服装设计软件，学习服装缝制、图案配色。

任务要求：

通过本次课程学习，使学生掌握彝族服装缝制方法，培养学生对民族服装的理解能力，掌握民族类服装虚拟穿着的整个流程。

任务重点：

彝族服装缝制及着装。

任务难点：

彝族服装配色。

课前准备：

彝族服装款式图、DXF格式板片文件、3D面料文件。

一、板片准备

1. 彝族服装款式图

X廓型，上装左襟交领，前片有胸省和腰省，后中断开，前后袖片上都带民族花纹织锦（图4-64）。

2. 彝族服装板片图

根据净样板的轮廓线进行板片拾取，注意板片为净样，包含剪口、扣位、标记线等信息（图4-65）。

图4-64

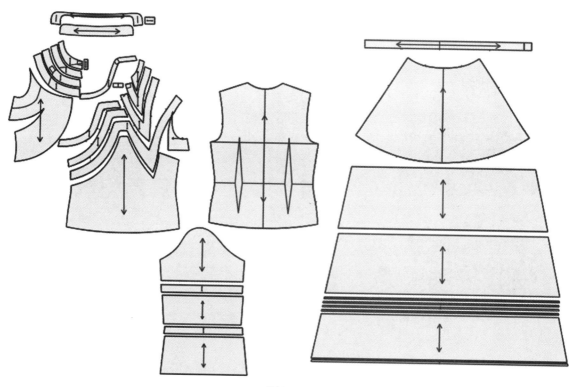

图4-65

二、板片导入及校对

1. 板片导入

在图库窗口中选择Avatar，并在栏目中选择一名女性模特。点击软件视窗左上角文件→导入→DXF（AAMA/ASTM）。导入设置时根据制板单位确定导入单位比例，选项中选择板片自动排列、优化所有曲线点（图4-66）。

2. 板片校对

（1）运用 "调整板片"，根据3D虚拟模特剪影的位置对应移动放置板片（图4-67）。

（2）前片上身与剪影的上身对应，后片放置位置与前片平行放置在右侧，袖片放至前后片下方，裙片按上下顺序放置在上装右侧（图4-68）。

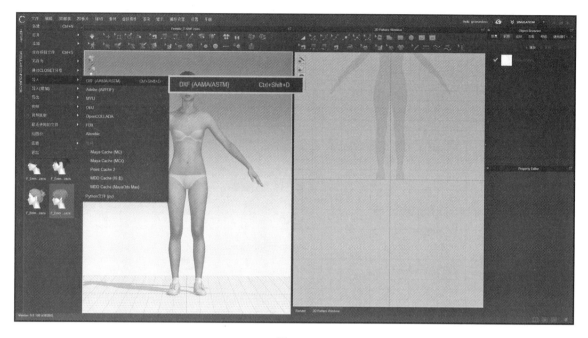

图4-66

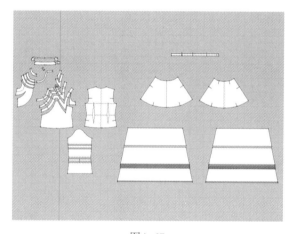

图4-67

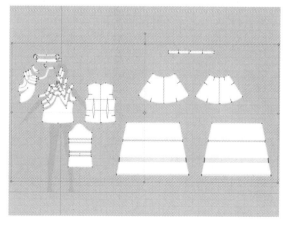

图4-68

（3）运用 "勾勒轮廓"按住"Shift"，点击多选蓝色基础线，在所选基础线上，右键单击选择"勾勒为内部线/图形"（图4-69）。

图4-69

（4）运用 "勾勒轮廓"勾勒出上装左底襟、盘扣内部线（图4-70）。

（5）运用 "勾勒轮廓"左键双击后片腰省基础线，在所选基础线上，右键单击选择"切断"（图4-71）。

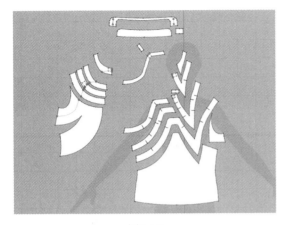

图4-70

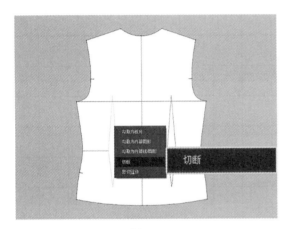

图4-71

（6）运用 "勾勒轮廓"以同样方式切断右省道（图4-72）。

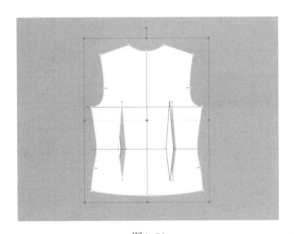

图4-72

（7）运用 "调整板片"鼠标左键单击选择后片，按住"Shift"水平移至省右侧（图4-73）。

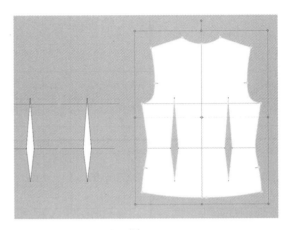

图4-73

（8）运用 "调整板片"框选省道切断下来的板片，点击"Delete"删除（图4-74）。

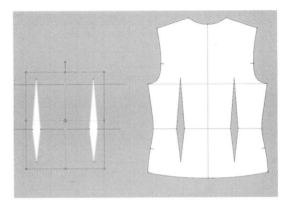

图4-74

3. 板片补齐

（1）运用 "调整板片"选择袖片，右键单击选择克隆连动板片→"对称板片（板片和缝纫线）"如图4-75所示。

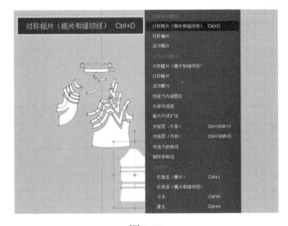

图4-75

（2）按住"Shift"水平放置右袖片左侧（图4-76）。

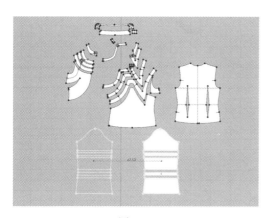

图4-76

三、虚拟缝制

（1）运用 "线缝纫"靠省中点，点击省道右侧（图4-77）。

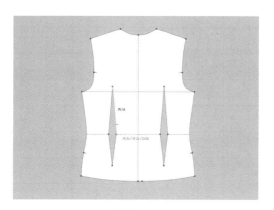

图4-77

（2）运用 "线缝纫"靠省中点，点击相对应省道左侧（图4-78）。

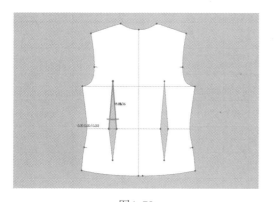

图4-78

（3）运用 "线缝纫"缝合所有省道（图4-79）。

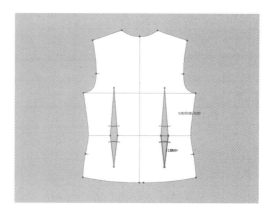

图4-79

（4）运用 "线缝纫"缝合分割袖片，鼠标左键单击第一道分割线靠左位置（图4-80）。

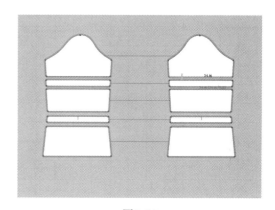

图4-80

（5）鼠标左键单击相对应分割线靠左位置，完成缝合（图4-81）。

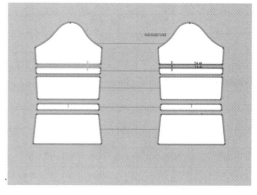

图4-81

（6）运用 "自由缝纫"缝合袖子，鼠标左键单击前袖山弧线左端点至袖山高点（图4-82）。

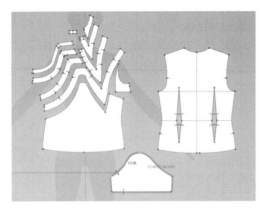

图4-82

（7）按住"Shift"键鼠标左键单击与之相对应前片腋下点至肩端点（图4-83）。

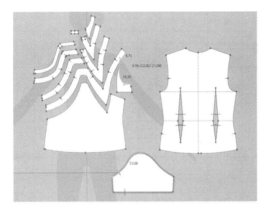

图4-83

（8）运用 "自由缝纫"，鼠标左键单击后袖山弧线右侧端点至袖山高点（图4-84）。

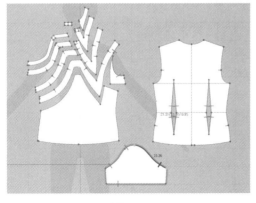

图4-84

（9）与之相对应鼠标左键单击后片腋下点至肩端点（图4-85）。

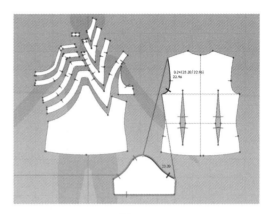

图4-85

（10）运用 "线缝纫"缝合盘扣样片，鼠标左键单击盘扣样片左侧靠上位置（图4-86）。

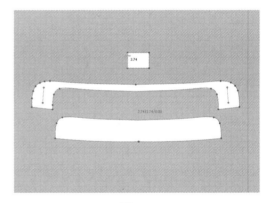

图4-86

（11）运用 "线缝纫"鼠标左键单击领右侧内部线靠上位置（图4-87）。

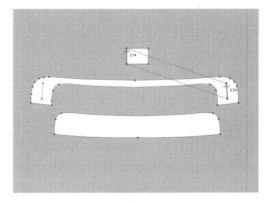

图4-87

（12）运用 "线缝纫"鼠标左键单击盘扣样片右侧靠上位置，与之对应点击领左侧内部线靠上位置（图4-88）。

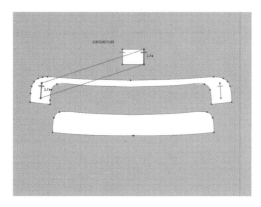

图4-88

四、服装试穿

1. 制作安排板

（1）在3D视窗左上角 "显示虚拟模特"中选择 "显示安排板"（图4-89）。

图4-89

（2）在3D视窗左上角 "显示虚拟模特"中选择 "显示安排点"（图4-90）。

（3）在菜单栏"虚拟模特"中选择"虚拟模特编辑器"（图4-91）。

（4）在"虚拟模特编辑器"安排板板块点击"增加"，即增加一个安排板（图4-92）。

（5）在"虚拟模特编辑器"安排点板块点击"增加"，即增加一个安排点（图4-93）。

图4-90

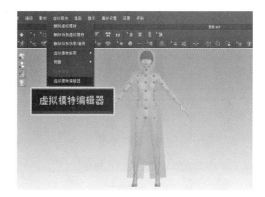

图4-91

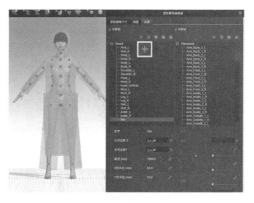

图4-92

图4-93

（6）在 "安排板"选择 "Pan"，编辑
X的半径为 "50"（单位：cm），Y的半径为
"50"（单位：cm）如图4-94所示。

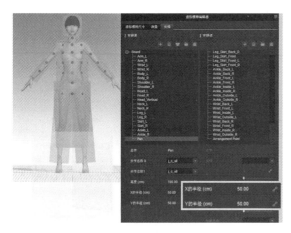

图4-94

（7）在 "安排点"选择第一个 "Arrangement
Point"，安排点选择 "Pan"编辑X为 "50"，
Y为 "50"（图4-95）。

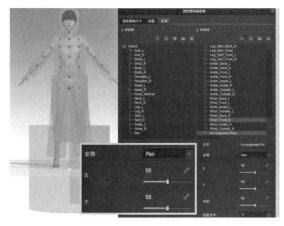

图4-95

（8）在 "安排点"选择第二个 "Arrangement
Point"，安排点选择 "Pan"编辑X为 "100"，
Y为 "50"（图4-96）。

（9）运用 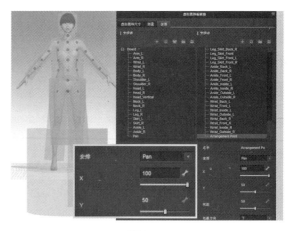 "选择/移动"将新建的安
排板向上拖动至臀部位置（图4-97）。

（10）在3D视窗左上角 "显示虚拟模
特"中选择 "显示安排板"对安排板进行隐
藏（图4-98）。

图4-96

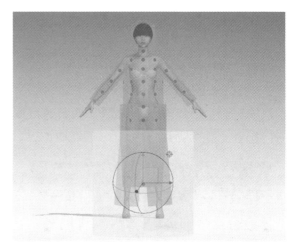

图4-97

图4-98

2. 安排板片及试穿

（1）运用 "调整板片"框选上装，右
键单击选择 "反激活"（图4-99）。

图4-99

（2）运用 ◢ "调整板片"在腰头点击鼠标左键，在模特侧腰安排点上再次点击鼠标左键安排板片（图4-100）。

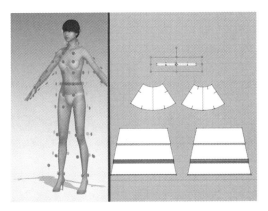

图4-100

（3）运用 ◢ "调整板片"左键点击前裙片，在模特腹部中间安排点上再次点击鼠标左键安排板片，同理，后裙片放置在臀位置（图4-101）。

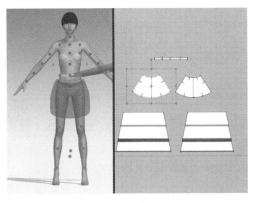

图4-101

（4）运用 ◢ "调整板片"左键点击前裙摆，在模特前裆新建的安排点上点击左键安排板片，同理，后裙摆放置在后裆新建的安排点上（图4-102）。

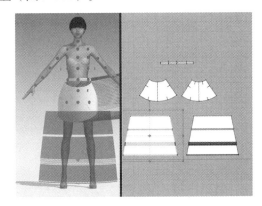

图4-102

（5）运用 ◢ "调整板片"选择裙腰头、前后裙片、前后裙摆，右键单击选择"硬化"（图4-103）。

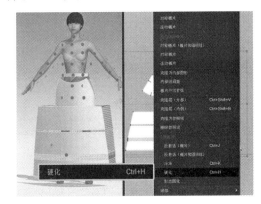

图4-103

（6）打开 ▼ "模拟"，使裙子穿着到模特身上，完成裙片试穿（图4-104）。

图4-104

（7）运用 ◢ "调整板片"框选裙片，在3D窗口中左键单击选中的裙片，运用"定位球"绿色轴向上拖动，使裙子移动到腰部（图4-105）。

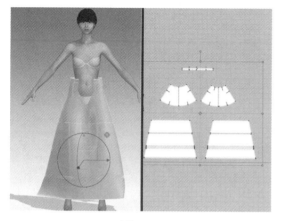

图4-105

（8）打开 ⬇ "模拟"，使裙子穿着到模特身上，在2D视窗选中的裙片上右键单击，选择"冷冻"（图4-106）。

图4-106

（9）运用 ◢ "调整板片"框选前左衣襟，在模特前侧上胸安排点上点击鼠标左键安排板片（图4-107）。

（10）运用 ◢ "调整板片"框选前片，在模特前胸安排点上，再次点击鼠标左键安排板片（图4-108）。

（11）运用 ◢ "调整板片"框选右袖片，在模特手臂外侧手肘位置，点击鼠标左键安排板片（图4-109）。

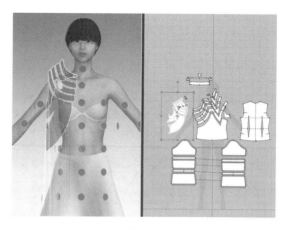

图4-107

图4-108

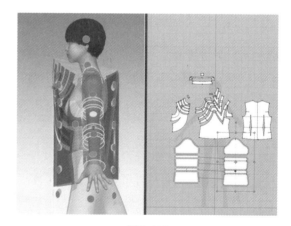

图4-109

（12）运用 ◢ "调整板片"框选领片，在模特后颈点排点上，再次点击鼠标左键安排板片（图4-110）。

（13）运用 ◢ "调整板片"选择盘扣板片，在模特前颈点安排点上，点击鼠标左键安排板片（图4-111）。

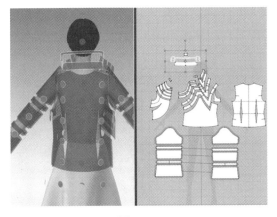

图4-110

图4-111

（14）运用 ◢ "调整板片"框选上装，在选中的板片上右键单击，选择"激活"（图4-112）。

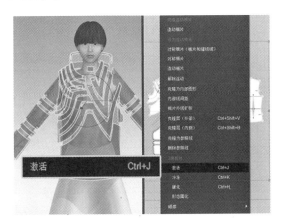

图4-112

（15）运用 ◢ "调整板片"左键框选盘扣板片，运用"定位球"蓝色轴向外拖动，使盘扣板片位于前片最外层（图4-113）。

图4-113

（16）运用 ◢ "调整板片"框选前片，在属性编辑器窗口设置层为"1"（图4-114）。

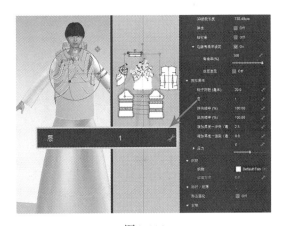

图4-114

（17）运用 ◢ "调整板片"框选盘扣板片，在属性窗口设置层为"2"（图4-115）。

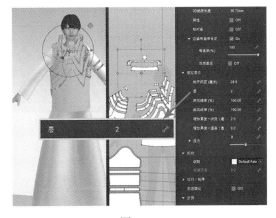

图4-115

（18）运用 ◢ "调整板片"框选上装，在选中的板片上右键单击，选择"硬化"（图4-116）。

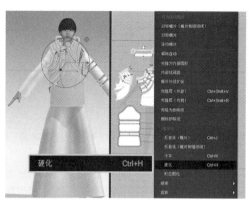

图4-116

（19）打开 ⬇ "模拟"，使上装板片穿着到模特身上，完成上衣试穿（图4-117）。

图4-117

（20）运用 ◢ "调整板片"框选所有板片，在选中的上衣板片上，右键单击选择"解除硬化"（图4-118）。

图4-118

（21）运用 ◢ "调整板片"在选中的裙装板片上，右键单击选择"解冻"（图4-119）。

图4-119

（22）运用 ◢ "调整板片"框选所有板片，在属性编辑器窗口设置层为"0"（图4-120）。

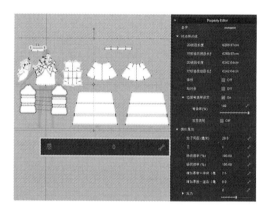

图4-120

（23）选择虚拟模特相对应的Pose文件夹，选择第二个Pose，服装穿着完成（图4-121）。

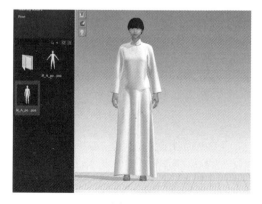

图4-121

五、设置面料

1. 设置面料物理属性

（1）在右侧物体窗口"织物"属性栏增加一种织物（图4-122）。

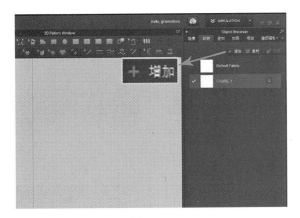

图4-122

（2）选择新增的织物，物理属性预设右侧点击小三角，选择面料属性为Cotton_Voile（图4-123）。

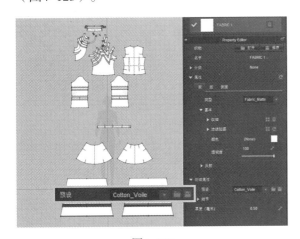

图4-123

2. 设置3D面料

（1）选择新增的织物，属性窗口分别对应文件夹中面料，纹理对应Color贴图，法线贴图对应Normal贴图，颜色为红色（图4-124）。

（2）运用 "调整板片"按住"Shift"框选为红色面料的板片，在织物窗口点击"应用于选择的板片上"按钮，对预设面料进行应用（图4-125）。

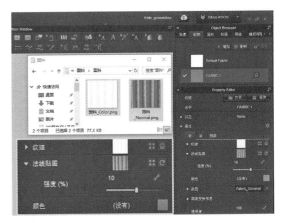

图4-124

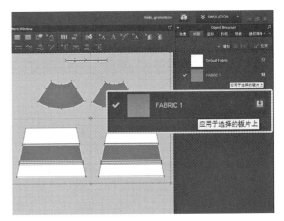

图4-125

（3）运用 "编辑纹理"，点击45°定位线拖动，使纹理放大至清晰（图4-126）。

图4-126

（4）复制Fabric1新建面料，选择复制的"织物"更换颜色为黑色，并应用于黑色面料的板片（图4-127）。

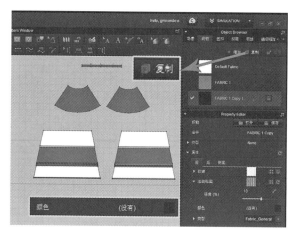

图4-127

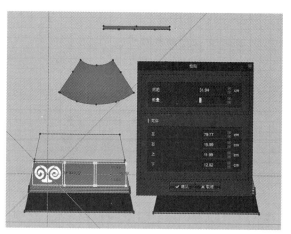

图4-129

（5）运用"▦"贴图选择文件夹中透明花型贴图，在红色板片上单击左键，弹出的对话框中设置宽度，点击确认（图4-128）。

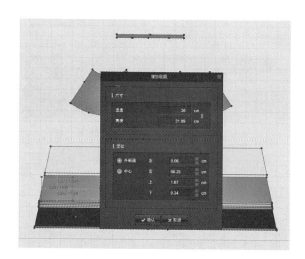

图4-128

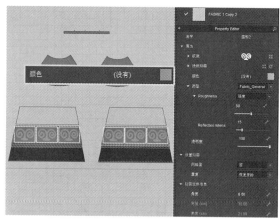

图4-130

（6）运用▦"编辑纹理"左键单击花纹，"Ctrl+C"复制，"Ctrl+V粘贴"同时按住"Shift"向右水平移动至2个花纹不重合，右键单击，对话框中设置数量为"2"（图4-129）。

（7）运用▦"编辑纹理"按住"Shift"选择所有花纹，设置颜色为黄色（图4-130）。

（8）3D面料放置完成效果图（图4-131）。

图4-131

六、成品展示（图4-132）

图4-132

任务三 蒙古族服装

任务目标：

1. 掌握蒙古族服装的缝制。

2. 熟悉蒙古族服装面料的设置。

3. 掌握蒙古族服装的着装。

任务内容：

通过本次课程学习，使学生能够独立完成蒙古族服装缝制、面料设置、试穿等操作，掌握3D服装设计软件的同类服装款式的试衣方法，培养学生3D服装设计软件的理解运用。

任务要求：

能够正确的缝制蒙古族服装，可以运用3D服装设计软件进行蒙古族服装试穿操作，能够进行一款服装不同部位的织物属性设置、花型颜色设置。

任务重点：

蒙古族服装的缝制与着装。

任务难点：

冷冻方法的使用。

课前准备：

蒙古族服装款式图、DXF格式板片文件、3D面料文件。

一、板片准备

1. **蒙古族服装款式图**（图4-133）

图4-133

2. **蒙古族服装板片图**

根据净样板的轮廓线进行板片拾取，注意板片为净样，包含剪口、扣位、标记线等信息（图4-134）。

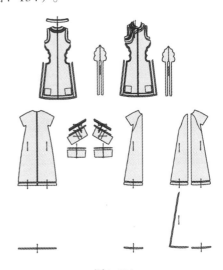

图4-134

二、板片导入及校对

1. 板片导入

在图库窗口中选择Avatar，并在目录中双击选择一名女性模特。点击软件视窗左上角

文件→导入→DXF（AAMA/ASTM）。导入设置时根据制板单位确定导入单位比例，选项中选择板片自动排列、优化所有曲线点（图4-135）。

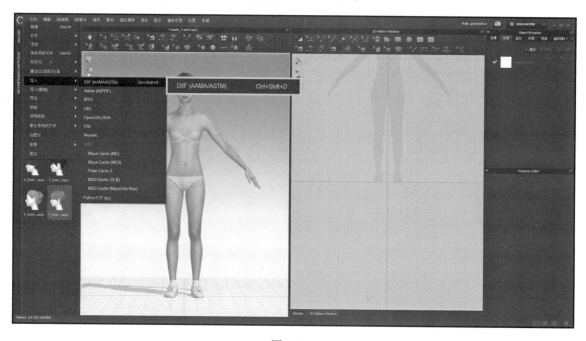

图4-135

2. 长袍制作

（1）运用 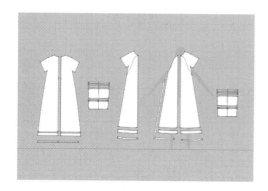"调整板片"，根据3D虚拟模特剪影放置长袍样板（图4-136）。

图4-136

（2）运用 "调整板片"，平行长袍位置放置坎肩样板（图4-137）。

（3）运用 "调整板片"选择坎肩样板，在3D视窗右键选择"冷冻"（图4-138）。

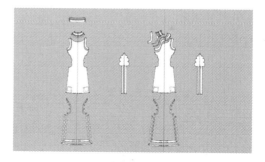

图4-137

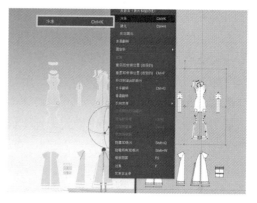

图4-138

（4）运用 "选择移动" 和定位球选择长袍左前片放置在模特前方（图4-139）。

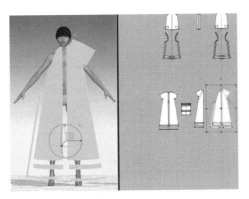

图4-139

（5）运用 "选择移动" 和定位球选择长袍右前片放置模特与左前片之间（图4-140）。

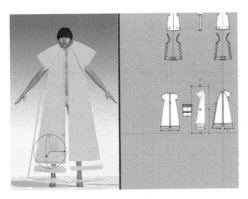

图4-140

（6）运用 "选择移动" 和定位球选择长袍后片放置模特后方（图4-141）。

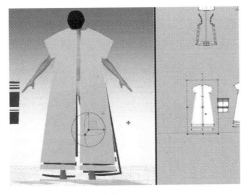

图4-141

（7）打开显示安排点（Shift+F），运用 "选择移动" 按胳膊安排点放置袖片（图4-142）。

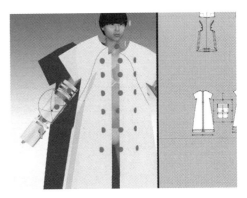

图4-142

（8）运用 "自由缝纫" 缝合长袍的前片、沿边及水流，运用缝纫线固定左右关系（图4-143）。

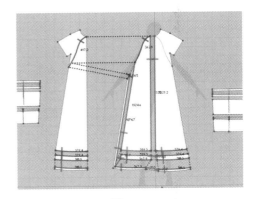

图4-143

（9）运用 "自由缝纫" 缝合长袍的后片、沿边及水流（图4-144）。

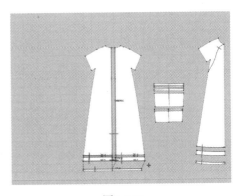

图4-144

（10）运用 "自由缝纫" 缝合长袍的前后片侧缝及肩线（图4-145）。

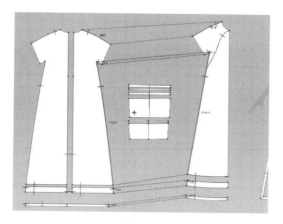

图4-145

（11）运用"自由缝纫"选择袖片水流，按住"Shift"缝合前后衣片，完成"1∶N缝纫"（图4-146）。

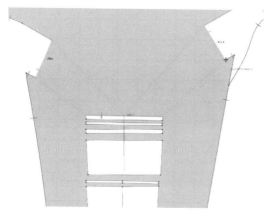

图4-146

（12）运用"自由缝纫"缝合袖片的水流、沿边及侧缝，见图4-147。

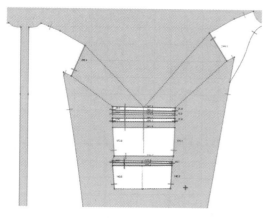

图4-147

（13）运用"选择移动"选择长袍样板进行硬化（图4-148）。

图4-148

（14）打开"模拟"，查看长袍模拟着装效果（图4-149）。

图4-149

（15）运用"调整板片"选择长袍板片（图4-150）。

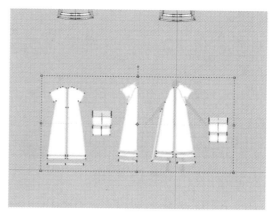

图4-150

（16）在长袍板片上右键选择"冷冻"
（图4-151）。

图4-151

3. 坎肩制作

（1）运用 "选择移动"选择坎肩，右
键选择"激活"（图4-152）。

图4-152

（2）运用 "选择/移动"移动坎肩，
前片与虚拟模特正前方相对（图4-153）。

图4-153

（3）运用 "选择/移动"调整前片套
花贴边与前片坎肩的位置（图4-154）。

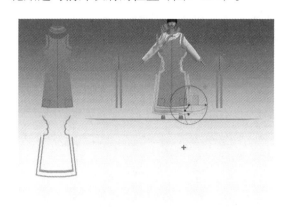

图4-154

（4）运用 "选择/移动"调整后片套
花贴边与后片的位置（图4-155）。

图4-155

（5）运用 "调整板片"选中坎肩后片
（图4-156）。

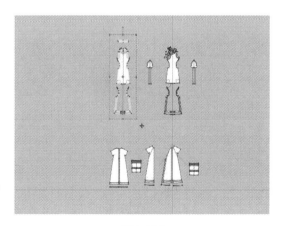

图4-156

（6）在定位球上拖动横向轴旋转后片（图4-157）。

图4-157

（7）运用 "选择移动"移动后片至虚拟模特正后方（图4-158）。

图4-158

（8）运用 "选择移动"选择领片及领片套花贴边放置在对应安排点处（图4-159）。

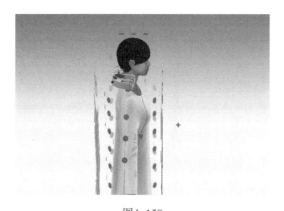

图4-159

（9）运用 "选择移动"拖动、旋转贴边至虚拟模特两侧（图4-160）。

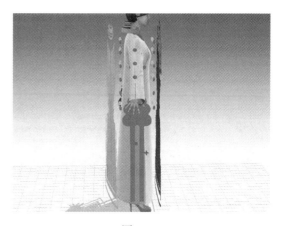

图4-160

（10）运用 "自由缝纫"如图4-161所示把前领片、前袖贴边与前片进行缝合。

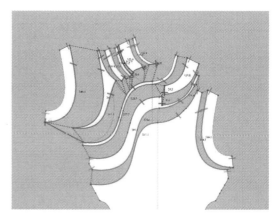

图4-161

（11）运用 "自由缝纫"，如4-162图所示把后领片、后袖贴边与后片进行缝合。

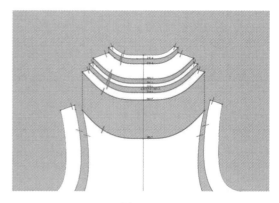

图4-162

（12）长按 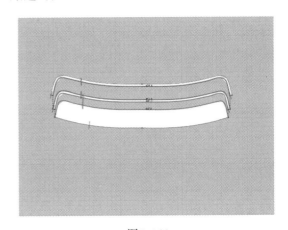"自由缝纫"选择"M：N自由缝纫"方式将后肩线与前肩线相缝合（图4-163）。

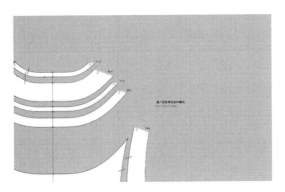

图4-163

（13）运用 "自由缝纫"缝合坎肩前片、套花贴边与贴边（图4-164）。

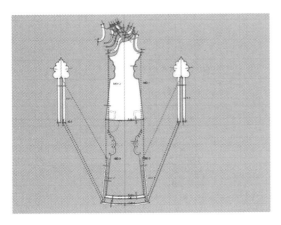

图4-164

（14）运用 "自由缝纫"缝合坎肩后片、套花贴边与贴边（图4-165）。

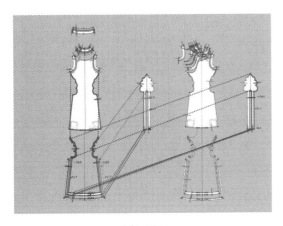

图4-165

（15）运用 "自由缝纫"缝合领套花贴边（图4-166）。

图4-166

（16）运用 "自由缝纫"缝合领与前、后领弧线（图4-167）。

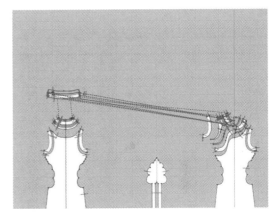

图4-167

（17）运用 "自由缝纫"缝合侧缝线（图4-168）。

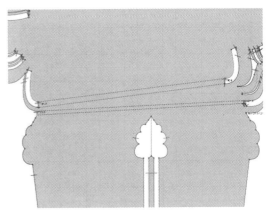

图4-168

（18）打开 "模拟"，模拟效果如图（图4-169）。

图4-169

（19）停止 "模拟"，在物体窗口创建六款织物，按照服装部件进行板片对应（图4-170）。

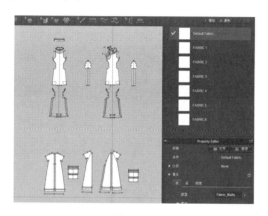

图4-170

（20）根据不同的部件选择相应的面料花型及物理属性（图4-171）。

图4-171

（21）运用 "调整贴图"调整花纹位置与缩放大小（图4-172）。

图4-172

（22）运用 "贴图"选择云纹放置在服装下摆（图4-173）。

图4-173

（23）完成效果（图4-174）。

图4-174

三、成品展示（图4-175）

图4-175

任务四　朝鲜族服装

任务目标：

1. 掌握朝鲜族服装的缝制。
2. 掌握朝鲜族服装面料的设置。
3. 掌握朝鲜族服装的着装。

任务内容：

通过本次课程学习，使学生能够独立完成朝鲜族服装缝制、面料设置、试穿等操作，掌握3D服装设计软件的同类服装款式的试衣方法，培养学生3D服装设计软件的理解运用。

任务要求：

能够正确缝制朝鲜族服装，可以运用3D服装设计软件进行朝鲜族服装试穿操作，能够进行一款服装不同部位的织物属性设置、花型颜色设置。

任务重点：

朝鲜族服装的缝制与着装。

任务难点：

冷冻方法的使用。

课前准备：

朝鲜族服装款式图、DXF格式板片文件、3D面料文件。

一、板片准备

1. 朝鲜族服装款式图

朝鲜族民族服装以A字形廓型为主，上穿短上衣，服装右襟交领，以单结固定，有领及袖口，袖肥较宽松，下装为抹胸裙，宽松A字形廓型（图4-176）。

图4-176

2. 朝鲜族服装板片图

根据净样板的轮廓线进行板片拾取，注意板片为净样，包含剪口、扣位、标记线等信息（图4-177）。

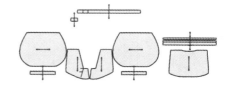

二、板片导入及校对

1. 板片导入

在图库窗口中选择Avatar，并在目录中双击选择一名女性模特。点击软件视窗左上角文件→导入→DXF（AAMA/ASTM）。导入设置时根据制板单位确定导入单位比例，选项中选择板片自动排列、优化所有曲线点（图4-178）。

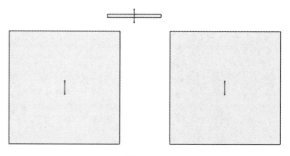

图4-177

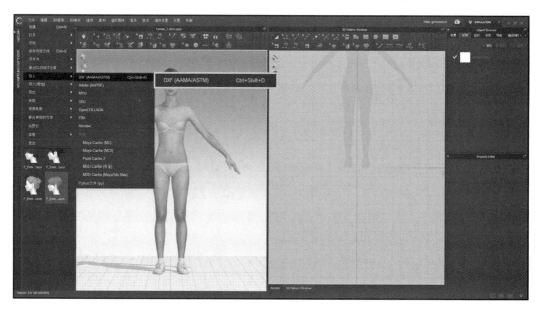

图4-178

2. 上衣制作

（1）运用 "调整板片"，根据3D虚拟模特剪影进行样板的移动放置（图4-179）。

（2）打开显示安排点（Shift+F），运用 "选择移动"按虚拟模特安排点放置短上衣板片（图4-180）。

（3）运用 "自由缝纫"缝合筒袖的前后袖山与前后片，缝合侧缝及袖口（图4-181）。

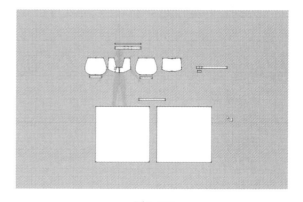

图4-179

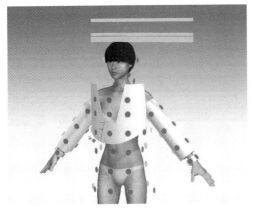

图4-180

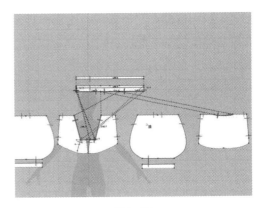

图4-183

（6）打开 ⬇ "模拟"全选样片进行硬化（Ctrl+H），查看短上衣穿着效果并进行调整（图4-184）。

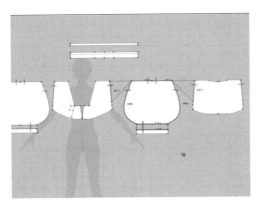

图4-181

（4）运用 ⬛ "自由缝纫"缝合前后片侧缝及肩线，注意侧缝部分留有开衩（图4-182）。

图4-184

（7）运用 ⬛ "选择移动"在停止模拟状态下选择所有板片进行冷冻（Ctrl+K）然后上移（图4-185）。

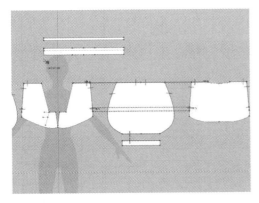

图4-182

（5）运用 ⬛ "自由缝纫"缝合交领领面与前后片，领面缝合时注意领面与前后片对应位置（图4-183）。

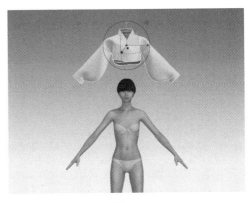

图4-185

（8）运用 ▣ "选择移动"选择抹胸裙进行解冻（Ctrl+K）（图4-186）。

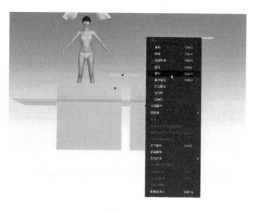

图4-186

（9）运用 ▣ "选择移动"打开显示安排点，安排放置抹胸裙腰头、前裙片、后裙片（图4-187）。

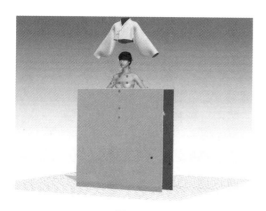

图4-187

（10）运用 ▣ "加点/分点"在腰头下边缘单击鼠标右键，弹出对话框中等分为四段（图4-188）。

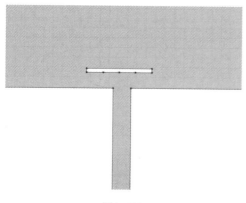

图4-188

（11）运用 ▣ "自由缝纫"缝合腰头与裙片，方式为腰头中间两段缝合前片，两侧腰头与后片缝合，缝合时注意方向（图4-189）。

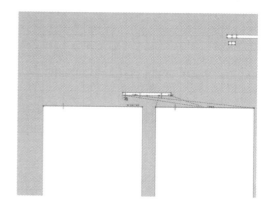

图4-189

（12）运用 ▣ "自由缝纫"缝合腰头接口与前、后裙片侧缝（图4-190）。

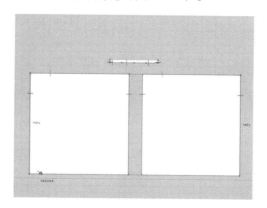

图4-190

（13）运用 ▣ "选择移动"选择前后裙片，右键选择"反激活（板片和缝纫线）"（图4-191）。

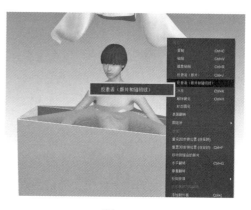

图4-191

（14）打开 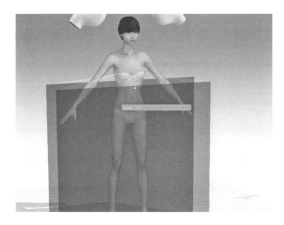"模拟"使腰头贴附到虚拟模特身上，静止时停止模拟（图4-192）。

图4-192

（15）运用 "选择移动"选择腰头板片右键选择"冷冻"（图4-193）。

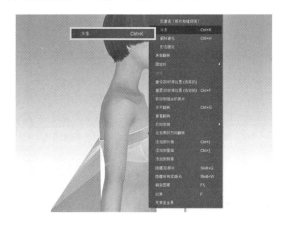

图4-193

（16）运用 "选择移动"选择前、后裙片右键选择"激活"（图4-194）。

图4-194

（17）运用 "选择移动"选择前裙片、后裙片（图4-195）。

图4-195

（18）运用 "选择移动"在选中裙片上按右键解除硬化（图4-196）。

图4-196

（19）运用 "选择移动"选中腰头，在属性编辑器中打开粘衬设置（图4-197）。

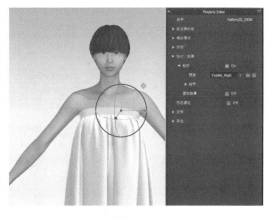

图4-197

（20）运用 ![icon] "选择移动"选中腰头，在选中的板片单击右键解冻（图4-198）。

图4-198

（21）运用 ![icon] "选择移动"选中短上衣所有样片移动到虚拟模特身体合适位置，右键选择"激活"（图4-199）。

图4-199

（22）运用 ![icon] "设定层次"选前片，再选前裙片设定叠压层次，设定短上衣前后片与裙片关系（图4-200）。

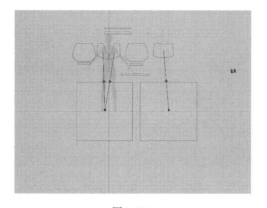

图4-200

（23）运用 ![icon] "选择移动"调整拖拽短上衣与抹胸裙效果（图4-201）。

图4-201

（24）运用 ![icon] "选择移动"全选板片进行冷冻（图4-202）。

图4-202

（25）运用 ![icon] "选择移动"选择动襟扣进行解冻，放置在虚拟模特胸前（图4-203）。

图4-203

（26）运用█"自由缝纫"缝合动襟扣与前片（图4-204）。

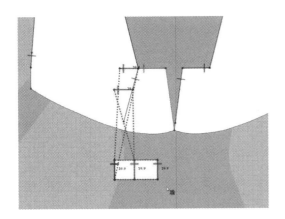

图4-204

（27）运用█"选择移动"调整门襟扣位置（图4-205）。

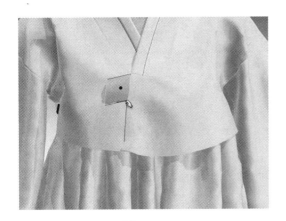

图4-205

（28）运用█"自由缝纫"缝合动襟扣位置（图4-206）。

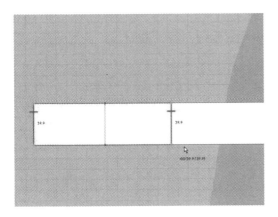

图4-206

（29）运用█"调整板片"选择动襟扣位中线，在属性编辑器设置折叠角度值为0（图4-207）。

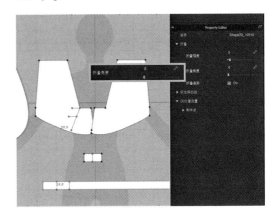

图4-207

（30）运用█"选择移动"选择调整动襟缝合效果（图4-208）。

图4-208

（31）运用█"自由缝纫"缝合动襟与动襟扣（图4-209）。

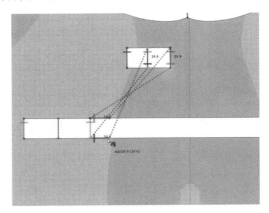

图4-209

（32）运用 ■ "选择网格"选择动襟与动襟扣相交部分进行拖动调整（图4-210）。

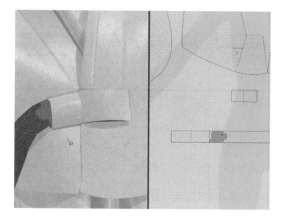

图4-210

（33）在织物栏中增加三款面料，并设置面料属性为Silk_organza、Silk_Crepede、Leather_Cowhide（图4-211）。

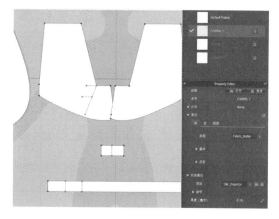

图4-211

（34）运用 ■ "调整板片"选中短上衣放置到织物1（Silk_Organza）（图4-212）。

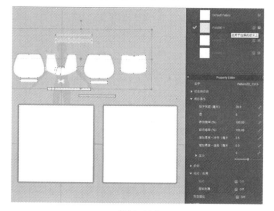

图4-212

（35）运用 ■ "调整板片"选中裙放置到织物2（Silk_Crepede）（图4-213）。

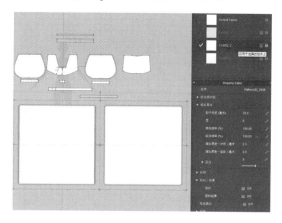

图4-213

（36）选择织物2更换颜色，色号为#37A396（图4-214）。

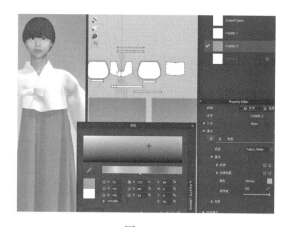

图4-214

（37）选择织物1更换颜色，色号为#F2E9E0（图4-215）。

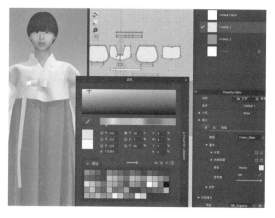

图4-215

（38）选择织物3更换颜色，色号为 #37A396（图4-216）。

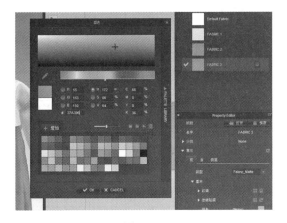

图4-216

（39）运用 ▦ "选择移动"选择服装进行调整（图4-217）。

图4-217

（40）在对象编辑器中复制面料1并应用到领口、袖口贴边（图4-218）。

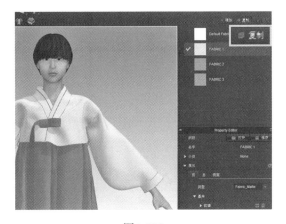

图4-218

（41）在复制的织物上增加贴图（图4-219）。

图4-219

（42）运用 ▦ "编辑纹理"调整贴图位置（图4-220）。

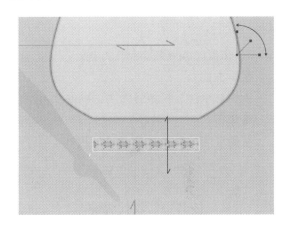

图4-220

三、成品展示（图4-221）

图4-221

项目二　历史服装

课题名称：

历史服装。

课题内容：

1. 汉代服装。

2. 唐代服装。

3. 明代服装。

4. 清代服装

课题时间：

12课时。

教学目标：

1. 了解软件功能多样化。

2. 熟悉运用典型历史服装软件进行特殊操作。

3. 掌握民族服装类制作方法。

教学方式：

讲解演示法、模拟教学法、操作练习法。

教学要求：

了解及简单操作3D服装设计软件。

任务一　汉代服装

任务目标：

1. 掌握一款3D汉代服装的缝制与着装。

2. 掌握汉服三绕曲裾制作方法。

任务内容：

根据款式图要求，通过3D服装设计软件，学习虚拟缝纫、曲裾制作、面料更换。

任务要求：

通过本次课程学习，使学生掌握汉代服装虚拟样衣的制作流程，培养学生对汉服款式的理解能力，掌握汉服类服装的虚拟缝合方法。

任务重点：

汉服的缝制与着装。

任务难点：

三绕曲裾制作。

课前准备：

汉服款式图、DXF格式板片文件、3D面料文件。

一、板片准备

1. **汉服款式图**

汉服深衣，三绕长曲裾，交领、左襟、系带（图4-222）。

2. **汉服板片图**

根据净样板的轮廓线进行板片拾取，注意板片为净样，包含剪口、扣位、标记线等信息（图4-223）。

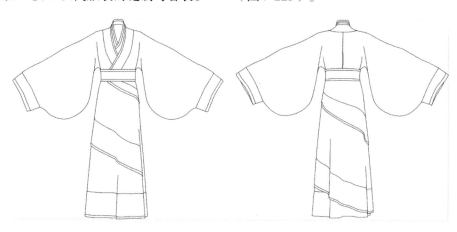

图4-222

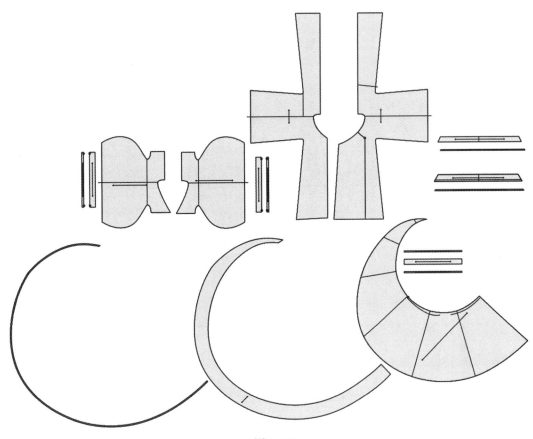

图4-223

二、板片导入及校对

1. 板片导入

在图库窗口中选择Avatar，并在目录中双击选择一名女性模特。点击软件视窗左上角文件→导入→DXF（AAMA/ASTM）。导入设置时根据制板单位确定导入单位比例，选项中选择板片自动排列、优化所有曲线点（图4-224）。

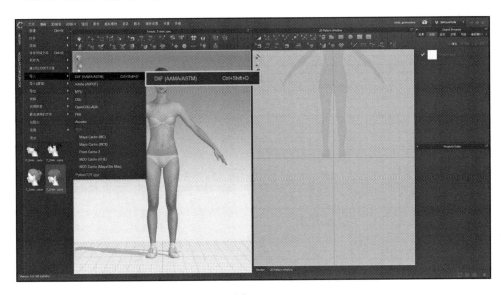

图4-224

2. 板片校对

（1）运用 "调整板片"，根据3D虚拟模特剪影进行样板的移动放置（图4-225）。

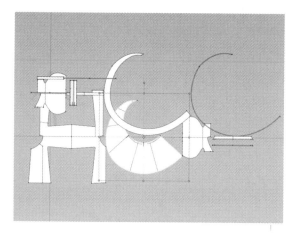

图4-225

（2）将所有板片按如图所示位置放置（图4-226）。

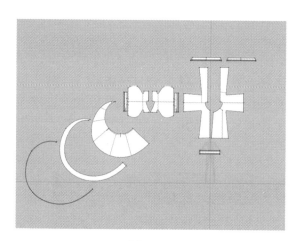

图4-226

三、里层缝合

1. 小衣缝合

（1）在3D视窗左上角 "显示虚拟模特"中选择 "显示X-Ray结合处"（图4-227）。

（2）运用 "选择/移动"选中模特肩膀上的结合处，使用定位球将模特手臂张开（图4-228）。

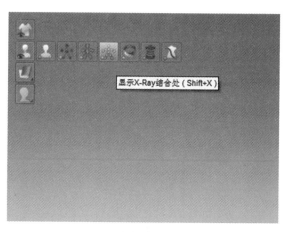

图4-227

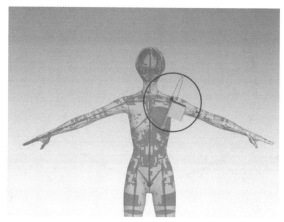

图4-228

（3）在3D视窗左上角 "显示虚拟模特"中关闭 "显示X-Ray结合处"（图4-229）。

图4-229

（4）运用 "选择/移动"及定位球工具，将小衣板片按如图4-230所示位置放置。

图4-230

（5）运用■"调整板片"在2D视窗中选中除小衣外其他所有板片（图4-231）。

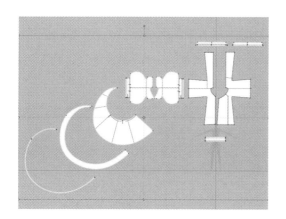

图4-231

（6）在选中的板片上点击右键选择"冷冻"（图4-232）。

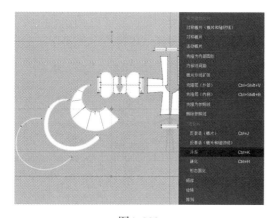

图4-232

（7）运用■"线缝纫"将小衣背部缝合（图4-233）。

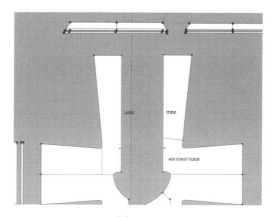

图4-233

（8）运用■"调整板片"在2D视窗中选中小衣板片，点击右键，选择"硬化"（图4-234）。

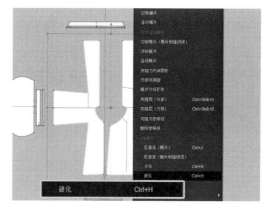

图4-234

（9）在3D视窗中打开■"模拟"当衣片下垂至挂在模特上时，关闭■"模拟（图4-235）。

图4-235

（10）运用 ![icon] "自由缝纫"在2D视窗中将侧缝缝合（图4-236）。

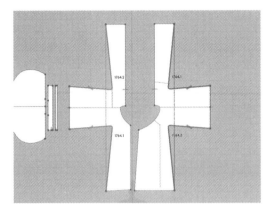

图4-236

（11）在3D视窗中打开 ![icon] "模拟"使侧缝缝合（图4-237）。

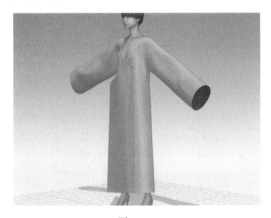

图4-237

2. 交领缝合

（1）运用 ![icon] "自由缝纫"在交领上从左至右设置一条缝纫线（图4-238）。

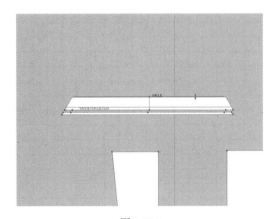

图4-238

（2）按住"Shift"从如图4-239所示的点向上绕领圈缝纫。

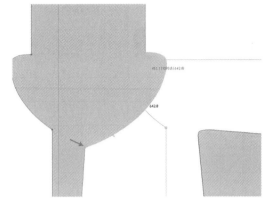

图4-239

（3）不要松开"Shift"接着从如图4-240所示的点向下绕领圈缝纫，松开"Shift"完成缝合。

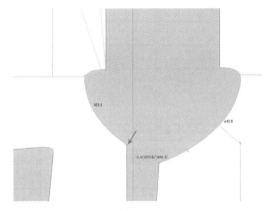

图4-240

（4）在3D视窗中按住"Shift"选中小衣板片，点击右键选择"冷冻"（图4-241）。

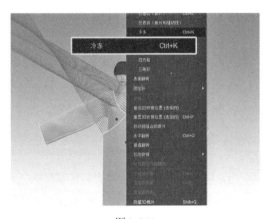

图4-241

（5）运用 "选择/移动"选中交领板片点击右键选择"解冻"（图4-242）。

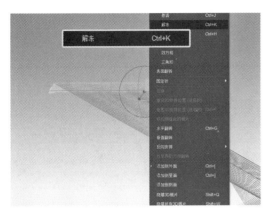

图4-242

（6）在3D视窗左上角 "显示虚拟模特"中打开 "显示安排点"（图4-243）。

图4-243

（7）将交领放置在如图4-244所示位置，并将它硬化。

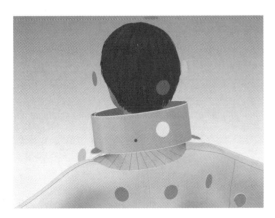

图4-244

（8）在右侧属性编辑器中调整间距为100（图4-245）。

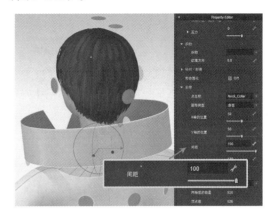

图4-245

（9）在3D视窗中打开 "模拟"运用 "选择/移动"按住左键扯动，将交领调整至理想状态（图4-246）。

图4-246

3. 衣缘缝合

（1）在2D视窗中运用 "自由缝纫"将衣缘与交领缝合（图4-247）。

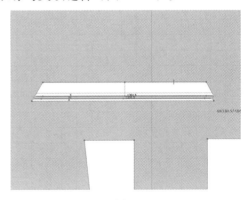

图4-247

（2）在2D视窗中运用 ◢ "调整板片"在衣缘板片上点击右键选择"解冻"（图4-248）。

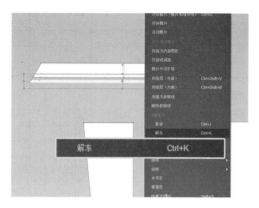

图4-248

（3）运用 ▸+ "选择/移动"在3D视窗中选中小衣板片，点击右键选择"解冻"（图4-249）。

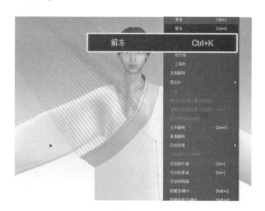

图4-249

（4）在3D视窗中选中小衣及交领，点击右键选择"反激活（板片）"如图4-250所示。

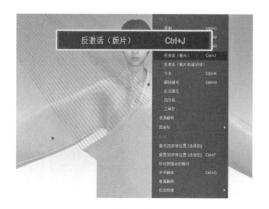

图4-250

（5）在虚拟模特上点击右键，选择"反激活虚拟模特"（图4-251）。

图4-251

（6）反激活状态（图4-252）。

图4-252

（7）将衣缘移动到交领附近位置，打开 ⬇ "模拟"使衣缘缝合在交领上（图4-253）。

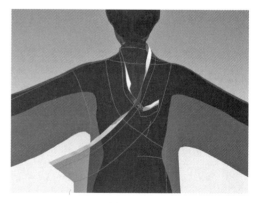

图4-253

（8）将衣缘硬化，在模特上点击右键选择"激活虚拟模特"（图4-254）。

图4-254

（9）选中小衣及交领，点击右键选择"激活"按住鼠标左键调整，将服装调整至理想状态（图4-255）。

图4-255

（10）运用 "假缝"在衣缘上如图4-256所示位置点击鼠标左键。

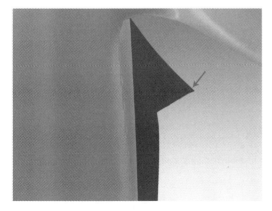

图4-256

（11）在上衣如图4-257所示位置点击左键，打开 "模拟"将它们固定在一起，完成假缝。

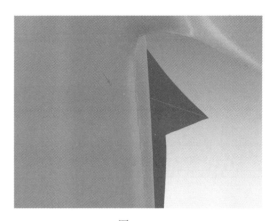

图4-257

（12）假缝完成效果如图4-258所示。

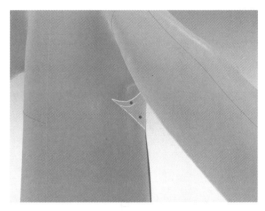

图4-258

四、外层缝合

1. 袖缝合

（1）运用 "选择/移动"在3D视窗中按住"Shift"选中穿好的服装，点击右键选择"冷冻"（图4-259）。

图4-259

（2）运用 ↙ "调整板片"在2D视窗中选中袖板片，点击右键选择"解冻"（图4-260）。

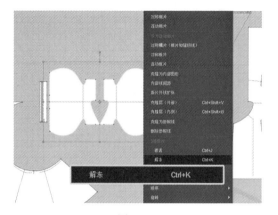

图4-260

（3）再次点击右键，选择"硬化"（图4-261）。

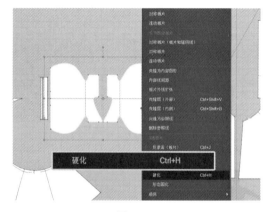

图4-261

（4）运用 ▨ "线缝纫"将后中缝合（图4-262）。

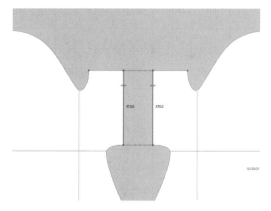

图4-262

（5）在3D视窗中，运用 ↖₊ "选择/移动"及定位球，将袖板片按如图4-263所示方法放置。

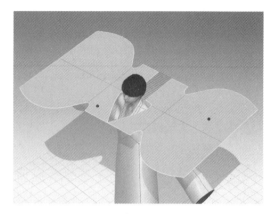

图4-263

（6）打开 ▨ "模拟"，使其下垂搭在模特上（图4-264）。

图4-264

（7）运用 ▨ "线缝纫"将袖侧缝缝合（图4-265）。

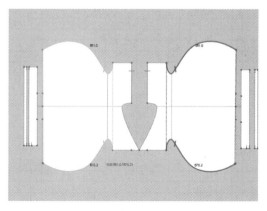

图4-265

（8）运用▱"调整板片"在2D视窗中选中袖板片，在右侧属性编辑器内设置层为1（图4-266）。

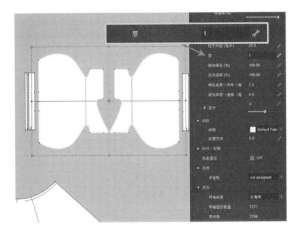

图4-266

（9）在3D视窗中打开▼"模拟"将袂虚拟缝合，袖实时根据重力和缝纫关系进行着装（图4-267）。

图4-267

（10）运用▱"调整板片"在2D视窗中选中袖板片，在右侧属性编辑器内将层次改回为0（图4-268）。

（11）在3D视窗中，运用▸┼"选择/移动"按住"Shift"选中小衣、交领、衣缘点击右键选择"解冻"（图4-269）。

（12）打开▼"模拟"，运用▸┼"选择/移动"按住鼠标左键扯动，将服装调整至理想状态（图4-270）。

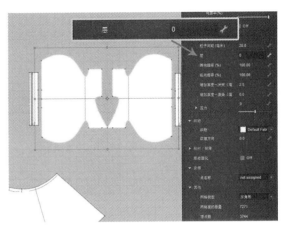

图4-268

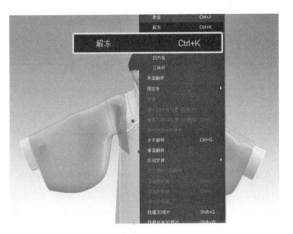

图4-269

图4-270

2. 交领缝合

（1）在2D视窗中，运用▱"自由缝纫"在另一个交领板片上从右往左设置缝纫线（图4-271）。

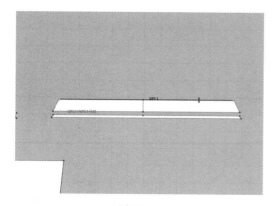

图4-271

（2）按住"Shift"从如图4-272所示的点向上绕领圈缝纫。

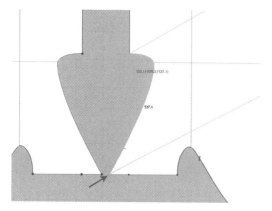

图4-272

（3）不要松开"Shift"，接着从如图4-273所示的点向下绕领圈缝纫，松开"Shift"完成缝合。

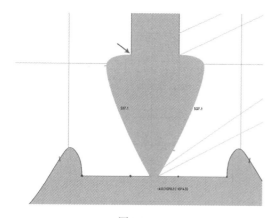

图4-273

（4）在3D视窗中，运用 "选择/移动"按住"Shift"将模特上所有服装选中（图4-274）。

图4-274

（5）在选中的服装上点击右键，选择"反激活（板片）"如图4-275所示。

图4-275

（6）在虚拟模特上点击右键，选择"反激活虚拟模特"（图4-276）。

图4-276

（7）在2D视窗中运用 "调整板片"，选中交领板片点击右键选择"解冻"（图4-277）。

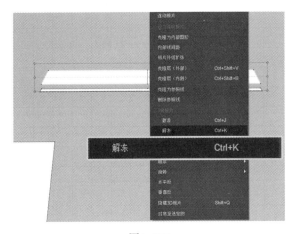

图4-277

（8）在3D视窗左上角 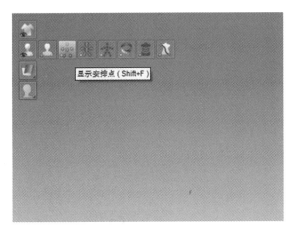 "显示虚拟模特"中打开 "显示安排点"（图4-278）。

图4-278

（9）将交领放置在如图4-279所示位置，并将其硬化。

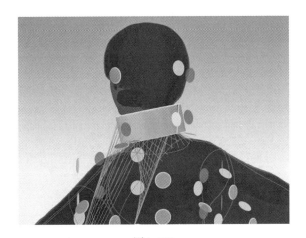

图4-279

（10）在右侧属性编辑器中调整间距为100（图4-280）。

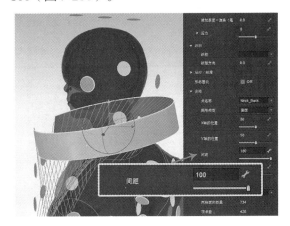

图4-280

（11）打开 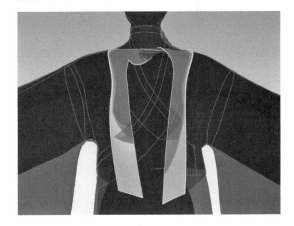 "模拟"使交领缝合在服装上（图4-281）。

图4-281

（12）运用 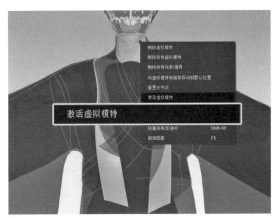 "选择/移动"对虚拟模特点击右键选择"激活虚拟模特"（图4-282）。

图4-282

（13）选中交领，在右侧属性编辑器中设定层为1（图4-283）。

图4-283

（14）运用 "选择/移动"选中模特上所有板片，点击右键选择"激活"。扯动服装调整至理想状态（图4-284）。

图4-284

（15）对模特上所有板片点击右键，选择"解除硬化"，并将交领层次改回为0，再次调整服装（图4-285）。

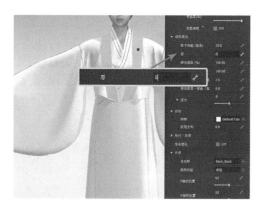

图4-285

3. 衣缘缝合

（1）在2D视窗中，运用 "自由缝纫"将衣缘与交领缝合（图4-286）。

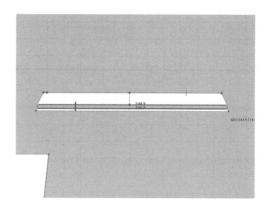

图4-286

（2）运用 "调整板片"选中衣缘板片点击右键选择"解冻"（图4-287）。

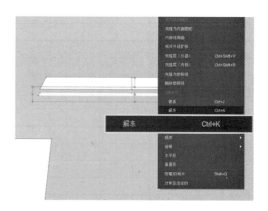

图4-287

（3）在3D视窗中运用 "选择/移动"将模特身上所有服装冷冻（图4-288）。

图4-288

（4）在3D视窗左上角 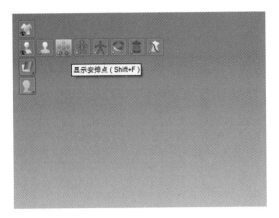 "显示虚拟模特"中打开 "显示安排点"（图4-289）。

图4-289

（5）将衣缘放置在如图4-290所示安排点位置。

图4-290

（6）在右侧属性编辑器中，调整间距为100（图4-291）。

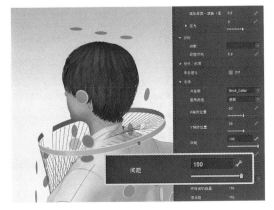

图4-291

（7）打开  "模拟"使衣缘和交领缝合，按住鼠标左键扯动，调整衣缘（图4-292）。

图4-292

（8）运用 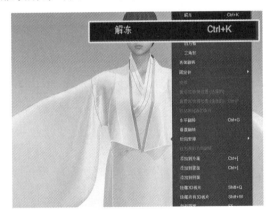 "调整板片"将模特上所有服装解冻（图4-293）。

图4-293

（9）在2D视窗中运用 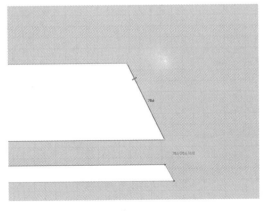 "自由缝纫"在交领上如图4-294所示位置从上向下设置缝纫线。

图4-294

（10）在上衣如图4-295所示位置从右至左设置缝纫线，与交领缝合。

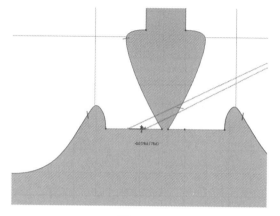

图4-295

（11）在衣缘上从上至下设置缝纫线（图4-296）。

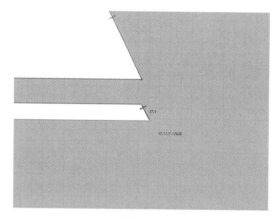

图4-296

（12）接交领缝纫线后从右至左缝合（图4-297）。

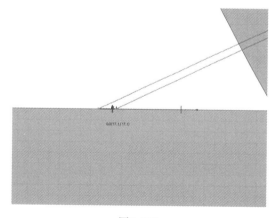

图4-297

（13）打开 ⬇ "模拟"并运用 ✛ "选择/移动"将服装整理至理想状态（图4-298）。

图4-298

（14）运用 ✛ "选择/移动"，将模特上所有服装冷冻（图4-299）。

图4-299

4. 三绕曲裾制作

（1）裳缝纫。

① 在3D视窗中，运用 ✛ "选择/移动"及定位球，将裳按如图4-300所示方法放置。

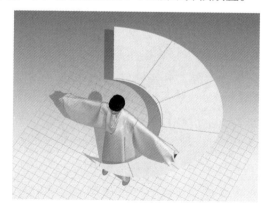

图4-300

②在裳点击右键,选择"解冻",再次对其点击右键,将它硬化(图4-301)。

图4-301

③在2D视窗中运用 "自由缝纫"在如图4-302所示位置从左至右设置缝纫线。

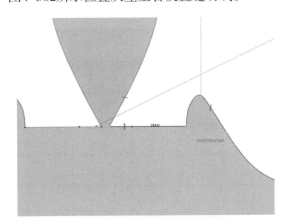

图4-302

④与裳最细的一端,从上向下以同等长度缝合(图4-303)。

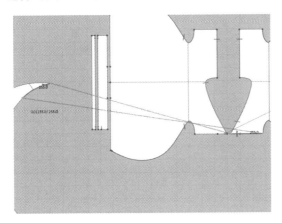

图4-303

⑤在后背位置从右至左设置缝纫线(图4-304)。

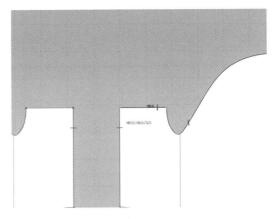

图4-304

⑥接之前缝合位置继续向下缝合,与之对应(图4-305)。

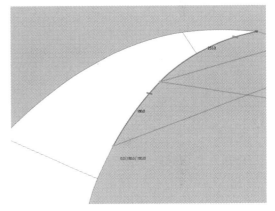

图4-305

⑦同样,在另一片后背位置从右至左设置缝纫线(图4-306)。

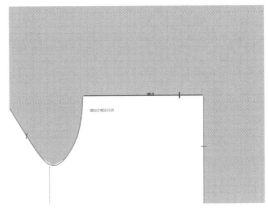

图4-306

⑧接之前缝合位置继续向下缝合（图4-307）。

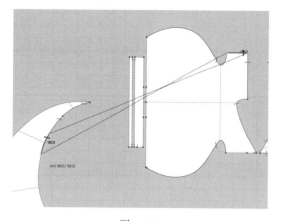

图4-307

⑨按如图4-308所示方法从左至右设置缝纫线。

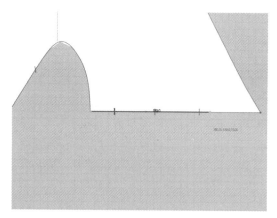

图4-308

⑩再接着之前缝合的位置向下缝纫（图4-309）。

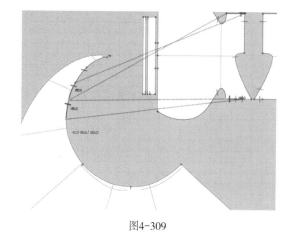

图4-309

⑪打开 ⬇ "模拟"并运用 ➕ "选择/移动"将服装调整至如图4-310所示状态。

图4-310

⑫在打开 ⬇ "模拟"的状态下，运用 ➕ "选择/移动"慢慢拖动裳，直到绕模特一周（图4-311）。

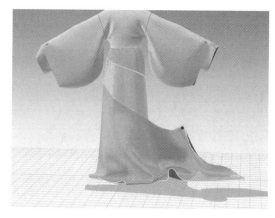

图4-311

⑬在2D视窗中裳的板片上依设置好的缝纫线长度设置缝纫线（图4-312）。

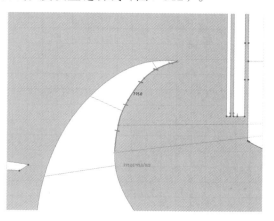

图4-312

⑭接这条缝纫线向下设置缝纫线，使它们两两缝合（图4-313）。

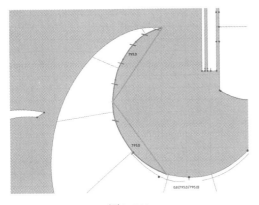

图4-313

⑮在3D视窗中打开 ![]"模拟"运用 ![]"选择/移动"调整服装至理想状态（图4-314）。

图4-314

⑯运用 ![]"选择/移动"慢慢拖动裳，绕模特一周，并使它始终保持在里层（图4-315）。

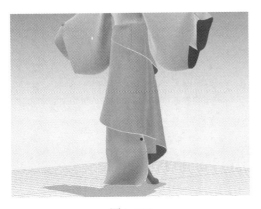

图4-315

⑰在2D视窗中运用 ![]"自由缝纫"接在之前缝纫线的后面从左至右设置缝纫线（图4-316）。

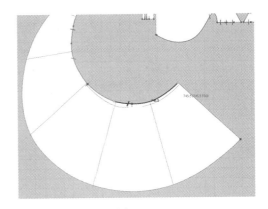

图4-316

⑱以如图4-317所示的点为起点向下设置与它等长的缝纫线，使其两两缝合。

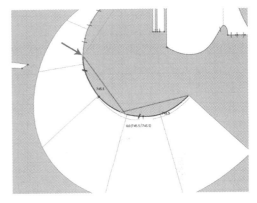

图4-317

⑲在3D视窗中打开 ![]"模拟"，运用 ![]"选择/移动"将模特上所有服装解冻并调整（图4-318）。

图4-318

（2）裾缝纫。

①将模特及模特上所有板片反激活（图4-319）。

图4-319

②在2D视窗中运用 🔲 "线缝纫"将裾与裳缝合（图4-320）。

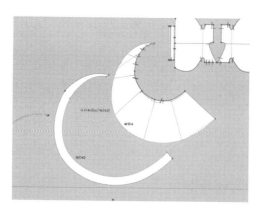

图4-320

③运用自由缝纫，在裾上如图4-321所示位置从左向右设置缝纫线。

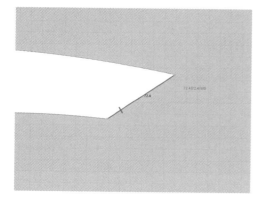

图4-321

④与前襟下方如图4-322所示位置缝合。

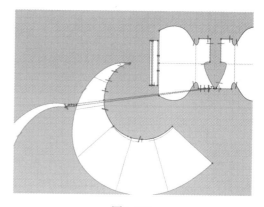

图4-322

⑤运用 ◣ "调整板片"对裾点击右键，选择"解冻"（图4-323）。

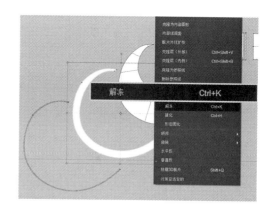

图4-323

⑥在3D视窗中运用 ➕ "选择/移动"及定位球，将裾按如图4-324所示方法放置。

图4-324

⑦在裙上点击鼠标右键选择"硬化"（图4-325）。

图4-325

⑧在3D视窗中打开  "模拟"使裙与反激活的裳缝合（图4-326）。

⑩在虚拟模特上点击鼠标右键选择"激活虚拟模特"（图4-328）。

图4-328

⑪选中模特上所有板片，点击右键选择"冷冻"（图4-329）。

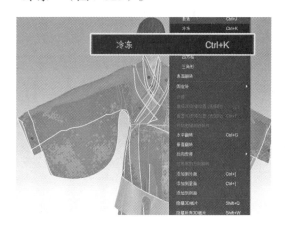

图4-329

⑨在右侧属性编辑器中设置裙的层次为1（图4-327）。

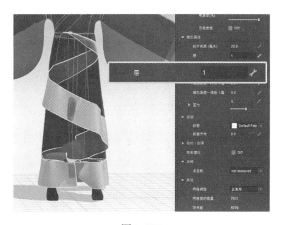

图4-326

图4-327

⑫运用  "选择/移动"扯动板片至如图4-330所示状态。

图4-330

（3）衣缘缝纫。

①再次将模特及模特上所有服装反激活（图4-331）。

图4-331

②在2D视窗中运用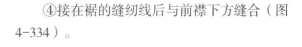"自由缝纫"将衣缘与裙缝合（图4-332）。

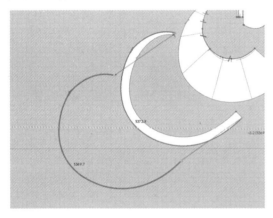

图4-332

③在衣缘上如图4-333所示位置从左向右设置缝纫线。

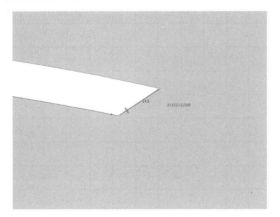

图4-333

④接在裙的缝纫线后与前襟下方缝合（图4-334）。

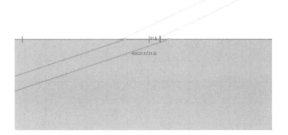

图4-334

⑤运用 "调整板片"对衣缘点击右键，选择"解冻"（图4-335）。

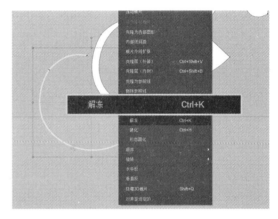

图4-335

⑥在3D视窗中运用 "选择/移动"及定位球，将衣缘按如图4-336所示位置放置。

图4-336

⑦在衣缘上点击鼠标右键选择"硬化"（图4-337）。

图4-337

⑧在3D视窗中打开 ⬇ "模拟"使衣缘与反激活的裙缝合（图4-338）。

图4-338

⑨在虚拟模特上点击右键选择"激活虚拟模特"（图4-339）。

图4-339

⑩将模特上除衣缘外所有服装冷冻，所有板片层次调整为0，整理好衣缘（图4-340）。

图4-340

五、袖口缝合

（1）在3D视窗中将模特上所有服装解冻并硬化（图4-341）。

图4-341

（2）在2D视窗中运用 "自由缝纫"将袖口中间段缝合（图4-342）。

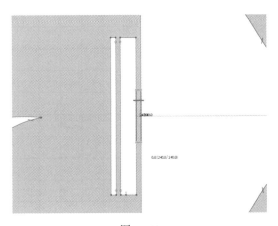

图4-342

（3）再将袖口与袂的上方缝合（图4-343）。

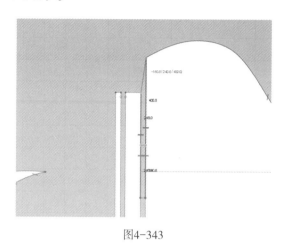

图4-343

（4）下方以同样的方法缝合（图4-344）。

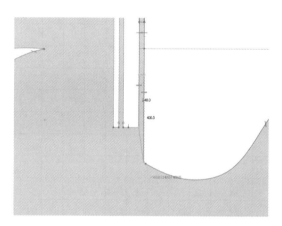

图4-344

（5）运用▨"线缝纫"将衣缘与袖口缝合（图4-345）。

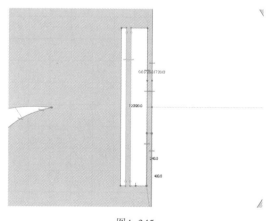

图4-345

（6）运用▨"自由缝纫"将袖口上下两端缝合，衣缘同理（图4-346）。

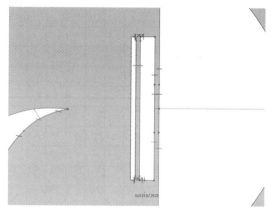

图4-346

（7）另一边袖口采用同样的方法缝合（图4-347）。

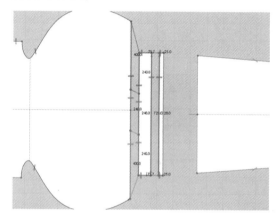

图4-347

（8）运用◢"调整板片"选中两边的袖口及衣缘，点击右键选择"解冻"（图4-348）。

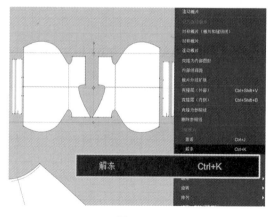

图4-348

（9）在3D视窗中运用 "选择/移动"及定位球，将袖口及衣缘按如图4-349所示位置放置。

图4-349

（10）在袂口上点击右键，选择"硬化"（图4-350）。

图4-350

（11）打开 "模拟"使袖口缝合（图4-351）。

图4-351

（12）运用 "选择/移动"将模特上所有板片解除硬化，并调整至理想状态（图

4-352）。

图4-352

六、大带缝合

（1）在3D视窗中关闭模拟，在左上角 "显示虚拟模特"中打开 "显示安排点"（图4-353）。

图4-353

（2）在2D视窗中按住鼠标左键框选大带板片，点击右键选择解冻（图4-354）。

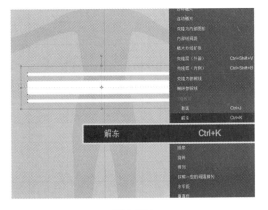

图4-354

（3）运用  "线缝纫"将大带所有板片两端缝合（图4-355）。

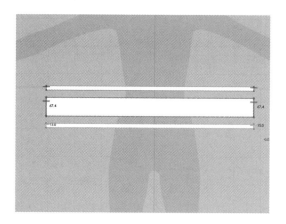

图4-355

（4）将衣缘与大带缝合（图4-356）。

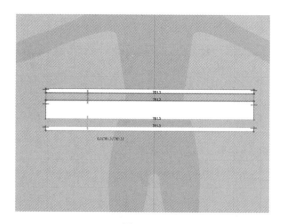

图4-356

（5）在3D视窗中，将大带放置在如图4-357所示位置。

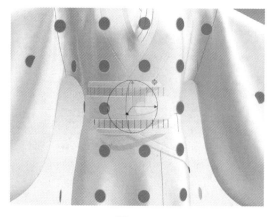

图4-357

（6）在右侧属性编辑器中设置它的层次为1（图4-358）。

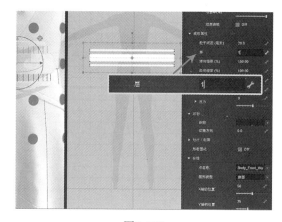

图4-358

（7）在大带及衣缘上点击右键，选择"硬化"（图4-359）。

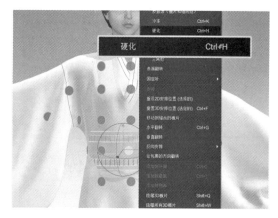

图4-359

（8）打开 ■ "模拟"使大带缝合（图4-360）。

图4-360

（9）点击右键解除硬化，将所有服装层次改为0（图4-361）。

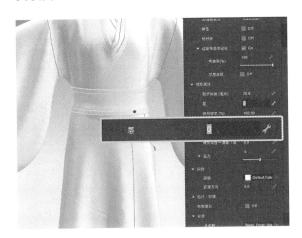

图4-361

（10）整理服装至理想状态（图4-362）。

图4-362

七、设置面料

1. 设置衣缘面料

（1）在2D视窗中运用 "调整板片"选中所有的衣缘板片，点击右键选择"使用于新的织物"（图4-363）。

（2）在右侧属性编辑器中调整它的颜色为"褐色"（图4-364）。

2. 设置小衣面料

（1）在2D视窗中选中两片小衣板片，点击右键选择"使用于新的织物"（图4-365）。

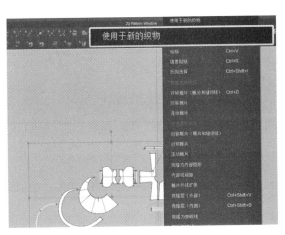

图4-363

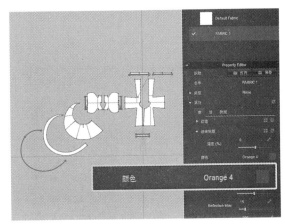

图4-364

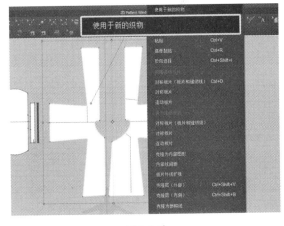

图4-365

（2）选择棉麻3D面料，选择时分别对应，纹理对应Color贴图，法线贴图对应Normal贴图，Map对应Displacement贴图（图4-366）。

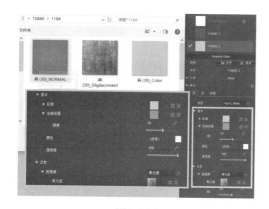

图4-366

3. 设置袂和裳面料

（1）选中袂和裳的板片，点击右键选择"使用于新的织物"（图4-367）。

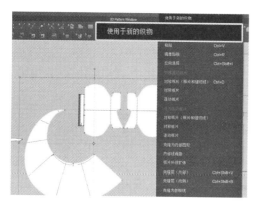

图4-367

（2）选择绣花3D面料，选择时分别对应，纹理对应Color贴图，法线贴图对应Normal贴图，Map对应Displacement贴图（图4-368）。

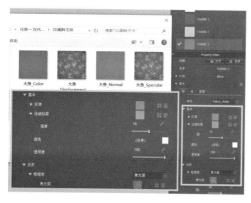

图4-368

4. 设置交领、袂口、大带、裙面料

（1）选中剩下的板片，点击右键选择"使用于新的织物"（图4-369）。

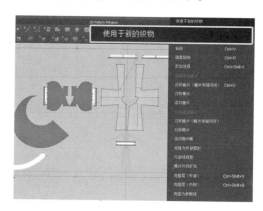

图4-369

（2）选择绣花3D面料，选择时分别对应，纹理对应Color贴图，法线贴图对应Normal贴图，Map对应Displacement贴图（图4-370）。

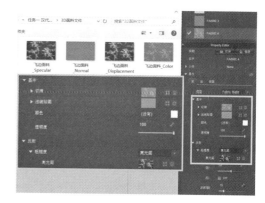

图4-370

5. 面料放置完成效果图（图4-371）

图4-371

八、成品展示（图4-372）

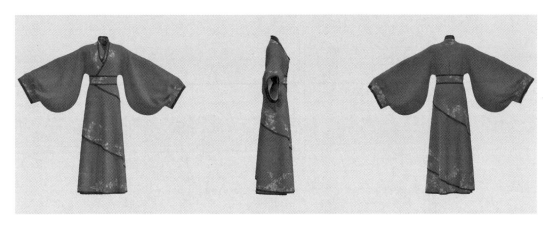

图4-372

任务二　唐代服装

任务目标：

1. 掌握一款3D唐代服装的缝制与着装。
2. 掌握内衣裙的缝制。

任务内容：

根据款式图要求，通过3D服装设计软件，学习虚拟缝纫、贴图制作、面料更换。

任务要求：

通过本次课程学习，使学生掌握唐代服装虚拟样衣的制作流程，培养学生对唐代服装款式的理解能力，掌握唐代服装的虚拟缝合方法。

任务重点：

唐代服装缝制与着装。

任务难点：

内衣裙的缝制。

课前准备：

唐代服装款式图、DXF格式板片文件、绣花面料文件。

一、板片准备

1. **唐代服装款式图**

唐代女服的代表，女式大袖衫"惯束罗衫半露胸"。图4-373为中晚唐宽袖对襟衫、长裙、披帛。

图4-373

2. 唐朝服装板片图

根据净样板的轮廓线进行板片拾取，注意
板片为净样，包含剪口、扣位、标记线等信息
（图4-374）。

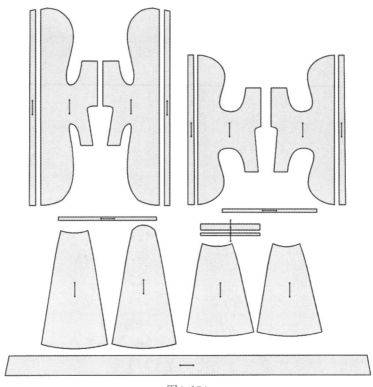

图4-374

二、板片导入及校对

1. 板片导入

在图库窗口中选择Avatar，并在目录中双
击选择一名女性模特。点击软件视窗左上角
文件→导入→DXF（AAMA/ASTM）。导入设
置时根据制板单位确定导入单位比例，选项
中选择板片自动排列、优化所有曲线点（图
4-375）。

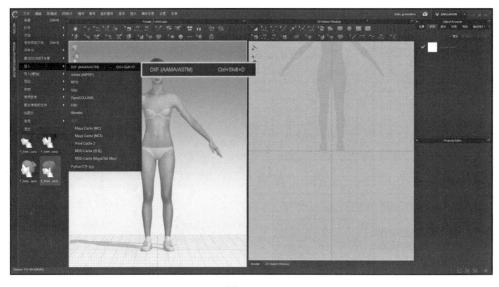

图4-375

2. 板片校对

（1）在2D视窗中运用 ◢ "调整板片"，根据3D虚拟模特剪影进行样板的移动放置（图4-376）。

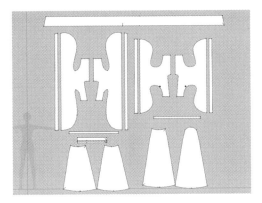

图4-376

（2）在3D视窗中点击 ⊞ "重置2D安排位置"将所有板片按如图4-377所示位置放置。

图4-377

（3）按下"Ctrl+A"选中所有板片，在板片上点击右键选择"冷冻"，再次点击右键选择"硬化"（图4-378）。

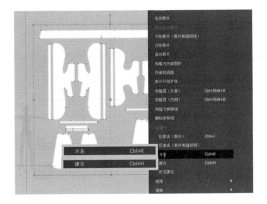

图4-378

（4）在3D视窗中运用 ✛ "选择/移动"，所有板片移动到模特右边稍远位置（图4-379）。

图4-379

三、基础部位缝合

1. 调整模特动作

（1）在3D视窗左上角 👤 "显示虚拟模特"中选择 ▦ "显示X-Ray结合处"（图4-380）。

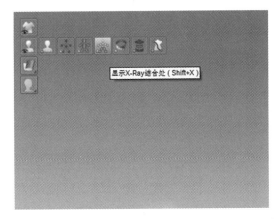

图4-380

（2）运用 ✛ "选择/移动"选中模特肩膀上的结合处，使用定位球将模特手臂张开（图4-381）。

（3）在3D视窗左上角 👤 "显示虚拟模特"中关闭 ▦ "显示X-Ray结合处"（图4-382）。

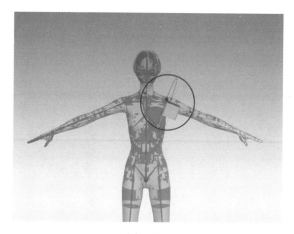

图4-381

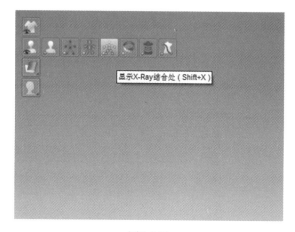

图4-382

2. 内衣缝合

（1）在2D视窗中运用 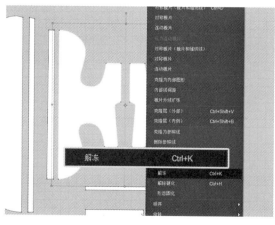 "调整板片"按住"Shift"选中内衣板片，在板片上点击右键选择"解冻"（图4-383）。

图4-383

（2）运用 "选择/移动"及定位球将内衣板片按如图4-384所示位置放置。

图4-384

（3）在2D视窗中运用 "线缝纫"将内衣板片后中缝合（图4-385）。

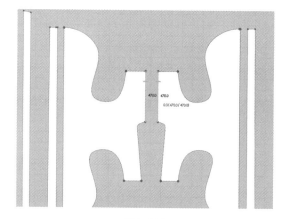

图4-385

（4）在3D视窗中打开 "模拟"当衣片下垂至挂在模特上时，关闭 "模拟"（图4-386）。

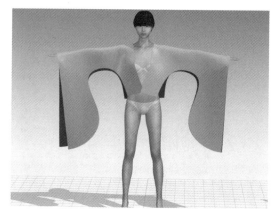

图4-386

（5）在2D视窗中运用 "线缝纫"将内衣板片侧缝缝合（图4-387）。

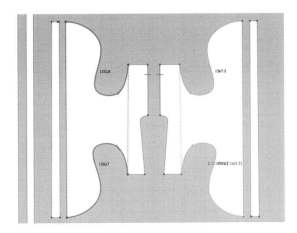

图4-387

（6）在3D视窗中打开 "模拟"使袖子及衣身侧缝缝合，关闭 "模拟"（图4-388）。

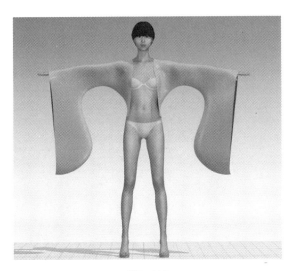

图4-388

3. 交领缝合

（1）在2D视窗中运用 "调整板片"选中交领板片，在板片上点击右键选择"解冻"（图4-389）。

（2）在3D视窗左上角 "显示虚拟模特"中打开 "显示安排点"（图4-390）。

（3）运用 "选择/移动"将交领板片如图4-391所示放置。

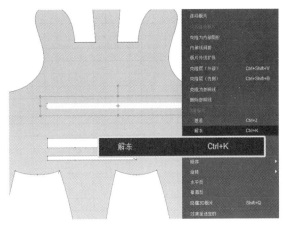

图4-389

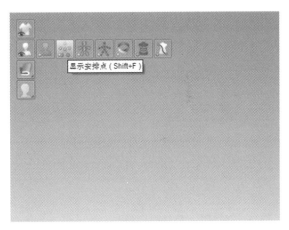

图4-390

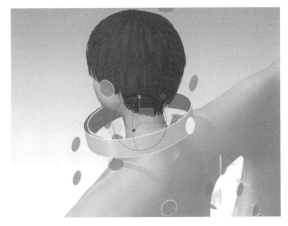

图4-391

（4）在2D视窗中运用 "自由缝纫"按住"Shift"将交领与衣身分段缝合（图4-392）。

（5）在3D视窗中打开 "模拟"当交领与衣身缝合完成，关闭 "模拟"（图4-393）。

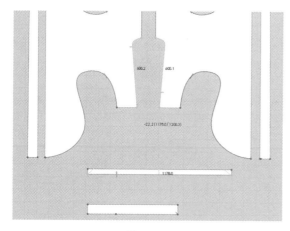

图4-392

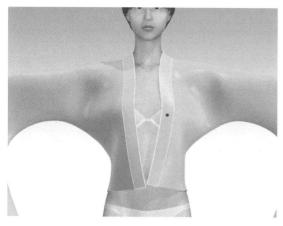

图4-393

（6）在2D视窗中运用 <!-- icon --> "线缝纫"交叉缝合将交领两端缝合固定（图4-394）。

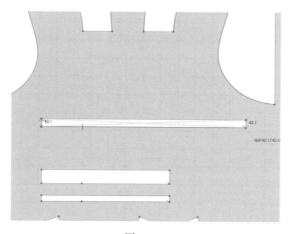

图4-394

（7）在右侧属性编辑器中设置这条缝纫线的折叠角度值为360（图4-395）。

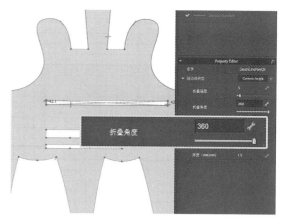

图4-395

（8）在3D视窗中打开 <!-- icon --> "模拟"并运用 <!-- icon --> "选择/移动"调整，使交领右边在上左边在下，关闭 <!-- icon --> "模拟"（图4-396）。

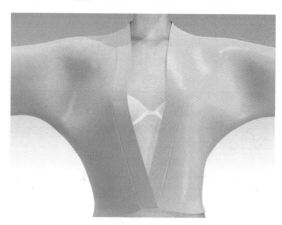

图4-396

4. 袖口缝合

（1）在2D视窗中运用 <!-- icon --> "调整板片"选中袖口板片"解冻"（图4-397）。

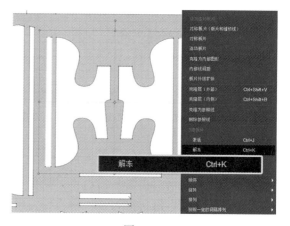

图4-397

（2）运用 ▨ "线缝纫"将袖口与袖子缝合（图4-398）。

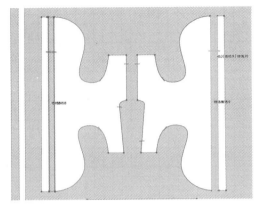

图4-398

（3）在3D视窗中运用 ▨ "选择/移动"将模特上所有服装"冷冻"（图4-399）。

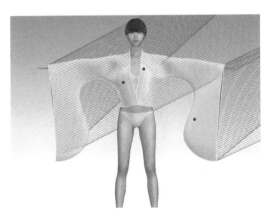

图4-399

（4）运用 ▨ "选择/移动"及定位球将袖口板片放置在袖子附近位置（图4-400）。

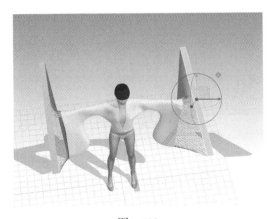

图4-400

（5）在3D视窗中打开 ▨ "模拟"当袖子与袖口缝合完成，关闭 ▨ "模拟"（图4-401）。

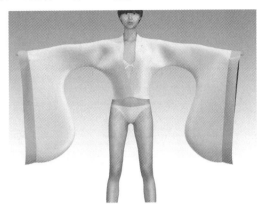

图4-401

（6）将袖口侧缝缝合，再进行一次模拟（图4-402）。

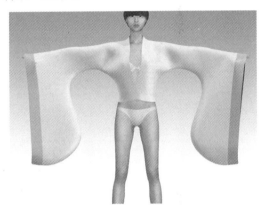

图4-402

5. 内衣裙制作

（1）运用 ▨ "选择/移动"选中模特上所有服装，解冻及解除硬化，并进行整理（图4-403）。

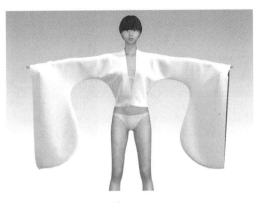

图4-403

（2）运用 "固定到虚拟模特上"工具，将腋下余量固定，方便之后的制作（图4-404）。

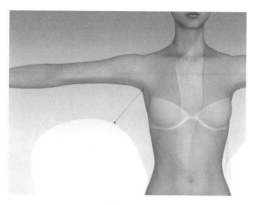

图4-404

（3）打开 "模拟"将余量固定，关闭 "模拟"固定完成效果（图4-405）。

图4-405

（4）在2D视窗中运用 "调整板片"选中内衣裙板片，在板片上点击右键"解冻"（图4-406）。

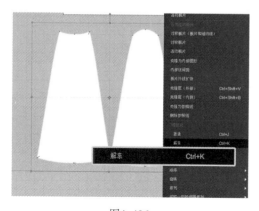

图4-406

（5）在3D视窗左上角 "显示虚拟模特"中打开 "显示安排点"（图4-407）。

图4-407

（6）运用 "选择/移动"及定位球，将板片按如图4-408所示方法放置。

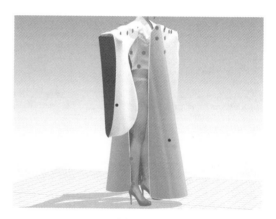

图4-408

（7）在2D视窗中运用"线缝纫"将裙片侧缝缝合（图4-409）。

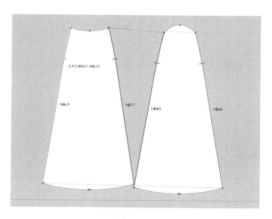

图4-409

（8）运用 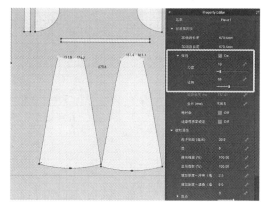 "编辑板片"选中如图4-410 所示的线，在右侧属性编辑器中打开弹性。

图4-410

（9）运用 "粘衬条"工具，在同样的位置粘衬条（图4-411）。

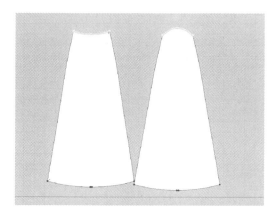

图4-411

（10）运用 "调整板片"选中裙片，在右侧属性编辑器中设置它的层为1（图4-412）。

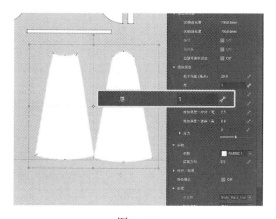

图4-412

（11）打开 "模拟"将裙片缝合，调整至无抖动的理想状态，关闭 "模拟"（图4-413）。

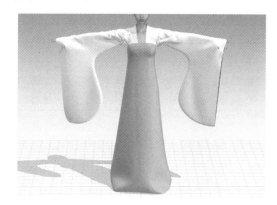

图4-413

（12）解除裙片的硬化，并删除模特上的固定针打开 "模拟"再次进行调整（图4-414）。

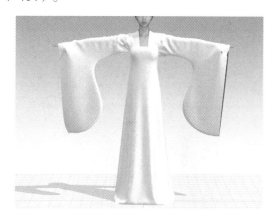

图4-414

（13）将模特上所有服装"冷冻"（图4-415）。

图4-415

6. 外衣缝合

（1）将外衣板片解冻，运用 "选择/移动"及定位球将外衣板片按如图4-416所示方法放置。

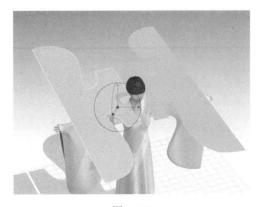

图4-416

（2）缝合后中，打开 "模拟"待外衣挂在模特上，关闭 "模拟"（图4-417）。

图4-417

（3）运用 "自由缝纫"将外衣侧缝缝合，打开 "模拟"整理服帖（图4-418）。

图4-418

（4）交领与袖口与内衣的交领、袖口采用同样的方法（图4-419）。

图4-419

7. 裙子缝合

（1）将裙子解冻并在3D视窗中按如图4-420所示位置放置。

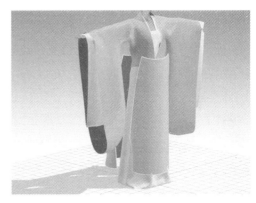

图4-420

（2）在2D视窗中运用 "线缝纫"将裙子的侧缝缝合（图4-421）。

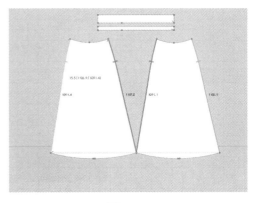

图4-421

（3）打开 "模拟"当裙子缝合无抖动时，关闭 "模拟"（图4-422）。

图4-422

（4）模特上所有板片"解冻""解除硬化"，整理服帖（图4-423）。

图4-423

8. 系带缝合

（1）在2D视窗中框选两条系带，点击右键"解冻"（图4-424）。

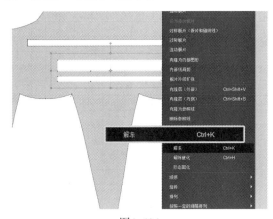

图4-424

（2）运用"自由缝纫"将两条系带缝合（图4-425）。

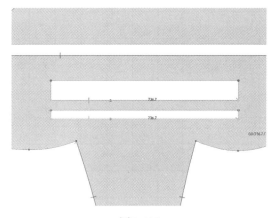

图4-425

（3）运用 "线缝纫"将两条系带侧缝缝合（图4-426）。

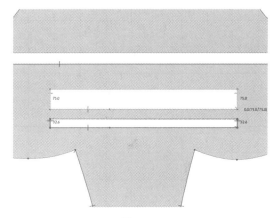

图4-426

（4）在3D视窗打开安排点，将系带板片按如图4-427所示位置放置。

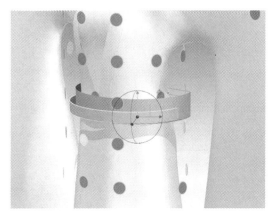

图4-427

（5）打开 "模拟"将系带缝合并进行调整，"解除硬化"关闭 "模拟"（图4-428）。

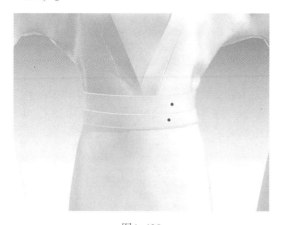

图4-428

（6）缝合完成效果图（图4-429）。

图4-429

9. 披帛

（1）将模特上所有服装"冷冻"，点击披帛板片"解冻"（图4-430）。

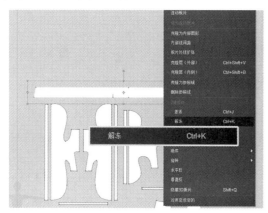

图4-430

（2）运用"选择/移动"及定位球，将板片按如图4-431所示方法放置。

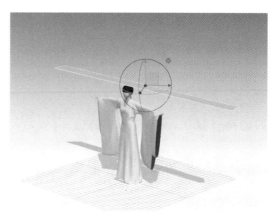

图4-431

（3）打开"模拟"，在板片下坠过程中运用"选择/移动"扯动调整（图4-432）。

图4-432

（4）扯动板片调整至如图4-433所示状态。

图4-433

（5）"解除硬化"后继续扯动调整（图4-434）。

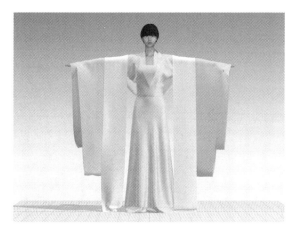

图4-434

（6）调整至合适状态后，"解冻"所有板片，关闭 "模拟"（图4-435）。

图4-435

四、设置面料

1. 披帛面料设置

（1）在2D视窗中运用 "调整板片"选中披帛板片，点击右键选择"使用于新的织物"（图4-436）。

（2）在右侧属性编辑器中修改它的名字为"披帛"（图4-437）。

（3）选择绣花3D面料，选择时分别对应，纹理对应Color贴图，法线贴图对应Normal贴图，Map对应Displacement贴图（图4-438）。

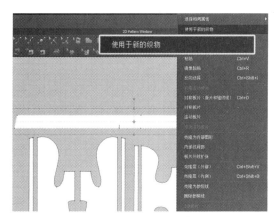

图4-436

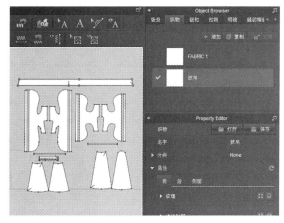

图4-437

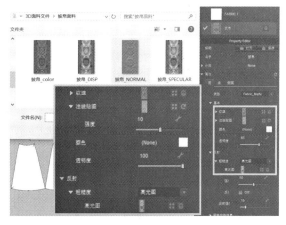

图4-438

（4）在2D视窗中，运用 "编辑纹理（2D）"选择披帛板片，调整纹理位置及大小至适合（图4-439）。

（5）在右侧属性编辑器中调整披帛透明度为65%（图4-440）。

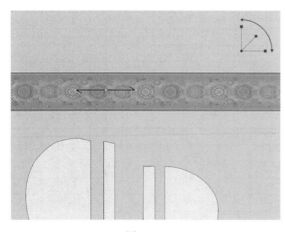

图4-439

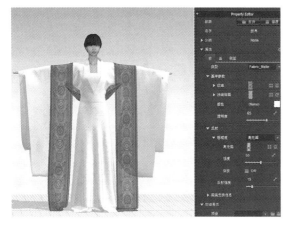

图4-440

2. 设置内衣面料

（1）在2D视窗中选中内衣板片，点击右键选择"使用于新的织物"并修改织物名称为"内衣"（图4-441）。

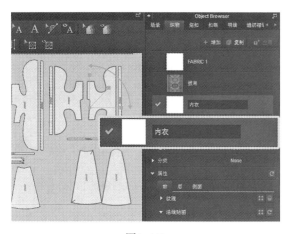

图4-441

（2）选择内衣的3D面料，选择时分别对应，纹理对应Color贴图，法线贴图对应Normal贴图，Map对应Displacement贴图，见图4-442。

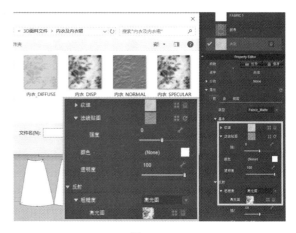

图4-442

（3）在2D视窗中，运用 "编辑纹理（2D）"，调整纹理位置及大小至适合（图4-443）。

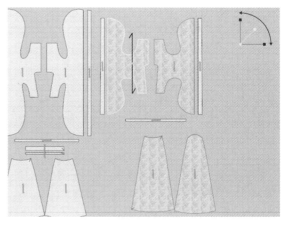

图4-443

（4）调整完成效果（图4-444）。

3. 设置领子及系带面料

（1）在2D视窗中选中板片，点击右键"使用于新的织物"并修改织物名称为"领子和系带"（图4-445）。

（2）在颜色编辑器中设置RGB颜色为R223、G247、B247（图4-446）。

图4-444

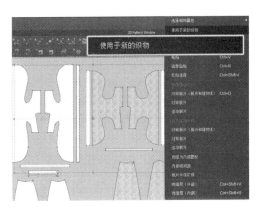

图4-447

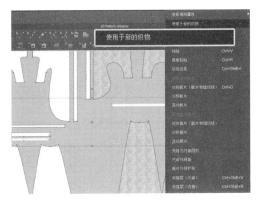

图4-445

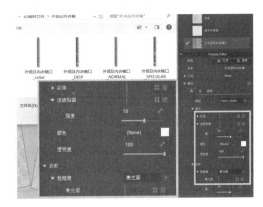

图4-448

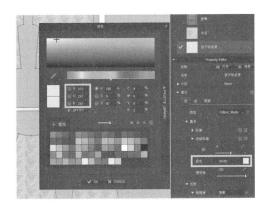

图4-446

4. 设置外衣领和内衣袖口面料

（1）在2D视窗中选中板片，点击右键选择"使用于新的织物"并在物体窗口中修改名称为"外衣领和内衣袖口"（图4-447）。

（2）选择内衣的3D面料，选择时分别对应，纹理对应Color贴图，法线贴图对应Normal贴图，Map对应Displacement贴图（图4-448）。

（3）在2D视窗中，运用 "编辑纹理（2D）"，调整纹理位置及大小至适合（图4-449）。

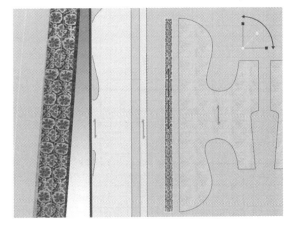

图4-449

5. 放置其他部位面料

（1）其余部位均按此方法放置面料、外衣（图4-450）。

（2）外裙及大带（图4-451）。

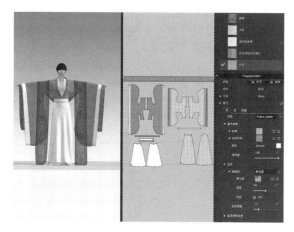

图4-450

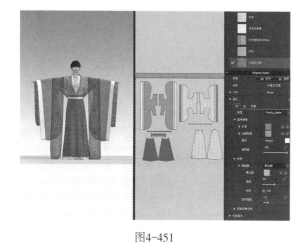

图4-451

（3）外衣袖口（图4-452）。

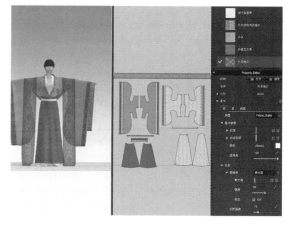

图4-452

（4）面料放置完成效果图（图4-453）。

图4-453

五、成品展示（图4-454）

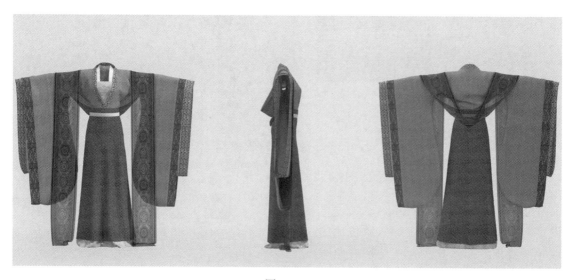

图4-454

任务三　明代服装

任务目标：

1. 掌握一款3D明代服装的缝制与着装。

2. 掌握明制汉服道袍制作方法。

任务内容：

根据款式图要求，通过3D试衣应用，学习虚拟缝纫、贴边制作、面料更换。

任务要求：

通过本次课程学习，使学生掌握明代服装虚拟样衣的制作流程，培养学生对明制汉服款式的理解能力，掌握汉服类服装的虚拟缝合方法。

任务重点：

明代服装的缝合与制作。

任务难点：

裙子与衣身缝合。

课前准备：

明制汉服款式图、DXF格式板片文件、3D面料文件。

一、板片准备

1. 明制汉服款式图

明制汉服"上承周汉，下取唐宋"，多为儒士所穿的服饰（图4-455）。

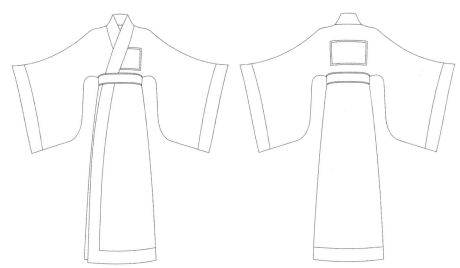

图4-455

2. 汉服板片图

根据净样板的轮廓线进行板片拾取，注意板片为净样，包含剪口、扣位、标记线等信息（图4-456）。

二、板片导入及校对

1. 板片导入

在图库窗口中选择Avatar，并在目录中双击选择一名男性模特。点击软件视窗左上角文件→导入→DXF（AAMA/ASTM）。导入设置时根据制板单位确定导入单位比例，选项中选择板片自动排列、优化所有曲线点（图4-457）。

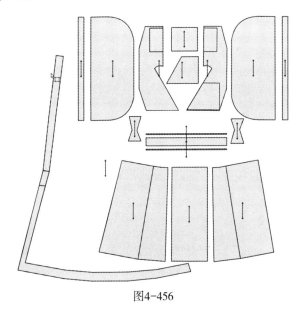

图4-456

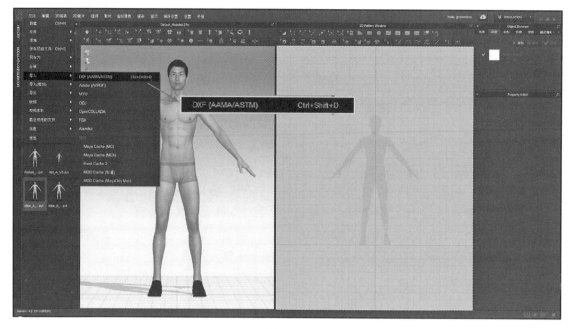

图4-457

2. 板片校对

（1）运用 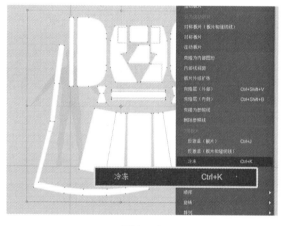"调整板片"，根据3D虚拟
模特剪影进行样板的移动放置（图4-458）。

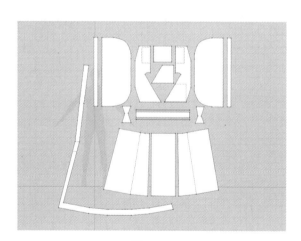

图4-458

（2）按住鼠标左键框选所有板片点击右
键选择"冷冻"（图4-459）。

（3）在板片上再次点击右键选择"硬
化"（图4-460）。

（4）在2D视窗工具栏中点击"重置2D安
排位置（全部）"，将3D视窗中所有板片整
齐排列放置（图4-461）。

图4-459

图4-460

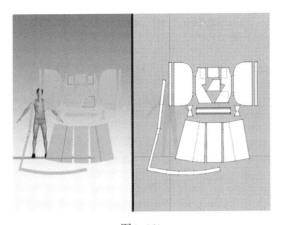

图4-461

三、基础部位缝合

1. 衣身与袖子缝合

（1）在3D视窗中将所有板片移动到不影响操作的位置（图4-462）。

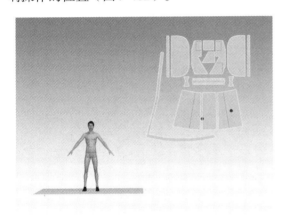

图4-462

（2）运用 "选择/移动"及定位球将衣身及袖子板片按如图4-463所示方法放置。

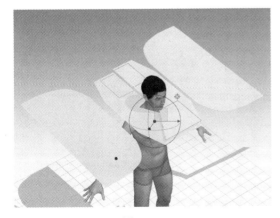

图4-463

（3）在2D视窗中将选中板片解冻（图4-464）。

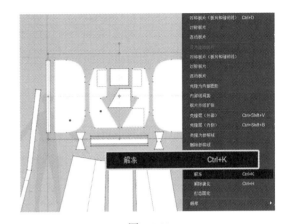

图4-464

（4）运用 "线缝纫"将衣片与袖子、衣片后中缝合（图4-465）。

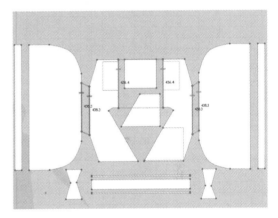

图4-465

（5）运用 "调整板片"在2D视窗中将它们解冻（图4-466）。

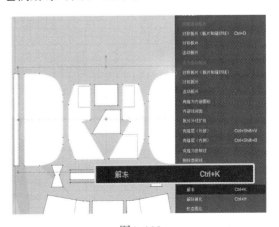

图4-466

（6）在3D视窗左上角 "显示虚拟模特"中打开 "显示安排点"（图4-467）。

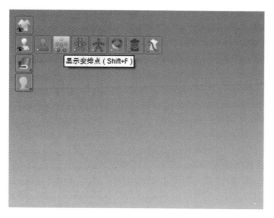

图4-467

（7）运用 "选择/移动"将两片较小的衣身板片解冻并如图4-468所示放置。

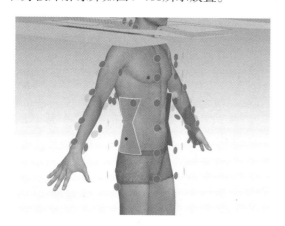

图4-468

（8）运用 "自由缝纫"将它与衣身缝合（图4-469）。

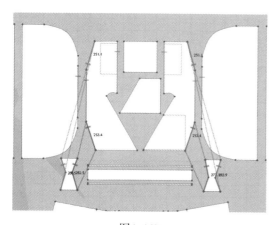

图4-469

（9）按住"Shift"将它分段与袖子缝合，缝合时注意缝纫顺序及方向（图4-470）。

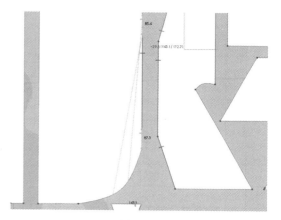

图4-470

（10）在3D视窗中打开 "模拟"当缝合完成时，关闭 "模拟"（图4-471）。

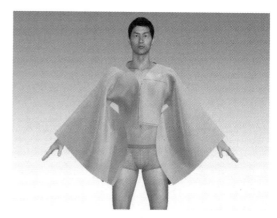

图4-471

（11）运用 "自由缝纫"在2D视窗中将袖子侧缝缝合（图4-472）。

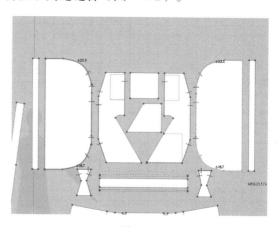

图4-472

（12）在3D视窗中打开 "模拟"使侧缝缝合并运用 "选择/移动"调整好后，关闭 "模拟"（图4-473）。

图4-473

（13）将模特上所有板片"冷冻"，将袖口板片"解冻"（图4-474）。

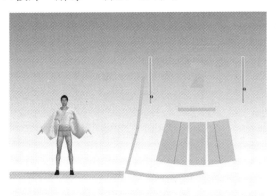

图4-474

（14）运用 "选择/移动"及定位球将袖口板片按如图4-475所示方法放置。

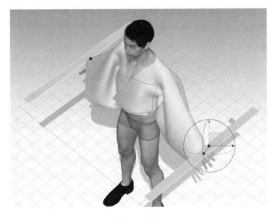

图4-475

（15）在2D视窗中运用"线缝纫"将袖口与袖子缝合（图4-476）。

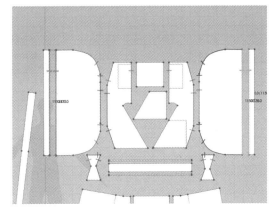

图4-476

（16）采用同样的方法将袖口侧缝缝合（图4-477）。

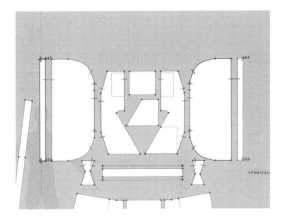

图4-477

（17）在3D视窗中打开 "模拟"使袖口缝合，关闭 "模拟"（图4-478）。

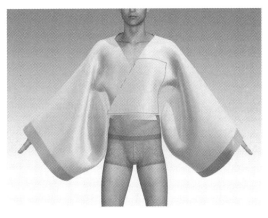

图4-478

2. 裙子与衣身缝合

（1）在3D视窗左上角  "显示虚拟模特"中打开 "显示安排点"（图4-479）。

图4-479

（2）运用 "选择/移动"及定位球将裙子板片按如图4-480所示方法放置。

图4-480

（3）在2D视窗中运用 "自由缝纫"将左边裙片与右边衣身缝合（图4-481）。

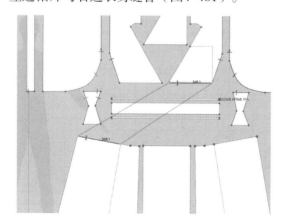

图4-481

（4）将裙片上剩余部分与小身缝合（图4-482）。

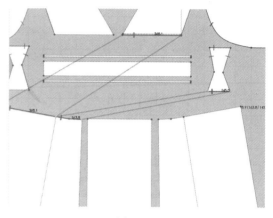

图4-482

（5）按住"Shift"将中间裙片与衣身后背部位分段缝合，注意缝纫线方向（图4-483）。

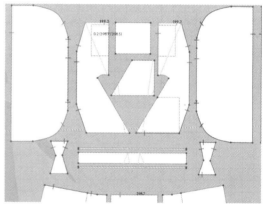

图4-483

（6）右边裙片以同样的方法缝合（图4-484）。

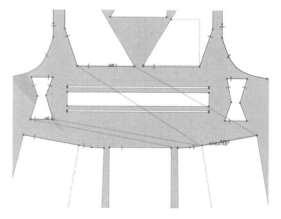

图4-484

（7）运用 "线缝纫"将裙片侧缝缝合（图4-485）。

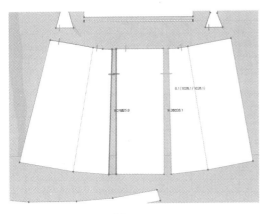

图4-485

（8）在3D视窗中，将模特上所有板片"解冻"，打开 "模拟"（图4-486）。

图4-486

（9）运用 "选择/移动"按住左键扯动，将服装调整至理想状态，关闭 "模拟"（图4-487）。

图4-487

3. **贴边缝合**

（1）在2D视窗中运用 "自由缝纫"将贴边与领子部位缝合，注意缝纫线方向（图4-488）。

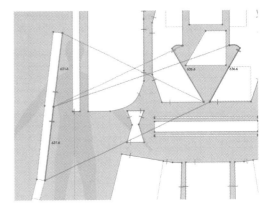

图4-488

（2）将贴边剩余部位分别与裙子对应位置缝合（图4-489）。

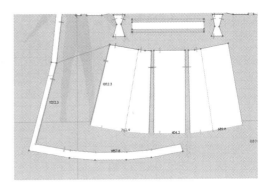

图4-489

（3）在3D视窗中，选中模特上所有板片，点击右键选择"反激活"（图4-490）。

图4-490

（4）运用 "选择/移动"及定位球将贴边板片"解冻"并放置在如图4-491所示位置。

图4-491

（5）打开 "模拟"使贴边与反激活的服装缝合（图4-492）。

图4-492

（6）在2D视窗中运用"设定层次"设定右边的衣身板片在左边的上层（图4-493）。

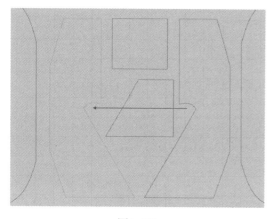

图4-493

（7）设定左边的裙片在右边裙片的上层（图4-494）。

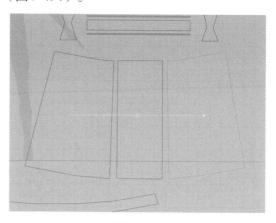

图4-494

（8）在3D视窗中激活模特上所有服装，运用 "选择/移动"按住左键扯动，将服装调整至理想状态（图4-495）。

图4-495

（9）运用"假缝"在贴边上点击左键与衣身如图4-496所示的位置点击左键固定在一起。

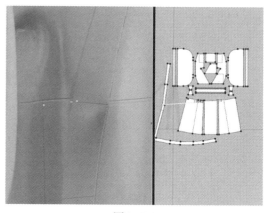

图4-496

（10）打开 "模拟"，将模特上所有服装"解除硬化"，再次进行调整，关闭 "模拟"（图4-497）。

图4-497

4. 腰带缝合

（1）打开安排点，将腰带放置在如图4-498所示位置。

图4-498

（2）在2D视窗中将腰带"解冻"，并在右侧属性编辑器中设置它们的层为1（图4-499）。

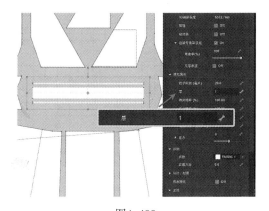

图4-499

（3）运用"线缝纫"，将腰带贴边与腰带缝合（图4-500）。

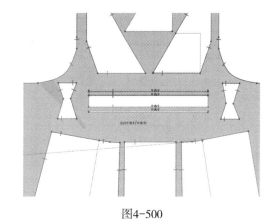

图4-500

（4）将腰带侧缝缝合（图4-501）。

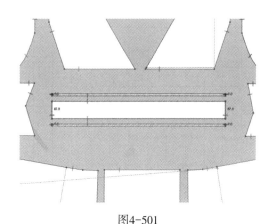

图4-501

（5）打开 "模拟"，将腰带缝合并进行调整，关闭 "模拟"（图4-502）。

图4-502

5. 补子缝合

（1）运用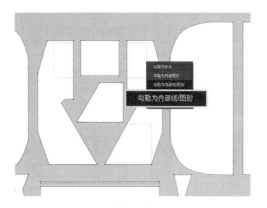"勾勒轮廓"选中如图4-503所示的线，点击右键"勾勒为内部线/图形"。

图4-503

（2）打开安排点，运用"选择/移动"及定位球，将补子板片"解冻"并放置在对应位置（图4-504）。

图4-504

（3）在2D视窗中运用"自由缝纫"将它们与板片上对应位置缝合（图4-505）。

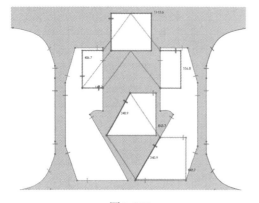

图4-505

（4）将所有板片"解除硬化"打开"模拟"使板片与衣身缝合，整理服帖，关闭"模拟"（图4-506）。

图4-506

四、设置面料

1. 设置大身面料

（1）在2D视窗中选中如图4-507所示的板片，点击右键选择"使用于新的织物"并修改织物名称为"大身"。

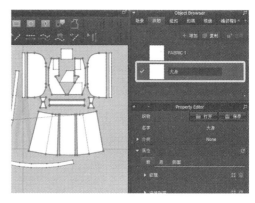

图4-507

（2）选择3D面料，选择时分别对应，纹理对应Color贴图，法线贴图对应Normal贴图，Map对应Displacement贴图（图4-508）。

（3）在2D视窗中，运用"编辑纹理（2D）"，调整纹理位置及大小至适合（图4-509）。

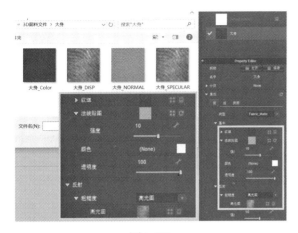

图4-508

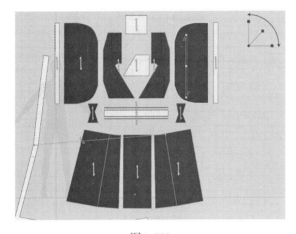

图4-509

（4）调整完成效果（图4-510）。

图4-510

2. 设置贴边、袖口面料

（1）在2D视窗中选中贴边及袖口板片，点击右键选择"使用于新的织物"，并修改织

物名称为"贴边和袖口"（图4-511）。

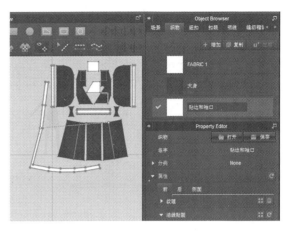

图4-511

（2）选择3D面料，选择时分别对应，纹理对应Color贴图，法线贴图对应Normal贴图，Map对应Displacement贴图（图4-512）。

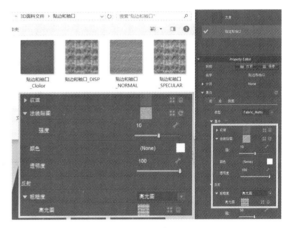

图4-512

3. 设置补子面料

（1）选中补子板片，点击右键选择"使用于新的织物"，并修改织物名称为"补子"（图4-513）。

（2）选择绣花3D面料，选择时分别对应，纹理对应Color贴图，法线贴图对应Normal贴图，Map对应Displacement贴图（图4-514）。

（3）在2D视窗中，运用 "编辑纹理（2D）"，调整纹理位置及大小至适合（图4-515）。

（4）面料放置完成效果（图4-516）。

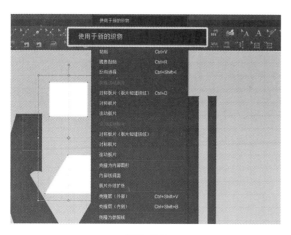

图4-513

图4-515

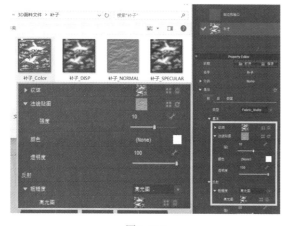

图4-514

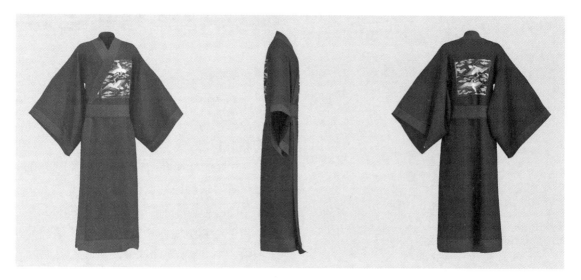

图4-516

五、成品展示（图4-517）

图4-517

任务四　清代服装

任务目标:

1. 掌握清代服装制作方法。
2. 掌握清代服装的3D着装。

任务描述:

根据款式图要求, 通过3D服装设计软件, 学习虚拟缝纫、贴图制作、面料更换。

任务要求:

通过本次课程学习, 使学生掌握清代服装虚拟样衣的制作流程, 培养学生对清代服装款式的理解能力, 掌握清代服装的虚拟缝合方法。

任务重点:

清代服装的缝合与制作。

任务难点:

设置面料及贴图制作。

课前准备:

清代服装款式图、DXF格式板片文件、绣花面料文件、贴图素材文件。

一、板片准备

1. 清代服装款式图

清代服装长袍马褂, 绣五爪金龙行龙六团,

前后两肩及两侧各一团, 戴瓜皮帽(图4-518)。

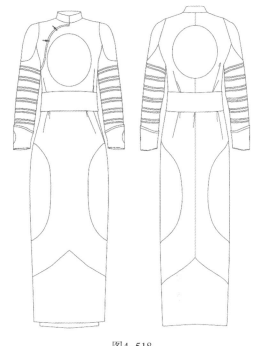

图4-518

2. 清朝服装板片图

根据净样板的轮廓线进行板片拾取, 注意板片为净样, 包含剪口、扣位、标记线等信息(图4-519)。

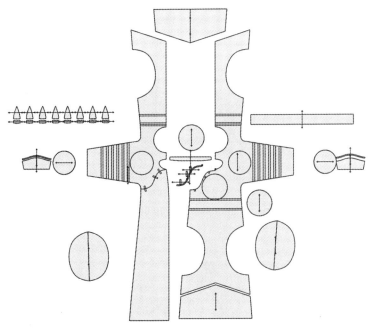

图4-519

二、板片导入及校对

1. 板片导入

在图库窗口中选择Avatar，并在目录中双击选择一名男性模特。点击软件视窗左上角文件→导入→DXF（AAMA/ASTM）。导入设置时根据制板单位确定导入单位比例，选项中选择板片自动排列、优化所有曲线点（图4-520）。

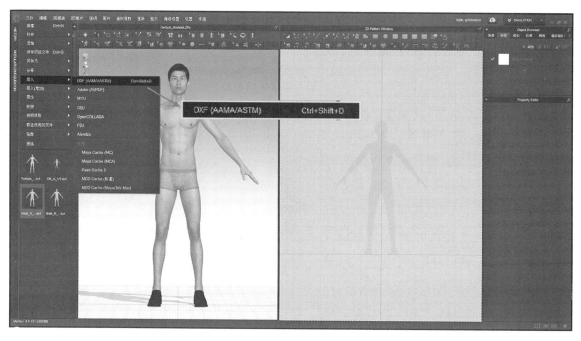

图4-520

2. 板片校对

（1）运用 ▨ "调整板片"，根据3D虚拟模特剪影进行样板的移动放置（图4-521）。

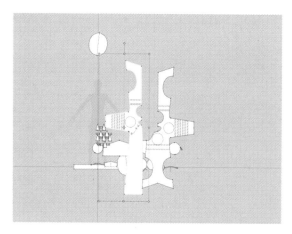

图4-521

（2）将所有板片按如图4-522所示位置放置。

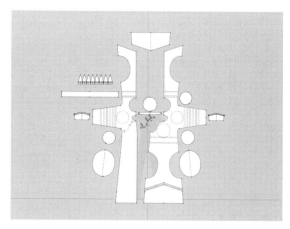

图4-522

三、帽子缝合

1. 瓜皮帽缝合

（1）在3D视窗左上角 ▨ "显示虚拟模特"中打开 ▨ "显示安排点"（图4-523）。

（2）点击上方工具栏 ▨ "重置2D安排位

置"按下"Ctrl+A"全选板片（图4-524）。

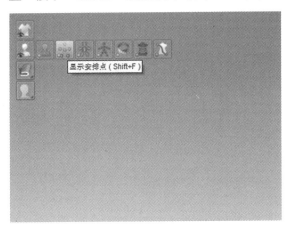

图4-523

图4-524

（3）运用 "选择/移动"将板片移动到不影响操作的位置（图4-525）。

图4-525

（4）对模特的头发点击右键，选择"删除头发/鞋"（图4-526）。

图4-526

（5）在2D视窗中，运用 "调整板片"框选一组帽子及帽檐板片（图4-527）。

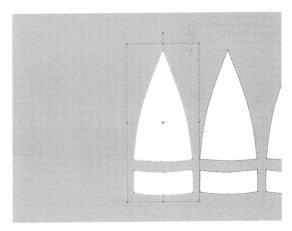

图4-527

（6）在3D视窗中，运用 "选择/移动"将这组板片放在头部安排点处（图4-528）。

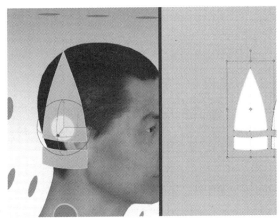

图4-528

（7）运用 "选择/移动"及定位球工具，将帽子余下板片从左至右依次放置（图4-529）。

图4-529

（8）在2D视窗中，运用 "线缝纫"将帽子板片侧缝缝合（图4-530）。

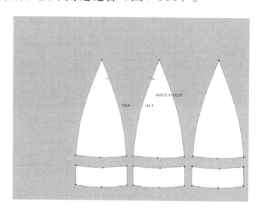

图4-530

（9）其余板片采用同样的方法对应缝合，注意最右板片的右边与最左板片的左边缝合（图4-531）。

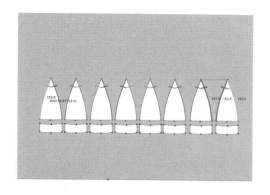

图4-531

（10）帽檐的侧缝采用同样方法缝合（图4-532）。

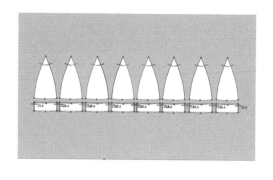

图4-532

（11）运用 "自由缝纫"将帽子板片与帽檐对应缝合（图4-533）。

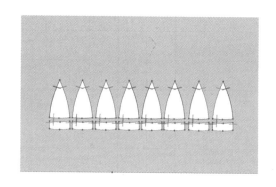

图4-533

（12）运用 "调整板片"按住鼠标左键框选所有帽子板片，在选中的板片上点击右键选择"硬化"（图4-534）。

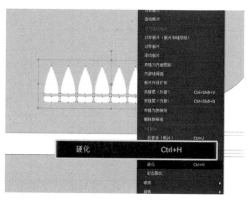

图4-534

（13）再次在选中的板片上点击右键选择"反向选择"（图4-535）。

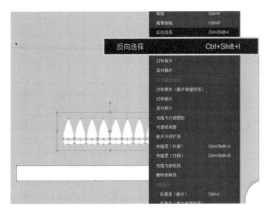

图4-535

（14）在选中的板片上点击右键，选择"冷冻"（图4-536）。

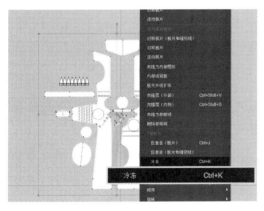

图4-536

（15）在3D视窗中打开　"模拟"使瓜皮帽缝合，并运用　"选择/移动"按住鼠标左键扯动调整（图4-537）。

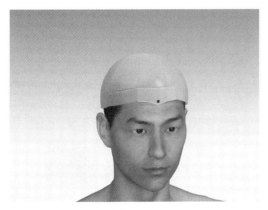

图4-537

2. 用纽扣制作顶珠及帽正

（1）运用　"纽扣"在瓜皮帽顶端中间位置单击鼠标左键，放置纽扣（图4-538）。

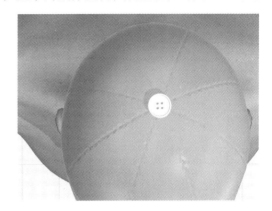

图4-538

（2）在右上角物体窗口中选择纽扣，点击下方纽扣图标，在属性编辑器中设置纽扣图形为"Button_19"（图4-539）。

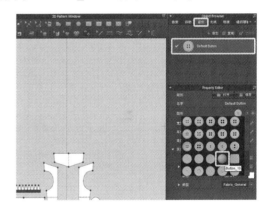

图4-539

（3）同样在属性编辑器中，设置纽扣厚度为12mm（图4-540）。

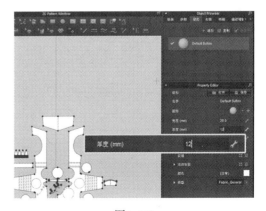

图4-540

（4）运用 ⊡ "选择/移动纽扣"在2D视窗中选中纽扣，在右侧属性编辑器中关闭"冲突"（图4-541）。

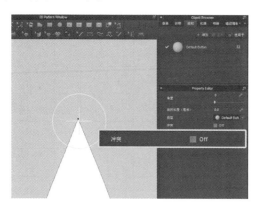

图4-541

（5）关闭 ⬇ "模拟"运用 ⊹ "选择/移动"将纽扣移动至如图4-542所示状态。

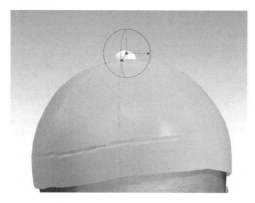

图4-542

（6）在3D视窗中运用 ⊹ "选择/移动"点击帽檐上前中位置，在2D视窗中找到这个板片的位置（图4-543）。

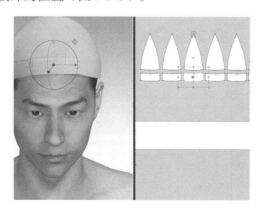

图4-543

（7）运用 ⊙ "纽扣"在2D视窗中选中的板片上点击右键，设置定位为距左右35.5mm，距上下12.7mm（图4-544）。

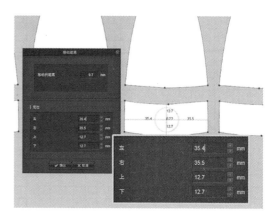

图4-544

（8）运用 ⊡ "选择/移动纽扣"选中纽扣，在右侧属性编辑器中关闭"冲突"在3D视窗中运用 ⊹ "选择/移动"将纽扣按如图4-545所示方法放置。

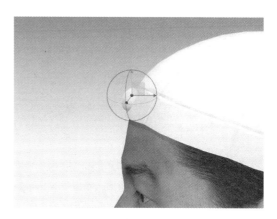

图4-545

四、衣身缝合

1. 衣身板片缝合

（1）在3D视窗左上角 🎭 "显示虚拟模特"中打开 ▦ "显示安排点"（图4-546）。

（2）运用 ⊹ "选择/移动"及定位球将衣身板片按如图4-547所示方法放置。

（3）按住"Shift"选中衣身板片，点击右键选择"解冻"（图4-548）。

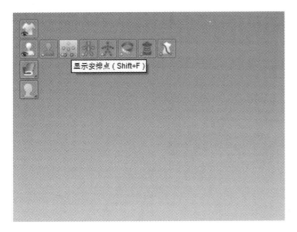

图4-546

图4-549

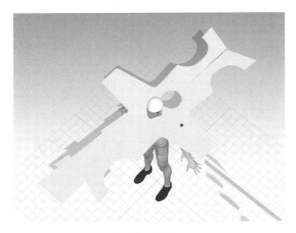

图4-547

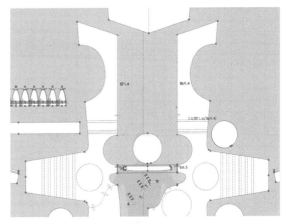

图4-550

图4-548

（4）再次在衣身板片上点击右键，选择"硬化"（图4-549）。

（5）在2D视窗中，运用 "线缝纫"将板片后中缝合（图4-550）。

（6）在3D视窗中打开 "模拟"当衣片下垂至挂在模特上时，关闭 "模拟"（图4-551）。

图4-551

（7）运用 "自由缝纫"在2D视窗中将衣身侧缝缝合（图4-552）。

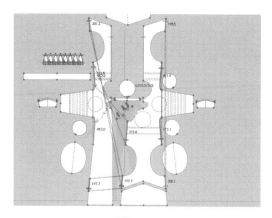

图4-552

（8）采用同样的方法，将袖子侧缝缝合（图4-553）。

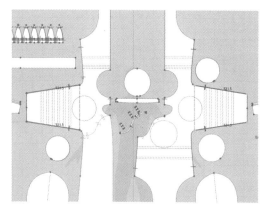

图4-553

（9）在3D视窗中打开 "模拟"使袖子及衣身侧缝缝合，关闭 "模拟"（图4-554）。

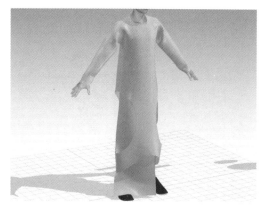

图4-554

2. 底摆板片缝合

（1）在2D视窗中运用 "调整板片"按住"Shift"选中两片底摆板片（图4-555）。

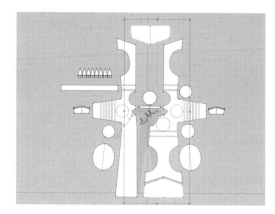

图4-555

（2）在选中的底摆板片上点击右键选择"解冻"，再次点击右键"硬化"（图4-556）。

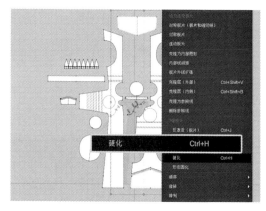

图4-556

（3）在3D视窗左上角 "显示虚拟模特"中打开 "显示安排点"（图4-557）。

图4-557

（4）运用 "选择/移动" 将前底摆板片放置在对应位置安排点处（图4-558）。

图4-558

（5）运用定位球，拖动板片至底摆处（图4-559）。

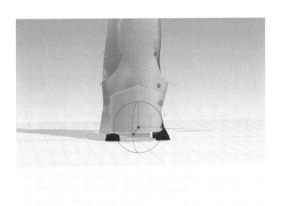

图4-559

（6）将后底摆板片放置在后面对应位置安排点处（图4-560）。

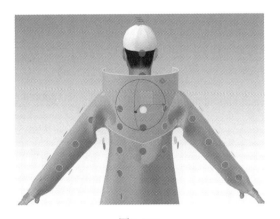

图4-560

（7）在右侧属性编辑器中设置后底摆板片的图形类型为"平面"（图4-561）。

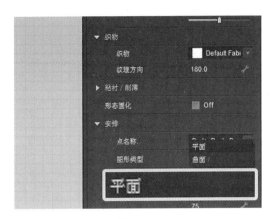

图4-561

（8）在后底摆板片上点击右键，选择"垂直翻转"（图4-562）。

图4-562

（9）运用定位球，拖动板片至后底摆处（图4-563）。

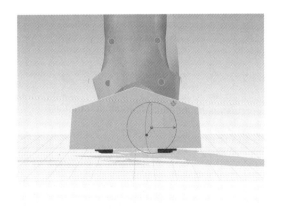

图4-563

（10）在2D视窗中，运用 待续"线缝纫"将底摆与衣身缝合（图4-564）。

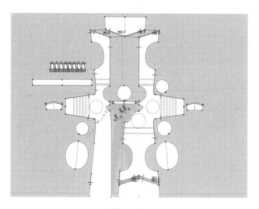

图4-564

（11）运用 "线缝纫"将底摆侧缝缝合（图4-565）。

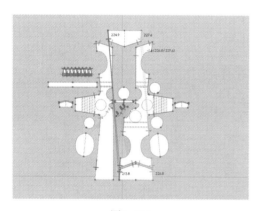

图4-565

（12）在3D视窗中打开 "模拟"使底摆与衣身缝合，整理服帖，关闭 "模拟"（图4-566）。

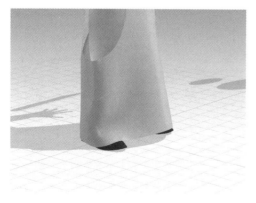

图4-566

3. 袖套板片缝合

（1）在2D视窗中运用 "调整板片"选中袖套及袖套上贴边板片，在板片上点击右键选择"解冻"（图4-567）。

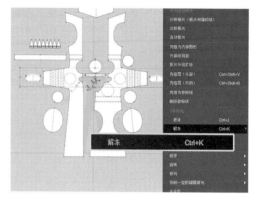

图4-567

（2）在选中的板片上再次点击右键，选择"硬化"（图4-568）。

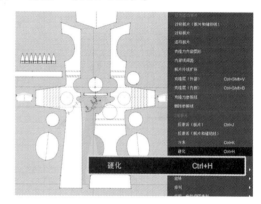

图4-568

（3）在3D视窗中打开安排点，运用 "选择/移动"及定位球将袖套板片按如图4-569所示放置。

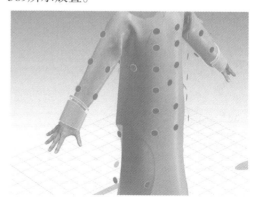

图4-569

（4）在2D视窗中运用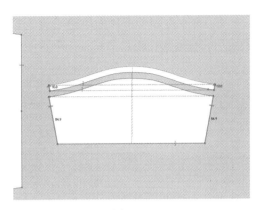"自由缝纫"将袖套按如图4-570所示方法缝合。

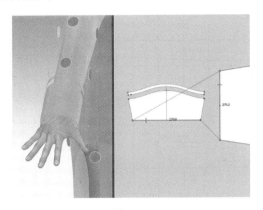

图4-570

（5）另一边袖套同理（图4-571）。

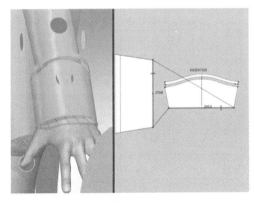

图4-571

（6）将袖套贴边与袖套缝合，另一边同理（图4-572）。

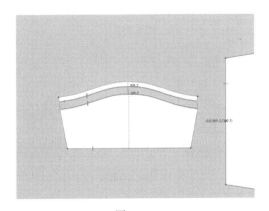

图4-572

（7）将袖套及贴边的侧缝缝合，另一边同理（图4-573）。

图4-573

（8）在3D视窗中打开 "模拟"，运用 "选择/移动"将袖套整理服帖，关闭 "模拟"（图4-574）。

图4-574

4. 领子缝合

（1）在2D视窗中运用 "调整板片"选中领子板片，点击右键选择"解冻"（图4-575）。

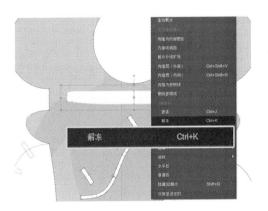

图4-575

（2）再次在领子板片上点击右键，选择"硬化"（图4-576）。

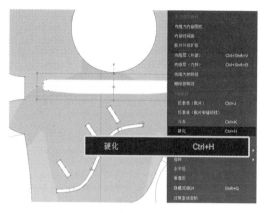

图4-576

（3）在3D视窗中打开安排点，将领子板片按如图4-577所示方法放置。

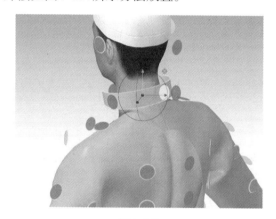

图4-577

（4）在2D视窗中运用 "自由缝纫"在领子下方从左至右设置一条缝纫线（图4-578）。

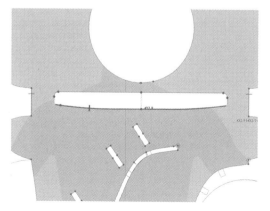

图4-578

（5）按住"Shift"将领子分段从下至上与右边领圈缝合，再从上至下与左边领圈缝合（图4-579）。

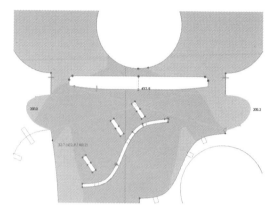

图4-579

（6）在3D视窗中打开 "模拟"，运用 "选择/移动"按住鼠标左键整理，完成缝合（图4-580）。

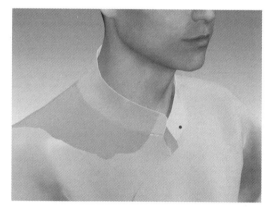

图4-580

5. 盘扣制作

（1）运用 "勾勒轮廓"按住"Shift"将缝合贴边需要的线选中，点击右键选择"勾勒为内部线/图形"（图4-581）。

（2）按住"Shift"将缝合盘扣需要的线选中，点击右键选择"勾勒为内部线/图形"（图4-582）。

（3）在3D视窗中，运用 "选择/移动"及定位球，将贴边及盘扣板片放置在3D视窗中对应位置（图4-583）。

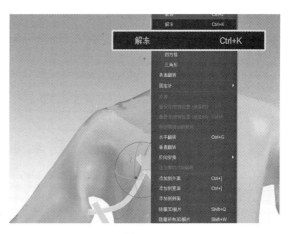

图4-581

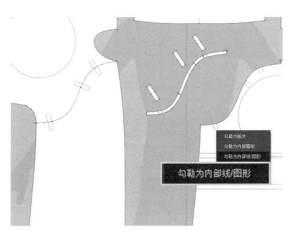

图4-582

（5）在2D视窗中运用 ■■■ "自由缝纫"将贴边的上下侧与大身板片对应位置缝合（图4-585）。

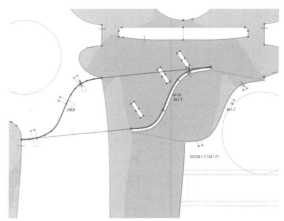

图4-585

（6）将贴边的左右侧与大身板片对应位置缝合固定（图4-586）。

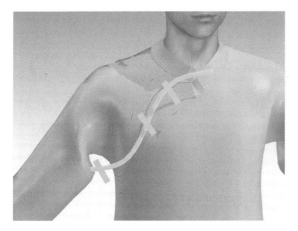

图4-583

（4）按住"Shift"选中贴边及盘扣板片，点击右键选择"解冻"然后"硬化"（图4-584）。

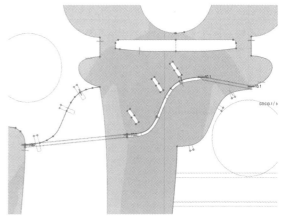

图4-586

（7）将盘扣板片与大身板片对应位置缝合固定（图4-587）。

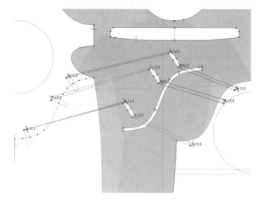

图4-587

（8）在3D视窗中打开 ⬇ "模拟"，运用 ➤+ "选择/移动"将盘扣及贴片调整服帖（图4-588）。

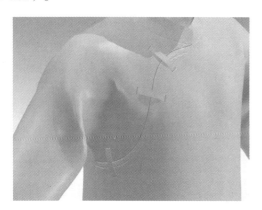

图4-588

6. 龙纹部位缝合

（1）在2D视窗中，运用 ◢ "调整板片"按住"Shift"选中所有圆形板片（图4-589）。

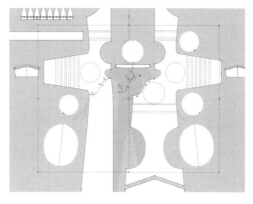

图4-589

（2）在3D视窗中关闭 ⬇ "模拟"，在2D视窗中在选中的板片上点击右键选择"解冻"及"硬化"（图4-590）。

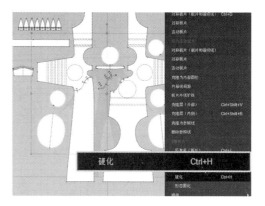

图4-590

（3）在3D视窗左上角 🔲 "显示虚拟模特"中打开 🔳 "显示安排点"（图4-591）。

图4-591

（4）运用 ➤+ "选择/移动"将所有圆形板片放置在模特上对应位置（图4-592）。

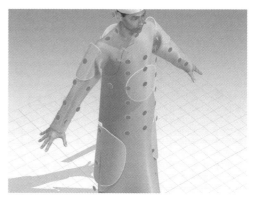

图4-592

（5）在2D视窗中，运用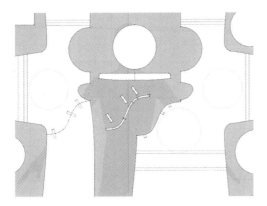"勾勒轮廓"按住"Shift"选中两肩及前胸部位的圆（图4-593）。

图4-593

（6）在选中的圆上点击右键选择"勾勒为内部线/图形"（图4-594）。

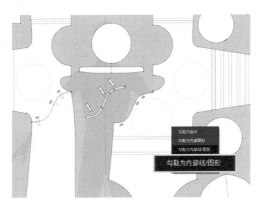

图4-594

（7）运用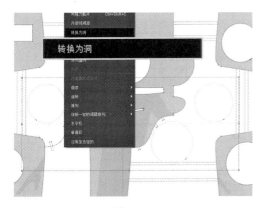"调整板片"按住"Shift"选中内部图形，在选中的图形上点击右键选择"转换为洞"（图4-595）。

图4-595

（8）"转换为洞"完成效果（图4-596）。

图4-596

（9）运用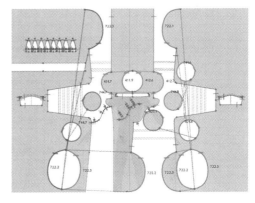"线缝纫"及"自由缝纫"将所有圆形板片缝合到对应位置（图4-597）。

图4-597

（10）在3D视窗中打开"模拟"，运用"选择/移动"将所有板片整理服帖（图4-598）。

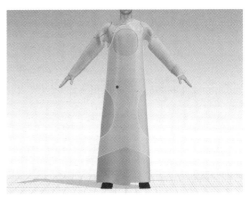

图4-598

7. 腰带制作

（1）在3D视窗中关闭 "模拟"在2D视窗中运用 "调整板片"选中腰带板片（图4-599）。

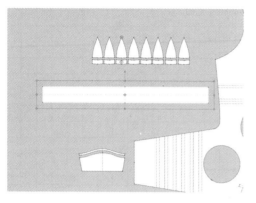

图4-599

（2）在腰带板片上点击右键选择"解冻"，再次点击右键选择"硬化"（图4-600）。

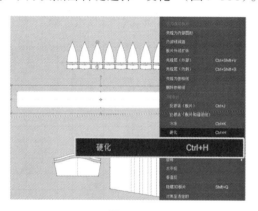

图4-600

（3）在右侧属性编辑器中设置腰带的"纬向缩率"为70%（图4-601）。

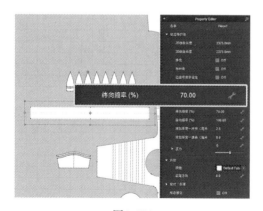

图4-601

（4）运用 "线缝纫"将腰带左右两端缝合（图4-602）。

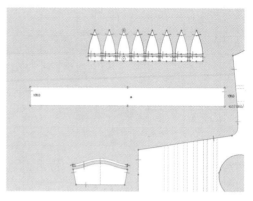

图4-602

（5）在3D视窗中，打开安排点，运用 "选择/移动"将腰带按如图4-603所示位置放置。

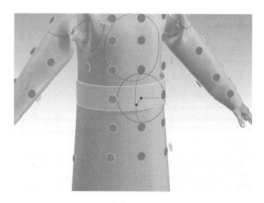

图4-603

（6）在3D视窗中打开 "模拟"，按下"Ctrl+A"全选板片，点击右键"解除硬化"运用 "选择/移动"将所有板片整理服帖（图4-604）。

图4-604

五、设置面料（重点、难点）

1. 瓜皮帽面料设置

（1）在2D视窗中运用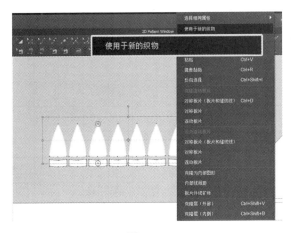"调整板片"选中所有帽子板片，点击右键选择"使用于新的织物"（图4-605）。

图4-605

（2）在右侧属性编辑器中修改它的名字为"帽子"，以便后面再对其进行修改（图4-606）。

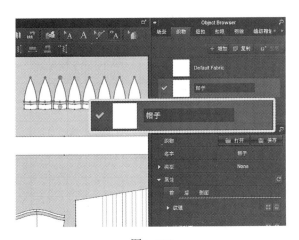

图4-606

（3）运用"调整板片"选中所有的帽檐板片，点击右键选择"使用于新的织物"并修改织物名字为"帽檐"（图4-607）。

（4）选择绣花3D面料，选择时分别对应，纹理对应Color贴图，法线贴图对应Normal贴图，Map对应Displacement贴图（图4-608）。

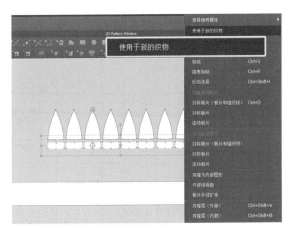

图4-607

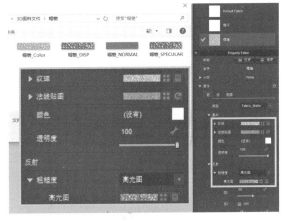

图4-608

（5）在2D视窗中，运用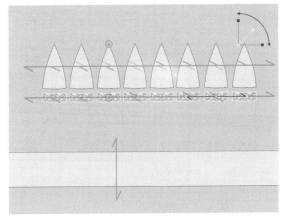"编辑纹理（2D）"框选所有帽檐板片，调整纹理位置及大小至适合（图4-609）。

图4-609

（6）调整完成效果如图4-610所示。

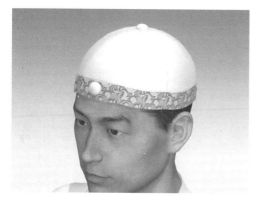

图4-610

（7）在物体窗口中选择纽扣，选中下方纽扣的图形，调整纽扣颜色为"Green 3"（图4-611）。

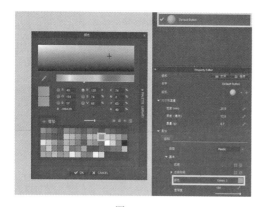

图4-611

（8）采用同样的方法，属性编辑器中设置类型为"Plastic"（图4-612）。

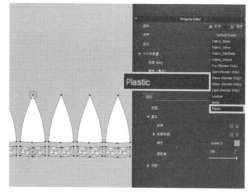

图4-612

2. 设置领子面料

（1）在2D视窗中选中领子板片，点击右

键选择"使用于新的织物"并修改织物名字为"领子"（图4-613）。

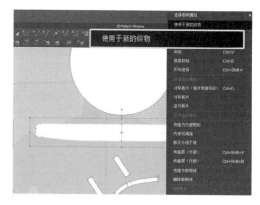

图4-613

（2）选择领子3D面料，选择时分别对应，纹理对应Color贴图，法线贴图对应Normal贴图，Map对应Displacement贴图（图4-614）。

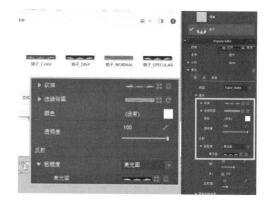

图4-614

（3）在2D视窗中，运用 "编辑纹理（2D）"，调整纹理位置及大小至适合（图4-615）。

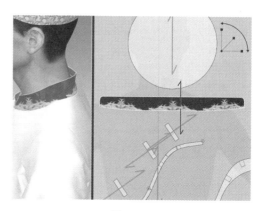

图4-615

（4）调整完成效果如图4-616所示。

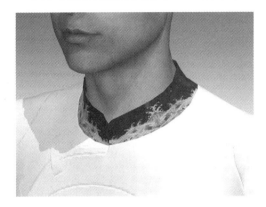

图4-616

3. 设置大身及帽子面料

（1）在2D视窗中选中大身板片，点击右键选择"使用于新的织物"并修改织物名称为"大身"（图4-617）。

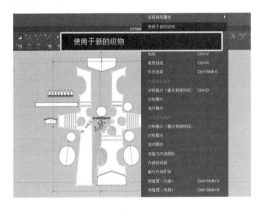

图4-617

（2）在颜色编辑器中点击"吸管"，运用吸管工具点击领子上蓝色部分，设置大身颜色（图4-618）。

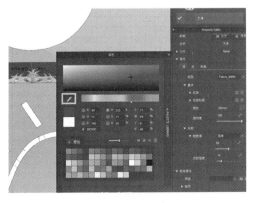

图4-618

（3）帽子采用同样的方法（图4-619）。

图4-619

（4）设置完成效果如图4-620所示。

图4-620

4. 设置贴边面料

（1）在2D视窗中选中贴边板片，点击右键选择"使用于新的织物"并在物体窗口中修改名称为"贴边"（图4-621）。

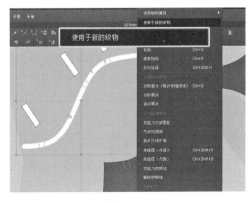

图4-621

（2）选择贴边面料，按住鼠标左键将贴边面料放入纹理对应位置（图4-622）。

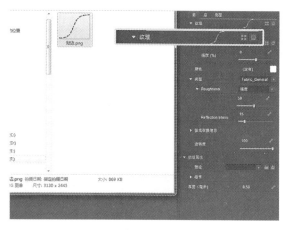

图4-622

（3）在2D视窗中，运用 ![icon] "编辑纹理（2D）"，调整纹理位置及大小至适合（图4-623）。

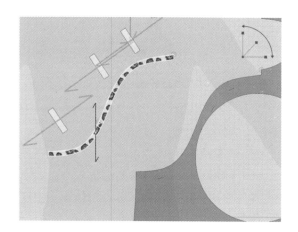

图4-623

5. 制作盘扣效果

（1）选中盘扣板片，点击右键选择"使用于新的织物"并在物体窗口中修改名称为"盘扣"（图4-624）。

（2）选择盘扣贴图文件，按住鼠标左键将贴图放入盘扣纹理对应位置（图4-625）。

（3）在2D视窗中，运用 ![icon] "编辑纹理（2D）"，调整盘扣纹理位置及大小至适合（图4-626）。

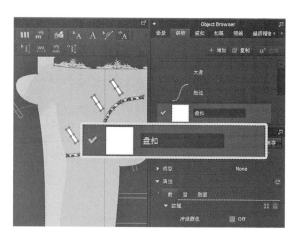

图4-624

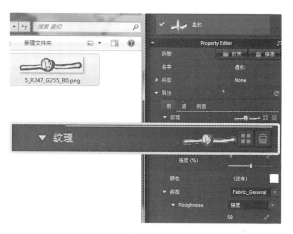

图4-625

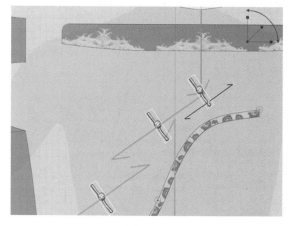

图4-626

（4）龙纹、腰带、袖口及底摆均采用以上方法放置面料（图4-627）。

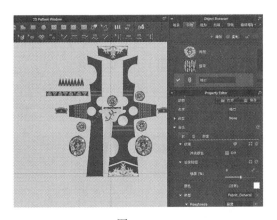

图4-627

6. 修改贴边面料颜色及贴图

（1）选中袖套贴边板片，点击右键选择"使用于新的织物"并在物体窗口中修改名称为"袖套贴边"（图4-628）。

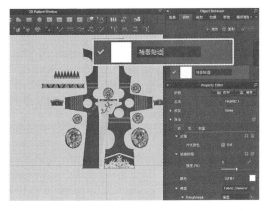

图4-628

（2）在下方属性编辑器中设置袖套贴边的颜色为"Navy"（图4-629）。

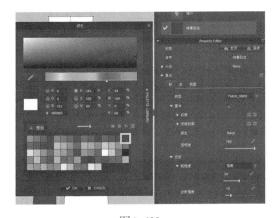

图4-629

（3）在2D视窗中运用 "贴图"在文件夹中找到准备好的贴图文件，在板片上对应位置点击左键放置（图4-630）。

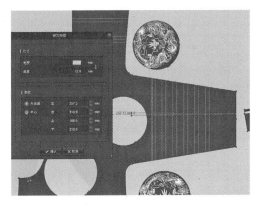

图4-630

（4）运用 "调整贴图"选中当前贴图，在右侧属性编辑器中调整角度为90（图4-631）。

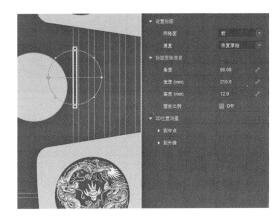

图4-631

（5）将贴图移动到合适位置并调整至合适大小（图4-632）。

（6）在此贴图上点击右键选择"复制""粘贴"，"粘贴"时按住"Shift"并点击鼠标右键，在弹出窗口中设置间距为55mm，数量为5，点击确认（图4-633）。

（7）按住"Shift"点击鼠标左键选中所有贴图，在贴图上点击右键选择"复制"，在另一板片上点击右键选择"粘贴"将贴图放置在对应位置（图4-634）。

（8）放置完成效果图（图4-635）。

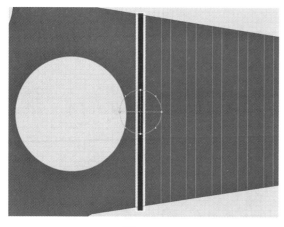

图4-632

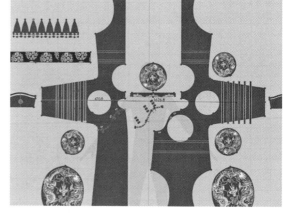

图4-634

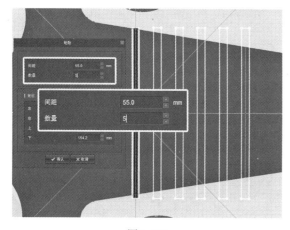

图4-633

图4-635

六、成品展示（图4-636）

图4-636

第五章　3D服装陈列应用

项目一　3D服装陈列应用

　　　　任务一　服装陈列仿真教学系统

　　　　任务二　3D服装陈列仿真系统

　　　　任务三　3D服装陈列应用

项目二　3D服装陈列作品鉴赏

　　　　任务一　VP&PP陈列

　　　　任务二　VR卖场陈列

项目一　3D服装陈列应用

课题名称：

3D服装陈列应用。

课题内容：

1. 服装陈列仿真教学系统。

2. 3D服装陈列仿真系统。

3. 3D服装陈列应用。

课题时间：

2课时。

教学目标：

了解服装陈列的多种形式。

教学方式：

示范讲解法、直观演示法。

教学要求：

3D服装设计软件。

任务一　服装陈列仿真教学系统

任务目标：

熟悉服装陈列仿真教学系统。

任务内容：

示范讲解服装3D陈列展示设计软件的功能。

任务要求：

通过本次课程学习，使学生了解服装陈列仿真教学系统的功能及操作。

任务重点：

PP（Point of Sales Presentation）陈列及VP（Visual Presentation）陈列。

任务难点：

PP陈列及VP陈列。

课前准备：

3D陈列展示设计软件。

一、软件界面介绍

1. 操作区

操作区位于视窗的中间，用于构建、展示陈列效果，可以选择、缩放、移动视窗。

2. 道具栏

道具栏可供选择陈列隔板、挂杆、灯光、陈列道具及陈列服装，能够在操作区合理地构建陈列效果。

3. 属性视窗

可以根据选择不同的对象，进行属性的调整，如墙体的尺寸及色彩、陈列服装的角度及颜色、灯光的强度及范围等。

二、软件基础操作

1. 空间修改

鼠标左键点击墙体，右侧属性视窗中可修改墙体的颜色、材质及尺寸（图5-1）。

2. 道具放置

道具栏中的陈列道具通过鼠标左键的拖动放置在操作区，可以通过右侧的属性视窗进行尺寸、颜色、材质的调整（图5-2）。

3. 服装调整

通过道具栏中的服装分类确定服装陈列的主题，构建合理的服装款式及颜色搭配，从而组合合适的陈列效果（图5-3）。

三、软件作用

服装陈列是一门实战性很强的学科，由于缺乏理想的实训场地，或者即使有实训的场地，又缺乏科学的实训方式，以致影响其专业和课程建设的规范发展。本教学软件通过服装陈列卖场虚拟仿真的模式，将服装品牌卖场的产品和道具按实际比例进行微缩，使学生不出校门就可以在计算机上进行卖场仿真陈列。软件的设计操作简便，素材库中大量的服装款式

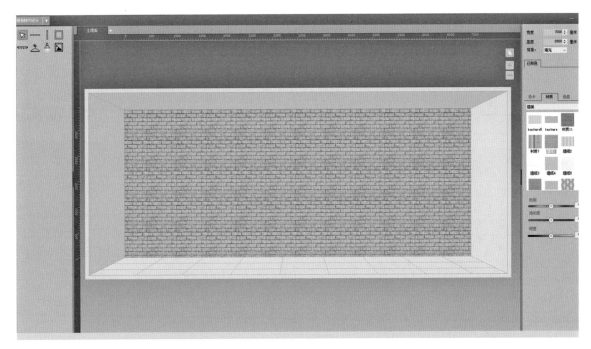

图5-1

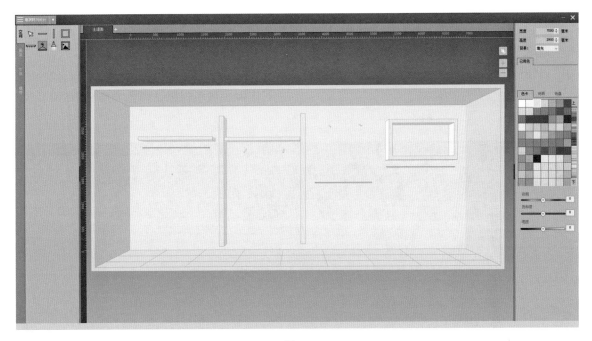

图5-2

接近市场实际状态。服装的色彩可以根据实际需要任意变化。学生们通过一系列的练习可以将理论知识在这里进行模拟实施，为学生进入店铺的实际操作打下基础，同时可以达到以下效果。

1. 为理论和实际下店操作做好无缝衔接

通过模拟训练将书本的理论知识进行转化，为今后实际下店操作进行铺垫，使理论课程和实际下店操作进行无缝衔接。

2. 不同服装的门类的卖场陈列手法训练

通过不同门类的模拟训练，锻炼学生对不同门类服装陈列特点的操作手法的了解。

图5-3

3. 服装卖场陈列造型和色彩的控制

锻炼学生对卖场陈列造型和色彩的掌控能力，以便适应今后进店的实际操作。

四、经典陈列案例

1. 空间分割

（1）墙体按照7000mm×2900mm的尺寸进行定制，颜色以默认颜色为准（图5-4）。

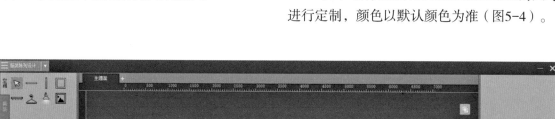

图5-4

（2）运用层板及挂杆进行分割空间与构建重复的节奏感（图5-5）。

（3）打开右上角的"图层"，进行墙面与货架的锁定（图5-6）。

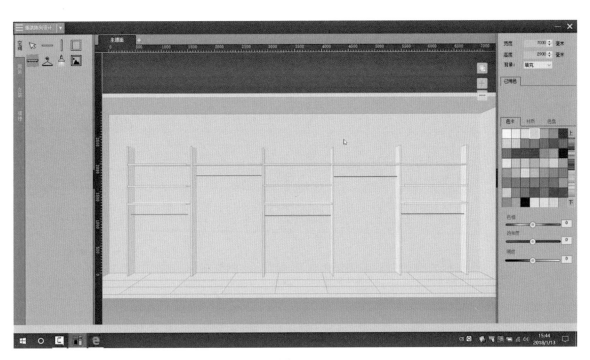

图5-5

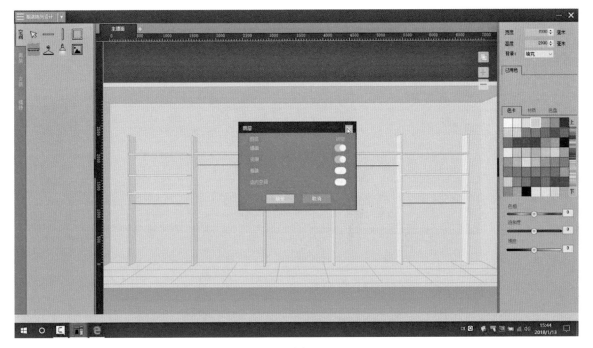

图5-6

2. **服装组合**

（1）进行服装款式的组合选择（图5-7）。

（2）进行多款式及颜色的设计，本款经典陈列设计为重复法对比色设计（图5-8）。

（3）进行侧挂的组合设计，使服装侧挂陈列形成款式及颜色的节奏感。本款经典案例

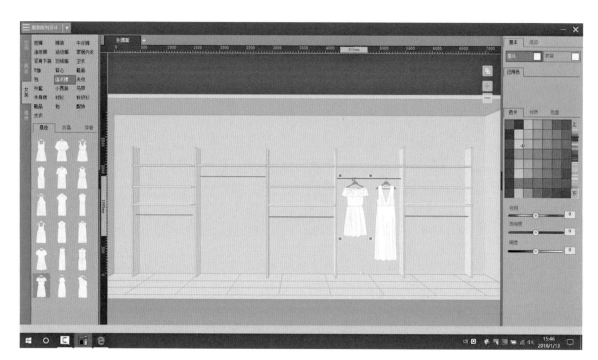

图5-7

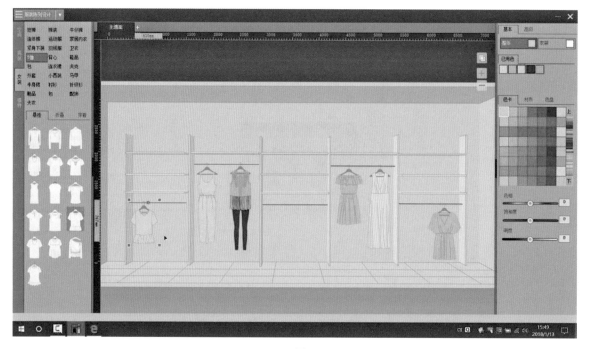

图5-8

形成了有彩色与无彩色的间隔，服装款式的长短对比（图5-9）。

（4）在呼应的位置进行暖色的侧挂效果，力求与冷色的对比以及空间比例的构建（图5-10）。

（5）根据侧挂及正挂款式构建合理的

图5-9

图5-10

叠装陈列，同时要考虑颜色的呼应关系（图5-11）。

（6）放置相框陈列道具，使空间充满灵动的感觉，在服装陈列中形成打破的平面构成（图5-12）。

（7）运用相框重复手法构建陈列空间

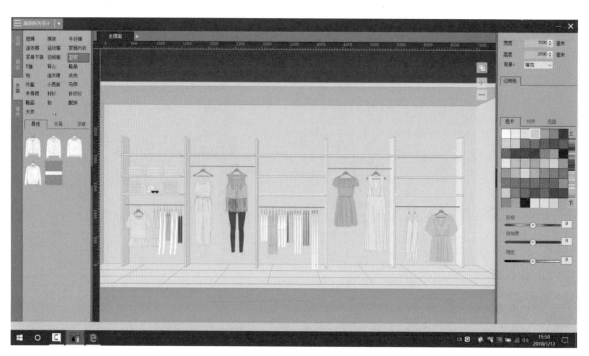

图5-11

图5-12

的节奏感，同时在中间的叠装进行多彩色渐变，形成彩虹陈列的效果（图5-13）。

3. 空间调整

（1）运用相同款式进行空间的填充，形成一个饱满的陈列画面，同时要注意画面的节奏感、颜色的韵律感、重点色的点缀以及服装配饰的组合（图5-14）。

（2）运用灯光进行空间的组合构建，使画面更加丰富，从而构建了一个完整的陈列空间（图5-15）。

图5-13

图5-14

图5-15

任务二　3D服装陈列仿真系统

任务目标：

熟悉3D陈列展示设计软件。

任务内容：

示范讲解服装3D陈列展示设计软件的功能。

任务要求：

通过本次课程学习，使学生了解3D陈列展示设计软件的功能。

任务重点：

了解什么是3D空间。

任务难点：

了解什么是3D空间。

课前准备：

了解3D陈列展示设计软件。

一、软件界面介绍

1. 陈列道具栏

陈列道具栏位于窗口的左侧，道具栏分为道具、货架、男装、女装、童装五大类。陈列道具栏是用于服装陈列的道具，通过合理化组合搭配，从而可以构建一个疏密有致的空间（图5-16）。

2. 材质选择器

材质选择器位于窗口的右侧，主要分为物品材质、服装材质、房间材质。分别对应道具、服装、房屋空间，可以进行不同色彩及纹样的替换，从而确定服装陈列的主题色及设计节奏感（图5-17）。

3. 操作区

操作区位于视窗的主体部分，陈列道具栏与材质选择器外的窗体。可以在操作区进行服装陈列的调整、角度的选择、文件的保存于读取、软件的退出等操作（图5-18）。

二、软件操作

（1）移动。软件在视窗移动上运用W/S/A/D进行上下左右的移动选择。

（2）旋转。软件在视窗旋转上运用鼠标右键拖动旋转，可以快速进行视窗的旋转。

（3）软件可以通过拖动放置，拖动调整、款式切换等操作构建合理的陈列组合及陈列效果（图5-19）。

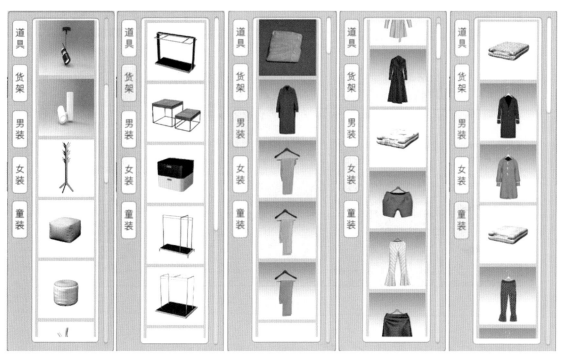

图5-16

图5-17

图5-18

图5-19

任务三　3D服装陈列应用

任务目标：

了解3D服装陈列应用的操作方式。

任务内容：

讲授3D服装陈列应用的操作方式，讲解3D服装设计软件文件的互通转换。

任务要求：

通过本次课程学习，使学生了解3D服装设计软件与3D陈列设计软件文件的转换。

课前准备：

了解3D陈列展示设计软件。

一、3D陈列切换

选择3D陈列软件中的展示模特，可以根据陈列模特所合适的款式进行切换，款式切换与预设动作相同的服装（图5-20）。

图5-20

二、3D服装设计软件制作

在软件中制作好服装后，选择文件→导出
→导出OBJ格式，在导出规则中选择：选择所
有板片、选择所有虚拟模特、选择所有贴图和
附件，导出成为多个目标，单位为厘米，选择
和纹理文件一起保存，将颜色和纹理合在一起
的两个复选框（图5-21）。

三、OBJ格式服装文件导进3Dmax处理
与导出

（1）打开3Dmax，选择导入，导入之前
CLO制作好的OBJ格式服装文件（图5-22）。

（2）删除模型多余的面与内部看不见的
面（图5-23、图5-24）。

（3）处理与精简模型多余的材质球（图
5-25）。

（4）处理模型贴图尺寸大小与命名（图
5-26）。

（5）选择服装模型文件→导出→导出
FBX，导出设置如下图5-27所示；手动勾
选烘培动画与嵌入的媒体选项，其他默认
即可。

图5-21

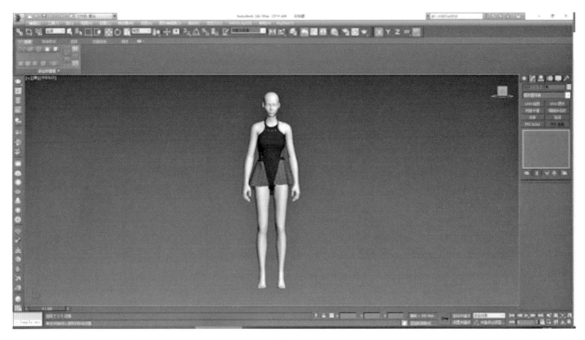

图5-22

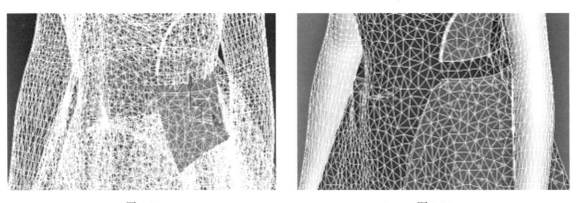

图5-23   图5-24

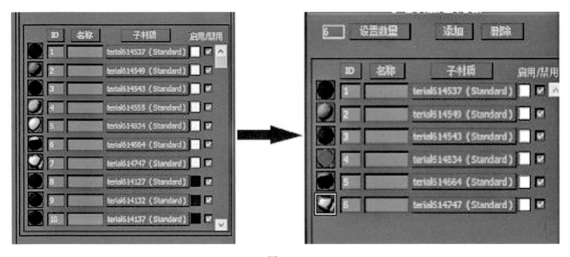

图5-25

名称	修改日期	类型	大小	分辨率
maqiang001.jpg	2018/4/21 15:46	see.jpg	39 KB	512 × 512
maqiang002.png	2018/4/21 15:47	see.png	10 KB	118 × 394
maqiang003.jpg	2018/4/21 15:46	see.jpg	218 KB	567 × 567

图5-26

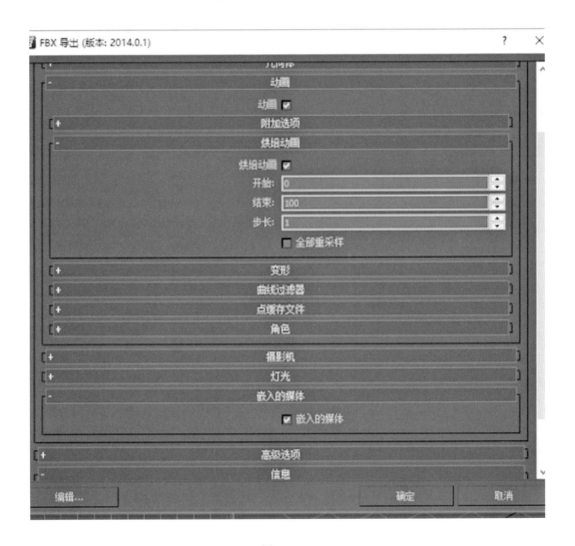

图5-27

四、FBX服装文件添加到unity3D处理成最终的素材

（1）打开unity，导入之前CLO制作好的FBX服装文件。

（2）在unity3D中处理好模型的材质，对模型进行灯光烘培等美化。

（3）将处理好的模型放进程序员写好的对应的交互功能程序中，效果如图5-28所示。

图5-28

项目二 3D服装陈列作品鉴赏

课题名称：

3D服装陈列作品鉴赏。

课题内容：

1．VP&PP陈列。

2．VR卖场陈列。

课题时间：

2课时。

教学目标：

了解服装3D陈列展示设计软件及VR（Virtual Reality）卖场制作效果。

教学方式：

示范讲解法、直观演示法。

教学要求：

3D服装设计软件。

任务一 VP&PP陈列

任务目标：

熟悉VP&PP陈列的效果。

任务内容：

讲授VP&PP陈列的效果。

任务要求：

通过本次课程学习，使学生了解如何用软件模拟制作VP&PP陈列的效果。

任务重点：

PP陈列及VP陈列。

任务难点：

PP陈列及VP陈列。

课前准备：

服装陈列仿真教学系统。

一、男装陈列—对称法（图5-29）

图5-29

二、女装陈列—均衡法（图5-30）

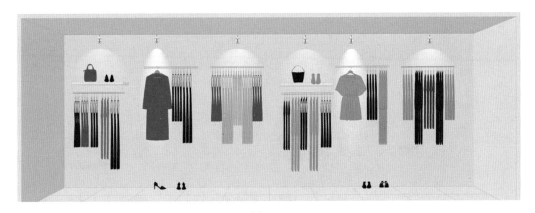

图5-30

三、男装陈列—重复法（图5-31）

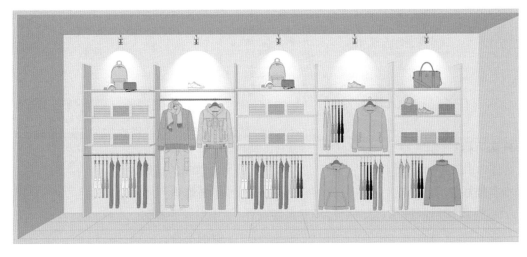

图5-31

四、女装陈列—重复法（图5-32）

图5-32

五、运动服装陈列—彩虹法（图5-33）

图5-33

任务二　VR卖场陈列

任务目标：

熟悉3D陈列展示设计软件。

任务描述：

了解服装3D陈列展示设计软件及VR卖场制作效果。

任务要求：

通过本次课程学习，使学生了解3D陈列展示设计软件的效果。

任务重点：

3D空间的理解。

任务难点：

3D空间的理解。

课前准备：

3D陈列展示设计软件。

一、综合陈列—流水台（图5-34）

图5-34

二、女装陈列—PD陈列区（图5-35）

图5-35

三、女装陈列—PD陈列区（图5-36）

图5-36

四、男装陈列—流水台（图5-37）

图5-37

五、男装陈列—VP陈列区（图5-38）

图5-38

六、男装陈列—货架区（图5-39）

图5-39

七、男装陈列—卖场整体布局（图5-40）

图5-40

八、男装陈列—收银台及休息区（图5-41）

图5-41

附录 学生作品赏析

附图1

附图3

附图2

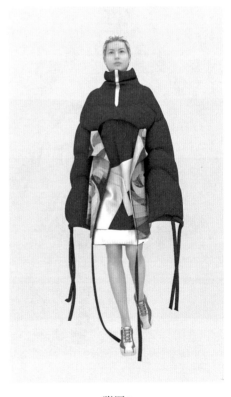

附图4

附图5

附图6

附图7

附图8

附图9